3G 无线网络测试与优化丛书

cdma2000无线网络测试与优化

孙社文　傅海明　编著

人民邮电出版社
北京

图书在版编目（CIP）数据

cdma2000无线网络测试与优化 / 孙社文，傅海明编著. -- 北京 : 人民邮电出版社，2011.8
（3G无线网络测试与优化丛书）
ISBN 978-7-115-21534-5

Ⅰ. ①c… Ⅱ. ①孙… ②傅… Ⅲ. ①码分多址一宽带通信系统 Ⅳ. ①TN929.533

中国版本图书馆CIP数据核字(2011)第046370号

内容提要

本书从cdma2000网络实际工程应用的角度出发，针对cdma2000网络测试方法、测试工具使用和典型的测试案例分析等方面作了全面的介绍。本书对Pioneer和Navigator两套测试软件的详细测试方法进行了介绍，并结合中国电信集团公司对CDMA网络测试的性能指标、网络测试软件工具的安装及使用方法、CDMA语音业务测试和数据分析方法、CDMA VP业务测试和数据分析方法、CDMA数据业务测试和数据分析方法、CDMA基站功能验证的测试方法和网络测试优化中典型的案例测试分析等内容，以"任务描述"和"任务实施"的形式对实际网络测试中的各种测试方法和测试技能进行了讲解。

本书的内容详尽、结构合理、可操作性强，可作为高等院校通信技术及相关专业的教学用书，也可作为通信行业中的网络建设、网络测试维护及网络优化等工程技术人员的测试参考手册。

3G无线网络测试与优化丛书

cdma2000无线网络测试与优化

◆ 编　　著　孙社文　傅海明
　责任编辑　丁金炎
　执行编辑　王小娟

◆ 人民邮电出版社出版发行　　北京市崇文区夕照寺街14号
　邮编　100061　　电子邮件　315@ptpress.com.cn
　网址　http://www.ptpress.com.cn
　北京铭成印刷有限公司印刷

◆ 开本：787×1092　1/16
　印张：9.5
　字数：232千字　　2011年8月第1版
　印数：1－3 000册　　2011年8月北京第1次印刷

ISBN 978-7-115-21534-5

定价：20.00元

读者服务热线：(010)67132746　印装质量热线：(010)67129223
反盗版热线：(010)67171154
广告经营许可证：京崇工商广字第0021号

前言

Foreword

随着移动通信技术的发展及3G网络在国内的普及应用，移动网络正越来越广泛地影响着人们的日常生活。作为3G应用服务的基础——3G网络，国内移动运营商不断对其进行建设、扩容和升级为广大用户提供服务。因此，移动网络的性能保障变得非常重要，越来越大规模的移动网络需要大量的工程技术人员对其进行网络性能测试、网络性能评估及网络优化等工作。

本书从实际工程应用的角度出发，对cdma2000网络测试方法、测试工具使用和典型的测试案例分析做了全面的介绍。全书通过对Pioneer和Navigator两套测试软件的详细测试使用介绍，并结合中国电信集团公司对CDMA网络测试中的规范和要求，以“任务描述”和“任务实施”的形式对实际网络测试中的各种测试方法和测试技能进行了讲解，使学生能够直接、感性地学习CDMA网络测试的知识技能，能够在实际工程中掌握网络测试要求和规范标准的同时，迅速将所学知识转化为实际操作技能。

本书系统地讲述了中国电信集团公司对CDMA网络的测试的性能指标、网络测试的软件工具的安装及使用方法、CDMA语音业务测试的方法和数据分析方法、CDMA VP业务测试的方法和数据分析方法、CDMA数据业务测试的方法和数据分析方法、CDMA基站功能验证的测试方法和网络测试优化中典型的案例测试分析等内容。本书的内容介绍细致实用，每部分内容都通过结合实际测试软件进行讲解，对测试的关键步骤进行详细说明。案例分析部分则通过实际网络中的典型测试案例进行分析，使学生能够将学习到的测试方法直接应用到网络测试与网络性能分析中，能够更深入地掌握网络测试的实用技能。

全书由北京金戈大通通信技术有限公司高级工程师傅海明和北京工业职业技术学院孙社文副教授共同编著。在本书编写过程中，可使用的参考文献资料非常有限，为了进一步充实本书的内容，体现“任务实施”的特色，编者还对实际的网络进行了现场测试。珠海世纪鼎利通信科技有限公司对本书的编写给予了很大支持。北京金戈大通通信技术有限公司组织相关领域专家对全书内容进行了详细审校，在此对他们表示由衷的感谢！

本书内容详尽，结构合理、可操作性强。适合作为高职高专院校通信技术及相关专业学生的教材，也可作为通信行业中网络建设、网络测试维护及网络优化的工程技术人员的参考手册。

虽然编者力求使本书内容有所创新，有所突破，但是由于3G网络建设还在进行中，编者的认识水平也有限，书中疏漏之处在所难免，欢迎广大读者提出宝贵意见和建议。

编　者

2011年3月于北京

目录

Contents

第1章 cdma2000无线网络基本性能指标

1.1 CDMA 1X 话音测试指标

1.1.1 DT 覆盖率

(1)覆盖率=($E_c/I_o \geqslant -12$dB & Tx _ Power≤15dBm & Rx _ Power≥−90dBm)的采样点数/采样点总数×100%

其中:空闲状态下采集到的采样点数按($E_c/I_o \geqslant -12$dB & Rx _ Power≥−90dBm)纳入统计。

(2)覆盖率=($E_c/I_o \geqslant -12$dB & Tx _ Power≤20dBm & Rx _ Power≥−95dBm)的采样点数/采样点总数×100%

其中:空闲状态下采集到的采样点数按($E_c/I_o \geqslant -12$dB & Rx _ Power≥−95dBm)纳入统计。

说明

E_c/I_o 称为“载干比”;Tx-Power、Rx-Power 分别为发射和接收信号功率。

- 采样点总数为主、被叫测试手机的采样点样本数之和。
- 覆盖率综合通话状态及空闲状态的结果。
- 定义 1 适用于城区。
- 定义 2 适用于农村。

1.1.2 CQT 覆盖率

覆盖率=符合试呼条件的采样点数/总采样点数×100%

说明

- 符合试呼条件的采样点数=连续 5 秒 $E_c/I_o \geqslant -12$dB 且 Rx _ Power≥−95dBm 的采样点数;
- 覆盖率取主叫手机的统计结果。

1.1.3 掉话率

掉话率=掉话总次数/接通总次数×100%

说明

- 接通次数:当一次试呼开始后,被叫手机在 15s 内接收到前向业务信道警报消息(FTC Alert With Information Message)就计数为一次接通。若某次呼叫被叫没有接收到该信息,取被叫手机接收的反向业务信道服务连接完成消息(RTC Service Connect Completion Message)或者前向业务信道服务连接消息(FTC Service Connect Message)。15s 内被叫手机没有收到 FTC Alert With Information Message,RTC Service Connect Completion Message 及 FTC

Service Connect Message 中的任意一条信令，那么此次呼叫等待时长超时，确定为呼叫失败。

- 掉话次数：在一次通话中如出现顺序释放信息（Release Order Message），就计为一次呼叫正常释放。只有当该消息未出现而收到同步消息（SC Sync Message）或测试手机直接由专用模式转为空闲模式时，才计为一次掉话。
- 在一次掉话过程中如果是主叫或被叫单独掉话的情况，计为一次掉话。在一次掉话过程中如果出现主、被叫都掉话的情况，只计为一次掉话。

1.1.4 里程掉话比

里程掉话比＝覆盖里程/掉话次数

说明

- 覆盖里程：$E_c/I_o \geq -12$dB & Tx _ Power≤20dBm & Rx _ Power≥−95dBm 的测试路段里程数。
- 掉话次数：参见掉话率中的掉话次数。
- 适用于高速公路。

1.1.5 话音MOS值

话音 MOS 值采用 PESQ 算法，取 PESQ LQ 值。

说明

- 要求计算 PESQ LQ 值区间分布比例和平均值。
- MOS 高分比例＝MOS 值≥3 采样点数/总采样点数×100％
- MOS 等级分值表说明如表 1-1 所示。

表 1-1　　MOS 分值表

等级	收听注意力说明	PESQ LQ 值
1	即使努力去听，也很难听清	[1,1.7]
2	需要集中注意力	[1.7,2.4]
3	中等程度的注意力	[2.4,3.0]
4	需要注意，不需要明显集中注意力	[3.0,3.5]
5	可以完全放松，不需要注意力	[3.5,4.5]

1.1.6 里程覆盖率

通话状态时里程覆盖率＝（$E_c/I_o \geq -12$dB & 反向 Tx _ Power≤20dBm & Rx _ Power≥−95dBm 的测试路段里程数）/测试路段总里程数×100％

其中：空闲状态下采集到的采样点数按（$E_c/I_o \geq -12$dB&Rx _ Power≥−95dBm）纳入统计。

说明

- 采样点总数为主、被叫测试手机的采样点样本数之和。
- 适用于高速公路。

1.1.7 接通率

接通率＝被叫接通总次数/主叫试呼总次数×100％

说明

• 主叫试呼次数:由主叫业务试呼消息(AC Origination Message)表示进行了试呼,若某次呼叫没有该消息,取主叫出现的第一条探针接入(Access Probe)信息。一次呼叫的多条 AC Origination Message 仅计为一次。

• 接通次数:当一次试呼开始后,被叫手机在 15s 内接收到 FTC Alert With Information Message 消息(若某次呼叫被叫没有接收到该信息,取被叫手机接收的 RTC Service Connect Completion Message 消息或者 FTC Service Connect Message 消息)就计数为一次接通。15s 内被叫手机没有收到 FTC Alert With Information Message,RTC Service Connect Completion Message 及 FTC Service Connect Message 中的任意一条信令,那么此次呼叫等待时长超时,确定为呼叫失败。

• 接通率=被叫 FTC Alert With Information Message 数/主叫 AC Origination Message 数×100%。

• 接通率取综合主、被叫手机信息的统计结果。

• 适用于城区、农村。

1.1.8 平均呼叫建立时延

平均呼叫建立时延= 呼叫建立时延总和/接通总次数

说明

• 呼叫建立时延:主叫手机发出第一条 AC Origination Message 到被叫手机接收到 Alert With Information 的时间差。

• 取所有测试样本中除了呼叫失败情况外的平均时长。

• 适用于城区、农村。

1.2 EVDO 数据业务测试指标

1.2.1 下行 FTP 吞吐率

下行 FTP 吞吐率=FTP 下载应用层总数据量/总下载时间

下行 FTP 吞吐率优良比≥300kbit/s 比例=下行 FTP 吞吐率≥300kbit/s 采样点数/总采样点数×100%。

说明

• FTP 掉线时的数据不计入速率统计指标。

• 在 CQT 测试数据的计算中,以每个测试位置(每个 CQT 点含两个测试位置)测得的下行 FTP 吞吐率平均值为一个采样点,以此计算下行 FTP 吞吐率≥300kbit/s 的比例。

• 在 DT 测试数据的计算中,以每 30s 的下行 FTP 吞吐率平均值为一个采样点,以此计算下行 FTP 吞吐率≥300kbit/s 比例。

1.2.2 上行 FTP 吞吐率

上行 FTP 吞吐率=FTP 上传应用层总数据量/总上传时间

上行 FTP 吞吐率优良比≥150kbit/s 比例＝上行 FTP 吞吐率≥150kbit/s 采样点数/总采样点数×100％。

说明

- FTP 掉线时的数据不计入速率统计指标。
- 在 CQT 测试数据的计算中，以每个测试位置（每个 CQT 点含两个测试位置）测得的上行 FTP 吞吐率平均值为一个采样点，以此计算上行 FTP 吞吐率≥150kbit/s 的比例。
- 在 DT 测试数据的计算中，以每 30s 的上行 FTP 吞吐率平均值为一个采样点，以此计算上行 FTP 吞吐率≥150kbit/s 比例。

1.2.3 PING 时延

PING 时延＝各次 PING 成功的时延值总和/PING 成功的次数。

说明

- 统计 CQT 测试数据的激活态 PING 时延。
- 如出现 PPP 连接失败或掉话，连接中断期间 PING 时延及尝试次数不纳入统计。

第2章 cdma2000无线网络测试工具

2.1 无线网络测试工具组成

2.1.1 无线网络测试工具简介

无线网络测试工具由8部分组成：

① 测试终端；

② 无线网络测试软件（前台部分+后台部分）；

③ GPS天线；

④ MOS盒；

⑤ 测试计算机；

⑥ 车载逆变器；

⑦ USB Hub；

⑧ 测试数据线。

下面对cdma2000无线网络测试工具进行逐一介绍。

1. cdma2000测试终端

cdma2000移动测试终端不仅具备普通cdma2000手机的话音/数据功能，还具备cdma2000信令输出、记录功能。cdma2000测试终端能够将无线网络中的空中接口信令和网络参数进行输出，供数据分析人员对网络进行分析。本书中使用LG KX206测试终端进行案例介绍。

2. cdma2000无线测试软件

该cdma2000无线测试软件分为cdma2000测试前台部分和cdma2000测试后台部分。前台测试软件负责与测试终端、MOS盒、GPS进行通信，记录网络信令信息和网络参数。后台测试软件负责对前台软件记录的数据进行统计、分析。

本书采用珠海世纪鼎利通信科技股份有限公司的cdma2000移动通信无线测试软件进行讲解。该软件的前后台分别是

DCI-Pilot Pioneer cdma2000无线测试软件（前台）和DCI-Pilot Pioneer cdma2000无线测试软件（后台）。

3. GPS

GPS天线用来记录网络测试过程中测试终端的位置。当移动测试终端在网络中移动时，GPS可以提供当前的地理位置，并配合GIS电子地图的使用可以标识出当前位置的周边情况，如基站位置、建筑物位置等无线环境，配合进行网络性能分析。

4. cdma2000 MOS盒

cdma2000 MOS盒可以连接2部测试手机。一部测试手机作主叫，另一部测试手机作被叫。MOS盒对主叫手机发送的话音呼叫信号和被叫手机接收的话音信号进行比较，检测信号

是否失真。

5. 测试计算机

测试计算机用于安装 cdma2000 无线网络测试软件，连接测试终端、MOS 盒、GPS 等外设，是网络测试的平台。测试计算机要求是笔记本计算机，其硬件配置要求：CPU2.0 GHz；内存 1GB；硬盘容量 160GB；显示屏 14 英寸，分辨率为 1280×800。

6. 车载逆变器

无线网络测试通常在室外进行，在进行 DT 测试时车载逆变器可以为测试设备（计算机、测试终端、MOS 等）提供车载电源，能够支撑长时间的室外测试。

本书中案例采用贝尔金提供的 250W 车载电源逆变器，技术指标如下。

- 输入电压：11～15V DC。
- 输出电压：220V AC。
- 功率：400W 峰值，250W 持续。
- 频率：50Hz±3Hz。

2.1.2 无线网络测试工具连接

无线网络测试工具之间相互连接关系如图 2-1 所示。

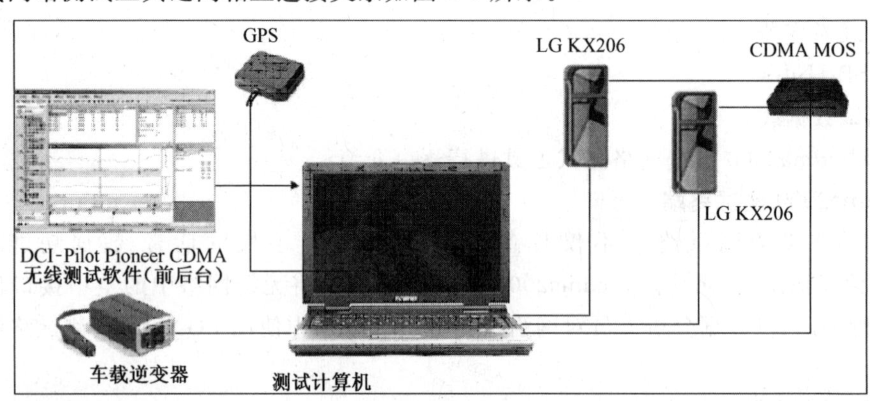

图 2-1 无线网络测试工具连接关系图

测试工具连接说明如下。

- 测试计算机作为无线网络测试的支撑平台。
- 网络测试软件安装在计算机上。
- MOS 盒的两个终端接口连接两个测试终端，一个 USB 接口连接测试计算机。
- 两个测试终端的一个接口用于连接 MOS 盒，另一个接口连接计算机。
- GPS 天线连接计算机。
- 车载逆变器用于给计算机供电，或连接插线板给所有外设供电。

2.2 无线网络前台测试软件 Pilot Pioneer 安装

2.2.1 Pilot Pioneer无线网络测试软件安装任务描述

① 安装 Pilot Pioneer 无线网络测试软件。

② MSXML 软件安装。

③ WinPcap 软件安装。

④ 安装 Pioneer 无线网络测试软件加密锁和 License。

⑤ 安装 1 转 4 USB 串口程序。

⑥ 安装 LG KX206 驱动程序。

⑦ 安装中兴 8710 测试数据卡驱动。

⑧ 安装 GPS 天线驱动程序。

2.2.2 任务实施

1. Pioneer 测试软件安装

(1) Pilot Pioneer 软件的运行环境

操作系统：Windows 2000(要求 SP4 或以上)/XP(要求 SP2 或以上)。

CPU：Pentium 1.5GHz 或更高。

内存：512MB 或以上。

显卡：SVGA，16 位彩色以上显示模式。

显示分辨率：1280×800。

硬盘：10GB 以上剩余空间。

Pilot Pioneer 运行所需内存的大小与用户运行的系统及分析的测试数据大小有密切关系，内存越大，测试盒分析的速度越快。因此建议用户最好能够配置稍大的内存空间。

(2) Pilot Pioneer 安装步骤

第一步：首先进入安装向导页面，单击“下一步”按钮则继续安装，单击“取消”按钮则退出安装，如图 2-2 所示。

第二步：选择安装路径。单击“浏览”按钮更改安装路径，单击“下一步”按钮继续安装，单击“上一步”按钮则返回上一级页面，单击“取消”按钮则退出安装，如图 2-3 所示。

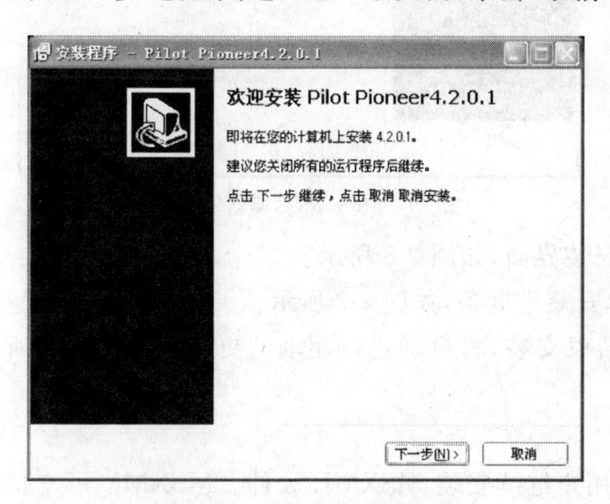

图 2-2 Pilot Pioneer 安装向导

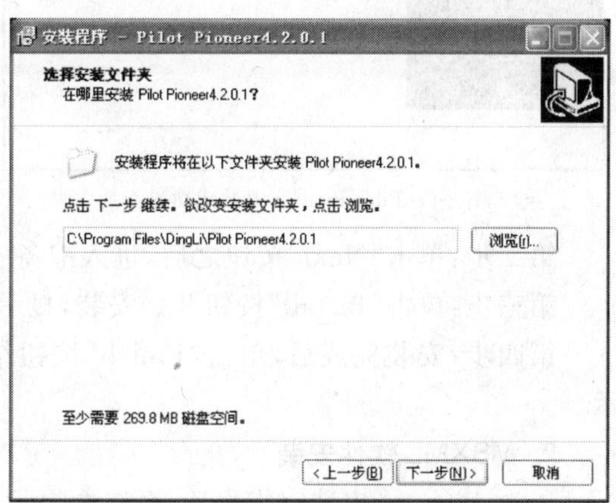

图 2-3 指定 Pilot Pioneer 安装路径

第三步：指定 Pilot Pioneer 的快捷方式的位置。单击“下一步”按钮继续安装，单击“上一步”按钮则返回上一级页面，单击“取消”按钮则退出安装，如图 2-4 所示。

第四步：单击“安装”按钮开始进行 Pilot Pioneer 的安装，单击“上一步” 按钮安装程序返回上一级操作，单击“取消”按钮则退出安装，如图 2-5 所示。

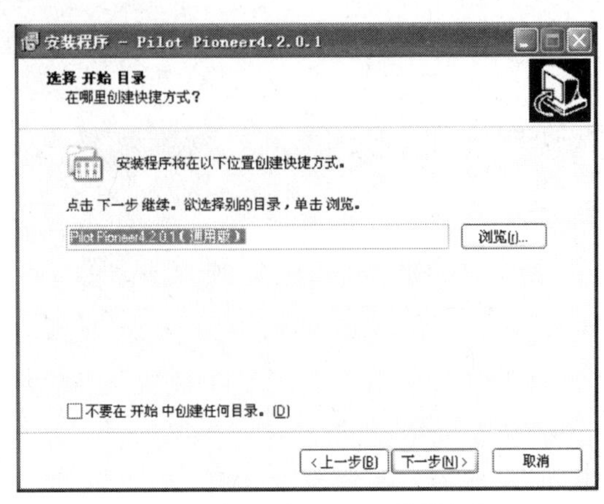

图 2-4　设置 Pilot Pioneer 快捷方式

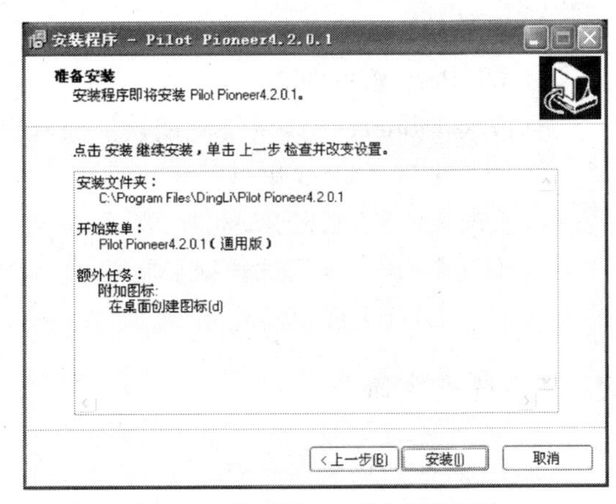

图 2-5　Pilot Pioneer 准备安装页面

第五步：安装成功以后，页面中将给出安装成功的提示信息。单击“完成”按钮，如图 2-6 所示。

(3) 多路 MOS 驱动的安装

Pilot Pioneer 软件安装过程中，系统会提示用户需要安装 Dingli Multi MOS 驱动程序，Dingli Multi MOS 驱动程序安装步骤如下。

第一步：进入 Multi MOS 驱动安装向导界面，如图 2-7 所示。

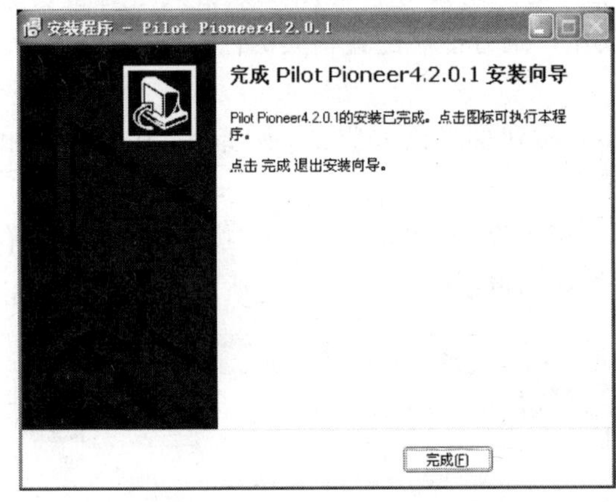

图 2-6　Pilot Pioneer 安装成功界面

图 2-7　Multi MOS 驱动安装向导

第二步：单击“Next”按钮之后，进入准备安装界面，如图 2-8 所示。

第三步：单击“Install”按钮开始安装，显示安装进度条，如图 2-9 所示。

第四步：安装完成后，单击“Finish”按钮结束安装，将自动进行驱动的更新，如图 2-10 所示。

2. MSXML 软件安装

Pilot Pioneer 安装完成之后，系统会提示用户继续安装 MSXML 软件。MSXML 可支持 Pilot Pioneer 的统计及其他一些报表的显示。建议用户安装该软件。

第一步：MSXML 软件安装程序的欢迎界面。确定安装单击“Next”按钮，取消安装单击“Cancel”按钮，如图 2-11 所示。

第二步：阅读 MSXML 的安装协议。如果要继续安装，则选择“I accept the terms in the License Agreement”，并单击“Next”按钮执行下一步操作，如图 2-12 所示。

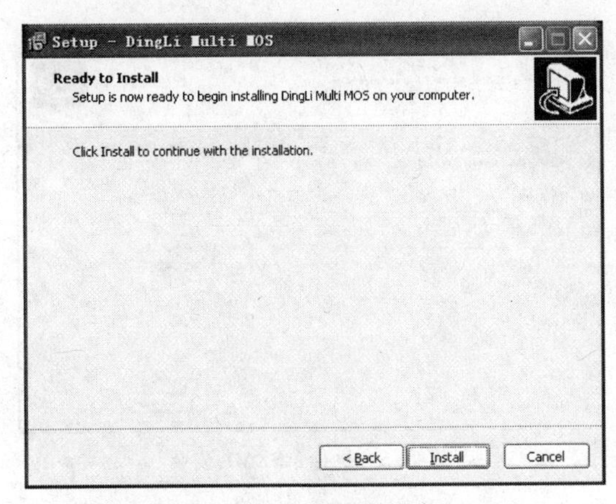

图 2-8 安装界面

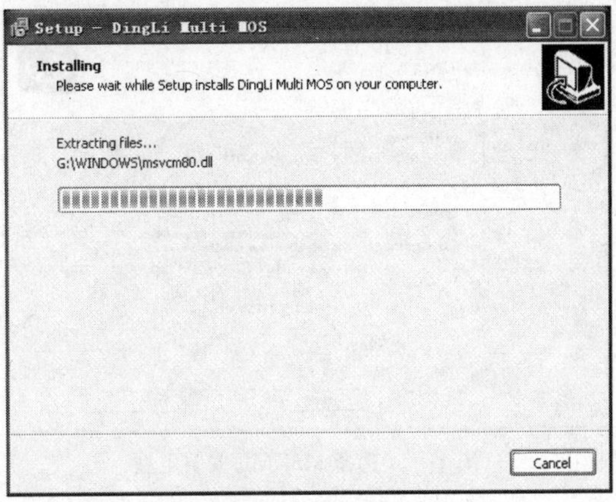

图 2-9 安装进度条

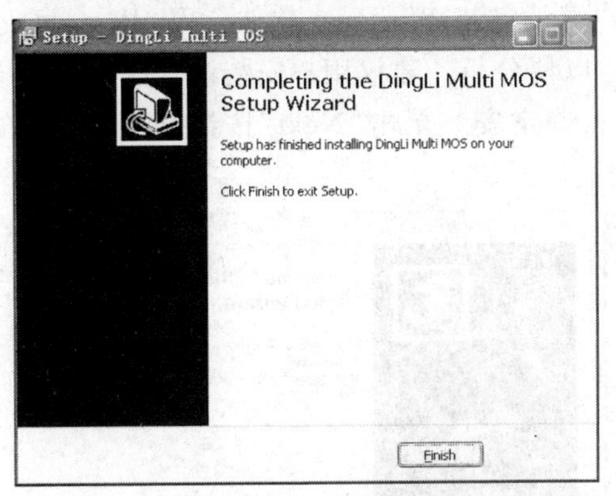

图 2-10 自动更新

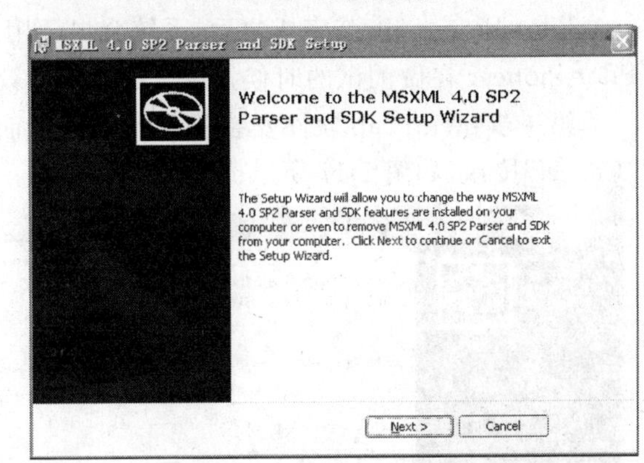

图 2-11 MSXML 软件安装向导

第三步：填写用户名和公司名称，单击“Next”按钮执行继续安装，如图 2-13 所示。

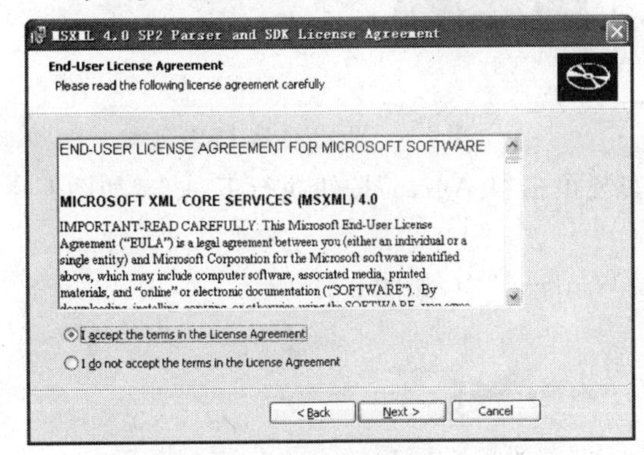

图 2-12 阅读安装协议并执行下一步操作

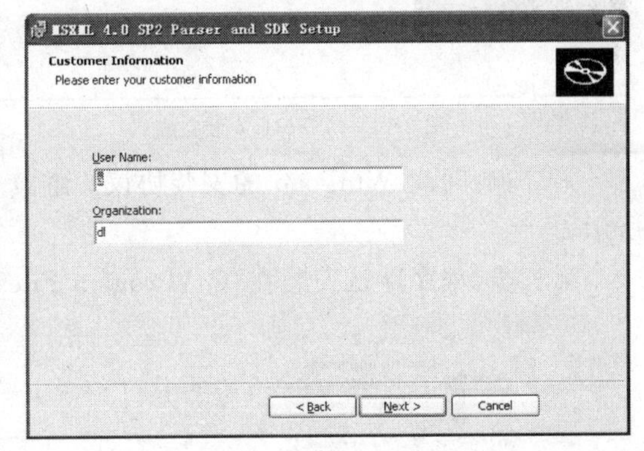

图 2-13 输入客户信息

第四步：指定 MSXML 在磁盘中的安装路径。选择 “Install Now”则采用默认的安装路径 C:\Program Files\MSXML 4.0，选择“Customize”则用户可自定义安装路径。完成安装路径指定以后，单击“Next”按钮继续安装，如图 2-14 所示。

第五步：执行 MSXML 安装，如图 2-15 所示。

第六步：安装成功，如图 2-16 所示。

注意：在软件安装的过程中，如果显示进度条始终不消失，则建议用户将安装界面移动一下，看看该界面下面是否有对话框弹出。

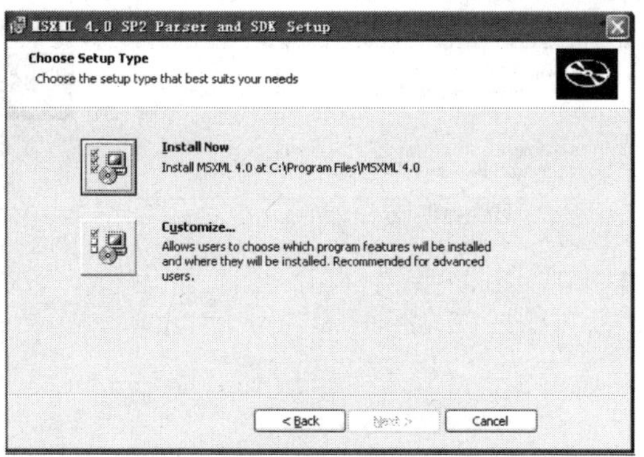

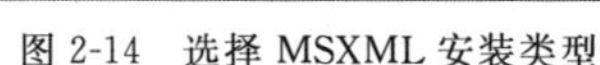

图 2-14　选择 MSXML 安装类型

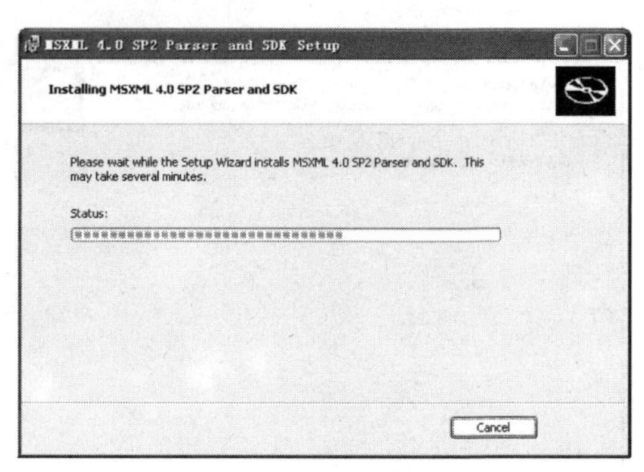

图 2-15　执行 MSXML 安装

3. WinPcap 软件安装

Pilot Pioneer 安装完成之后，系统会提示用户继续安装 WinPcap 软件。WinPcap 可支持 Pilot Pioneer 在做测试的时候抓取 TCP/IP 协议，以便分析。建议用户安装该软件。

第一步：WinPcap 软件安装程序的欢迎界面。确定安装单击“Next”按钮，取消安装单击“Cancel”按钮，如图 2-17 所示。

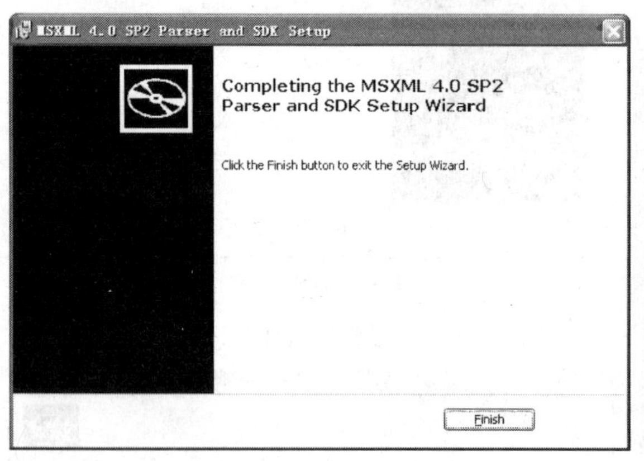

图 2-16　MSXML 安装完成

图 2-17　WinPcap 软件安装向导

第二步：阅读 WinPcap 的安装协议。继续安装单击“I Agree”按钮执行下一步，如图2-18所示。

第三步：程序默认安装在“C:\Progam Files\Winpcap”中，如图 2-19 所示。

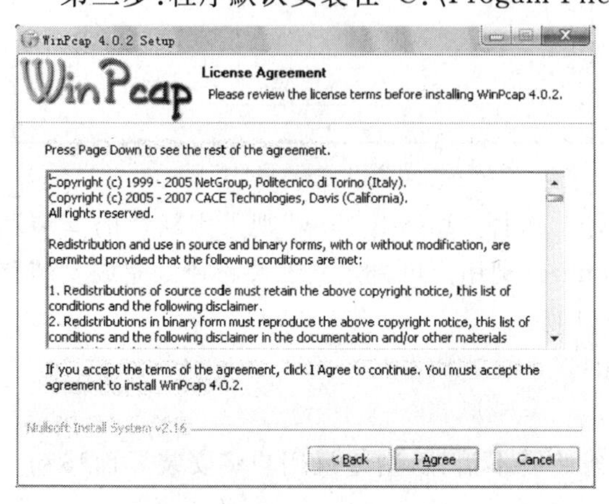

图 2-18　阅读 Winpcap 安装协议

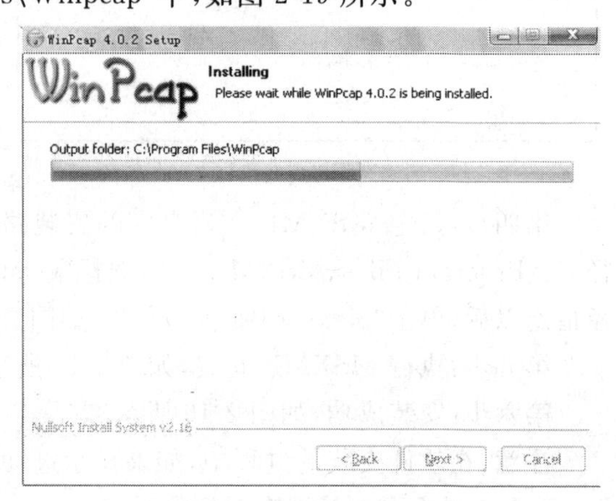

图 2-19　开始安装 WinPcap

第四步：安装成功，如图 2-20 所示。

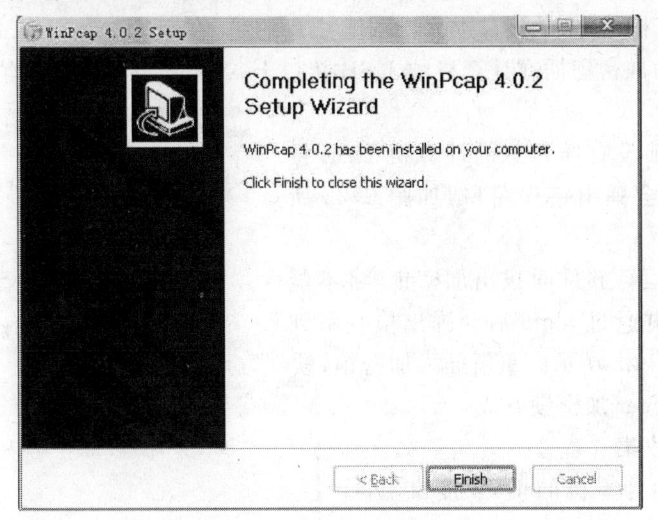

图 2-20 WinPcap 安装完成

注意：在软件安装的过程中，如果显示进度条始终不消失，则建议用户将安装界面移动一下，看看该界面下面是否有弹出的对话框。

4. 安装 Pioneer 无线网络测试软件加密锁和 License

Pilot Pioneer 必须配有加密锁及软件的 License 权限才能正常运行。加密锁的安装和升级在后续章节中将详细介绍。软件的 License 权限以 Pioneer. lcf 文件的形式提供给用户，Pioneer. lcf 文件必须复制到 Pilot Pioneer 安装目录的根目录下 Pilot Pioneer 才可正常运行。例如：若按照默认安装路径安装 Pilot Pioneer，则需将 Pioneer. lcf 文件复制到 Pilot Pioneer 的默认路径下。

(1) Pilot Pioneer 加密锁安装

Pilot Pioneer 运行前用户必须在计算机的 USB 接口上安装 Pilot Pioneer 加密锁，Pilot Pioneer 加密锁是硬件设备，是软件执行的“钥匙”。加密锁使用前要先在计算机上安装驱动程序，只有安装了加密锁的驱动程序，计算机才能识别到加密锁。

正常情况下，软件会自动安装加密锁驱动程序，自动完成安装。安装完成后屏幕将弹出提示窗口，如图 2-21 所示。

图 2-21 加密锁安装成功

如果因为某些原因加密锁驱动没有正常安装，可以按照如下方法手动安装加密锁驱动程序。

(2) 加密锁的安装步骤

第一步：浏览安装光盘 HASPHL 目录并双击 InstallHasp 文件图标，安装加密锁的驱动程序(Pilot Pioneer 的 Setup 程序安装时也会自动安装加密锁的驱动程序)。驱动程序安装成功以后会给出“The operation was completed successfully”的提示信息。

第二步：加密锁驱动程序安装成功后，在每次使用 Pilot Pioneer 前都要把 Pilot Pioneer 的加密锁插在计算机的 USB 接口上。特别要注意的是，在运行 Pilot Pioneer 软件时，要始终将 Pilot Pioneer 的加密锁插在计算机的 USB 接口上，一旦拔除则系统会给出识别不到加密锁的提示信息。

① 如果加密锁没有插在您的计算机 USB 接口上就运行软件，会弹出错误窗口，如图 2-22 所示。

② 如果正在运行软件时拔出加密锁，将不能再进行任何操作，并且过 3min 后会弹出检查不到加密锁窗口，如图 2-22 所示。重新插入加密锁，软件方可以正常使用。

图 2-22　检测不到加密锁的出错信息

(3) Pilot Pioneer 加密锁升级

第一步：信息收集。

将加密锁插到计算机的 USB 接口上，双击 Hasprus. exe 应用程序，弹出如图 2-23 所示对话框。

用户单击“Collect information”按钮便会弹出对话框，提示用户将所收集到的加密锁的信息进行保存。首先选择一个保存路径，然后输入加密锁上贴的代码作为文件名，系统会自动将文件保存为 *. c2v 格式，如图 2-24 所示。

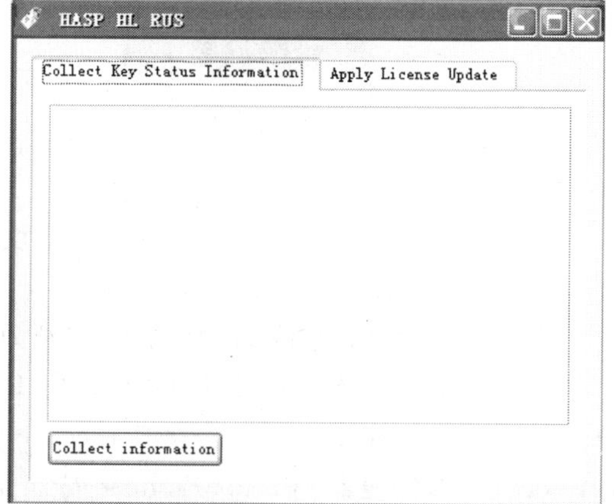

图 2-23　加密锁信息的收集

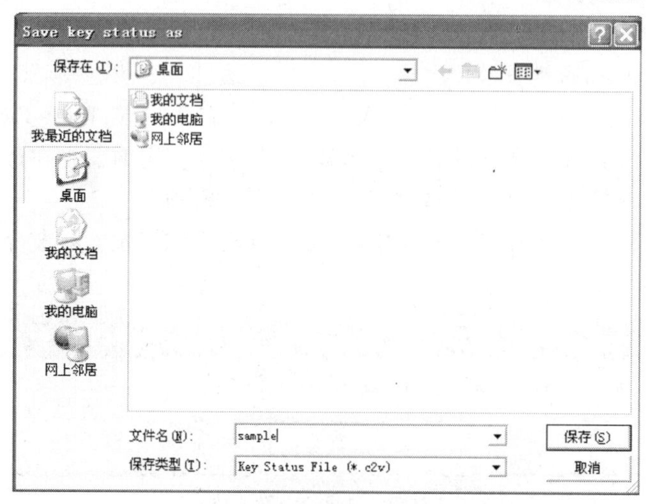

图 2-24　保存加密狗信息文件

保存完毕后，在“Collect Key Status Information”选项卡中会显示包括获取信息的时间、获取信息是否成功及所获取的信息的保存路径等信息，如图 2-25 所示。

第二步：信息反馈。

用户需要将 *. c2v 文件 E-mail 至 support@dinglicom. com 电子邮箱。设备商将对该信息进行查验，然后会回馈给用户两个文件。一个是 *. v2c 文件，该文件的文件名与用户发送的文件名一致，只有后缀不同，以方便用户对文件的识别。另一个是 pioneer. lcf 文件，为用户拥有的 License 权限，用户需将该文件复制到 Pilot Pioneer 的安装目录的根目录下方可正常运行 Pilot Pioneer。

第三步：数据升级。

用户收到设备商反馈回来的文件后，将 pioneer. lcf 文件放到安装路径下。再次双击 Hasprus. exe 应用程序，单击“Apply License Update”标签，然后单击 Update File 右边的 [...] 按钮选择升级文件 *. v2c，如图 2-26 所示 。

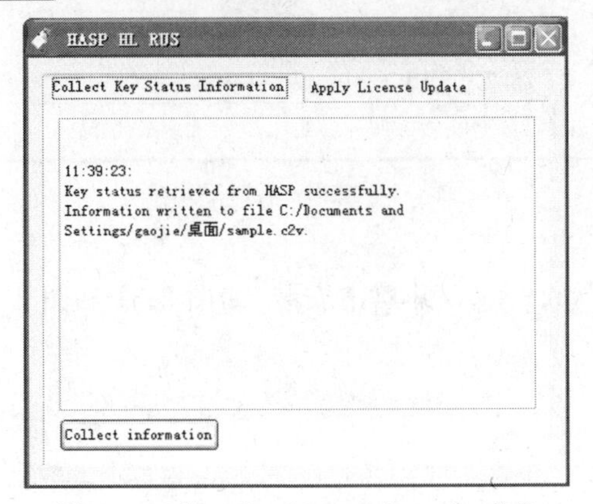

图 2-25 Collect Key Status Information 信息

图 2-26 选择升级文件

选中文件之后，软件会自动将选中的文件载入，如图 2-27 所示 。

用户单击“Apply update”按钮，软件将自动对加密锁中的信息进行升级。升级完成后，“Apply License Update” 选项卡会显示包括升级时间、升级文件的路径及升级是否成功等信息。当升级成功后，软件会提示“Update written successfully”，如图 2-28 所示。

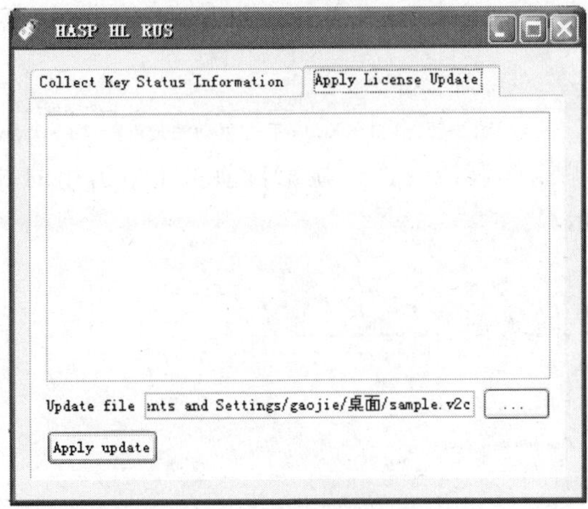

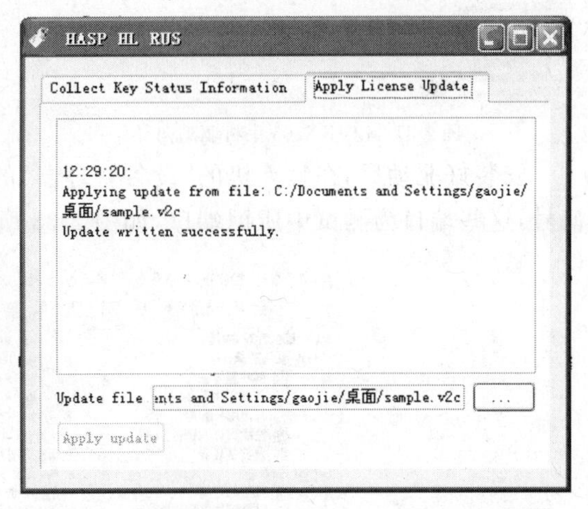

图 2-27 载入升级文件

图 2-28 升级成功后的“Apply License Update”选项卡

若升级不成功，则软件会提示“Update failed: Update counter mismatch”，如图 2-29 所示。

5. 安装 1 转 4 USB 串口程序

在计算机串口不够的情况下，用户需外接“1 转 4 USB 串口”将 1 个 USB 口扩展为 4 个串口。在使用“1 转 4 USB 串口”之前，首先要为计算机安装驱动程序（驱动程序可到 www. dinglicom. com 下载“ComHUB1 转 4”），否则系统将无法识别该设备，如图 2-30 所示。

USB 端口通过转接线同“1 转 4 USB 串口”的 USB 连接口相连。扩展出来的 COM 端口号可到设备管理器中查询。上图中标注出“1 转 4 USB 串口”的 COM 端口号排序方向。

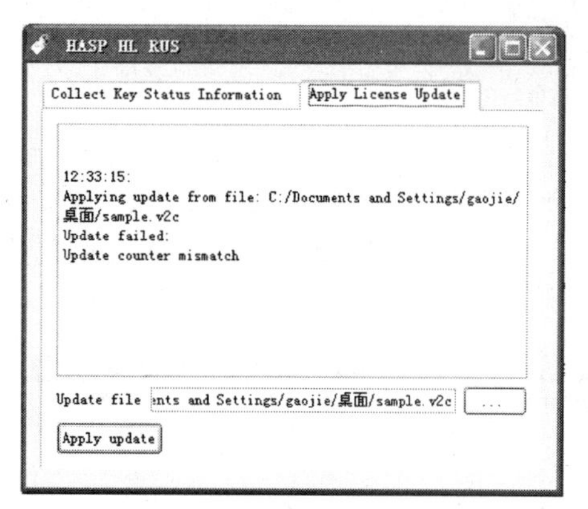

图 2-29　升级失败的“Apply License Update”选项卡

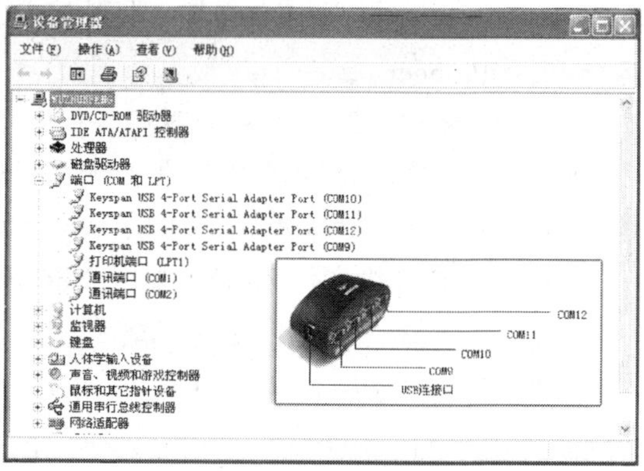

图 2-30　查看一转四 USB 串口

6. 安装 LG KX206 驱动程序

打开 LG KX206 手机驱动 LGUsbModemDriver _ v4.3 并双击安装，如图 2-31 和图 2-32 所示。

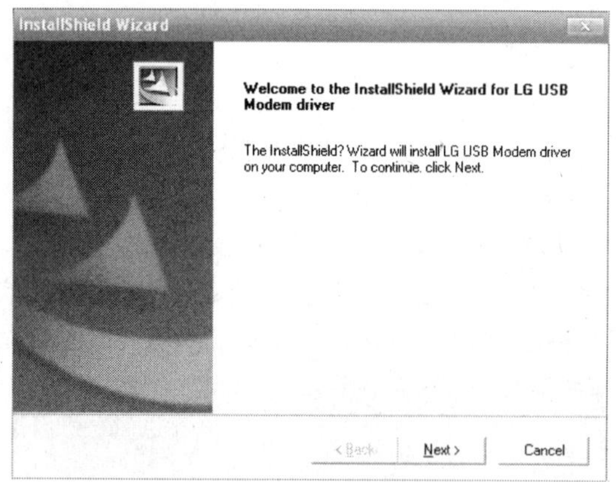

图 2-31　LG KX206 手机驱动向导

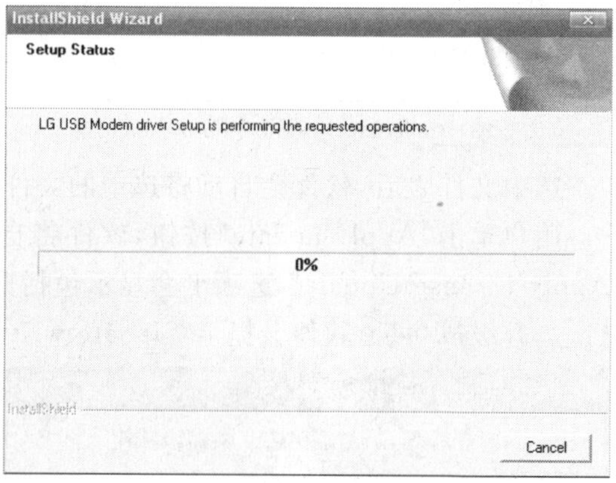

图 2-32　LG KX206 手机驱动安装进度

安装好驱动后，在计算机的“设备管理器”的调制解调器一栏中显示目前手机所占用的端口号，这些端口为测试中所用端口，如图 2-33 所示。

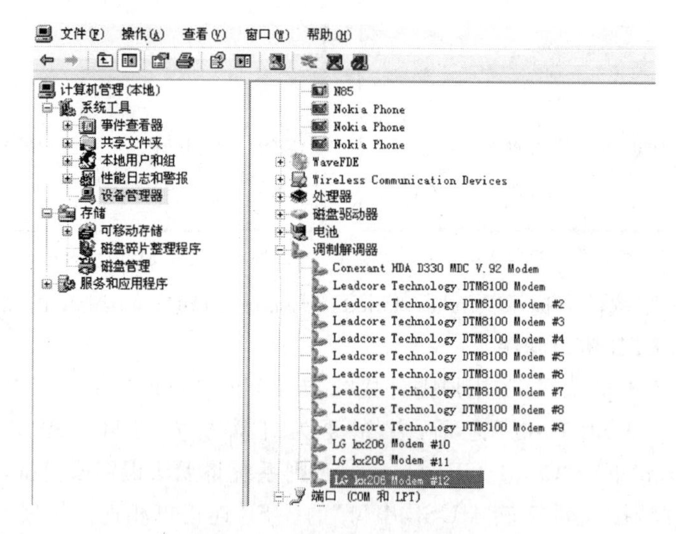

图 2-33　LG KX206 手机设备端口

7. 安装中兴测试8710数据卡驱动程序

如果需要对cdma2000的数据业务进行测试，则需要使用数据测试卡。下面介绍中兴8710测试数据卡的安装步骤。

第一步：打开中兴8710数据卡驱动，双击"中国电信autorun"图标安装，在安装提示页面中单击"完全安装"单选按钮，如图2-34所示。

第二步：按照安装向导的提示进行安装。在"安装已完成"信息窗口中单击"否，稍后再重新启动计算机"单选按钮，如图2-35所示。

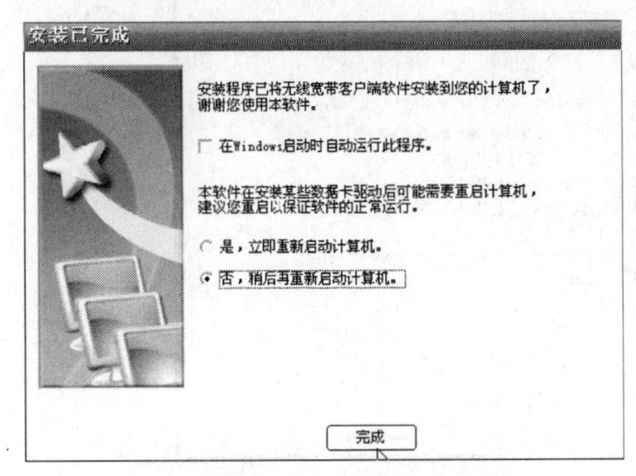

图2-34 选择中兴8710数据卡安装类型

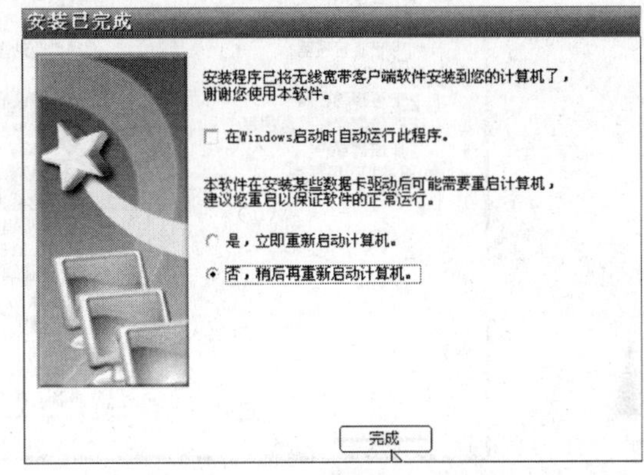

图2-35 中兴8710数据卡安装完成

第三步：在"设备管理器"中查看Trace端口和Modem端口。其中，ZTE Diagnostics Port FFF1为Trace端口，ZTE USB Modem FFF1为Modem端口。注意：此安装程序仅适用于中兴8710，如图2-36所示。

8. 安装GPS天线驱动程序

第一步：双击安装程序PL-2303 Driver Installer.exe安装GPS驱动，如图2-37所示。建议先在电脑上安装驱动，然后再将硬件设备的USB端口插到电脑或Hub的USB端口上。

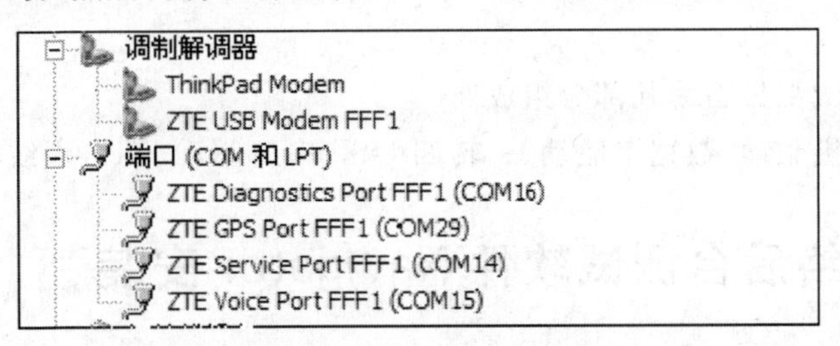

图2-36 查看中兴8710数据卡

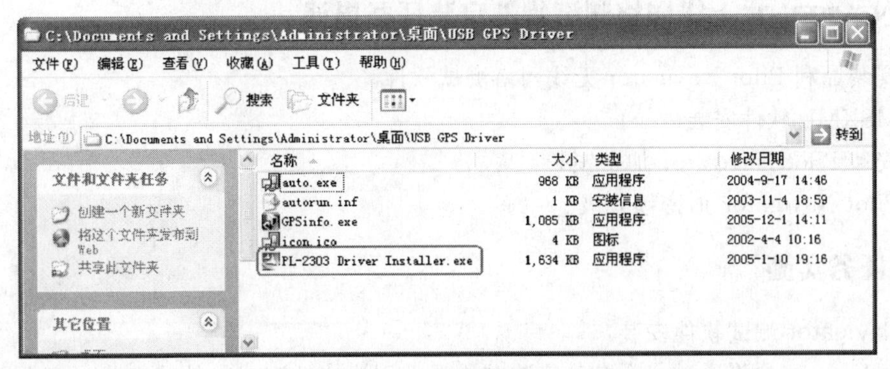

图2-37 GPS驱动程序

第二步:安装成功后,右键单击"我的电脑",在"管理"→"设备管理器"→"端口"以查看状态,如图 2-38 所示。

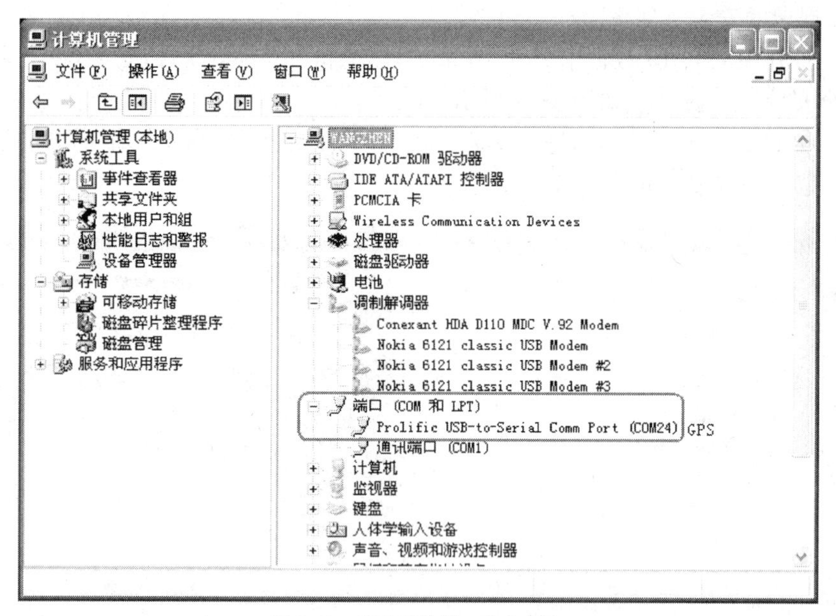

图 2-38 GPS 硬件端口状态查询

2.2.3 任务总结

详细了解无线网络测试软件 Pilot Pioneer、MSXML、WinPcap、LG KX206 驱动程序、中兴测试 8710 数据卡、GPS 天线驱程序的安装步骤,以便在测试过程中熟练应对由软件引起的突发情况。

2.2.4 习题

1. 无线网络测试工具由哪几部分组成?
2. 如何确认手机驱动、数据卡驱动、一转四 USB 串口驱动、GPS 天线驱动安装成功?

2.3 无线网络后台测试软件 Navigator 安装

2.3.1 Navigator 无线网络测试软件安装任务描述

① 安装鼎利 Pilot Navigator 无线网络测试软件。

② MSXML 软件安装。

③ 安装 Pilot Navigator 加密锁。

④ Pilot Navigator 加密锁升级。

2.3.2 任务实施

1. Navigator 测试软件安装

Pilot Navigator 将通过一个自动安装向导帮助用户成功完成软件的安装。双击安装光盘下的 Setup. exe 文件图标即开始安装，具体操作步骤如下。

第一步：建议用户关闭所有正在运行的程序，以免在安装过程中发生问题。安装程序将提示用户有关软件的说明。确认阅读了版权保护内容，单击“下一步”按钮继续安装。要取消本次安装，单击“取消”按钮，如图 2-39 所示。

第二步：指定 Pilot Navigator 的安装路径。系统将提示默认的安装路径，用户也可以修改安装路径。确认无误后，单击“下一步”按钮继续安装，单击“上一步”按钮将返回到上一级安装步骤。如果希望取消本次安装，则单击“取消”按钮，如图 2-40 所示。

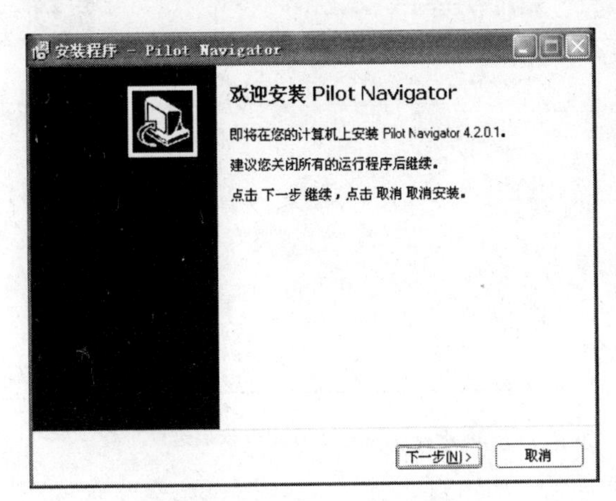

图 2-39 Pilot Navigator 安装界面

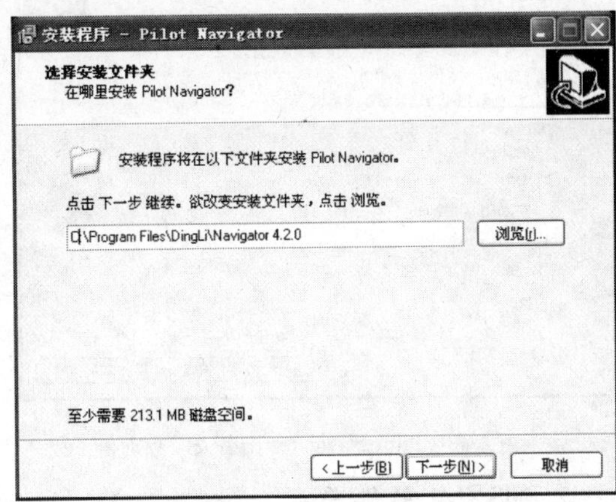

图 2-40 Pilot Navigator 安装路径选择

第三步：指定安装完成后 Pilot Navigator 的程序组名称，用户也可以填写自己定义的名称。在安装完成后，该程序组名称将自动加载到 Program 程序列表中。确认程序组名称后，单击“下一步” 按钮继续安装，如图 2-41 所示。

第四步：如果用户要在桌面创建一个快捷方式，则勾选“在桌面创建图标(d)”复选框。单击“下一步”按钮继续安装，如图 2-42 所示。

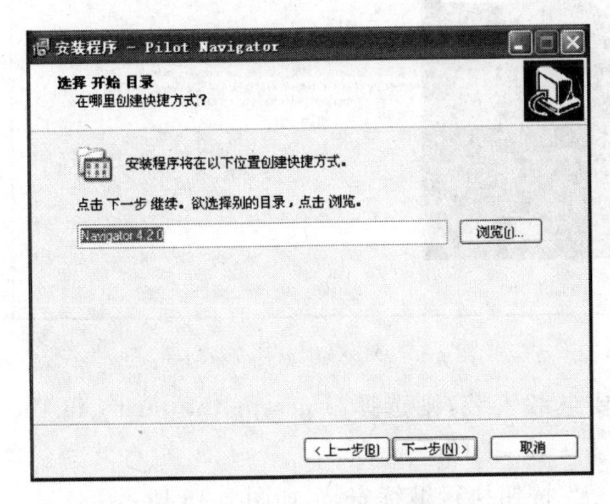

图 2-41 指定 Pilot Navigator 程序组名

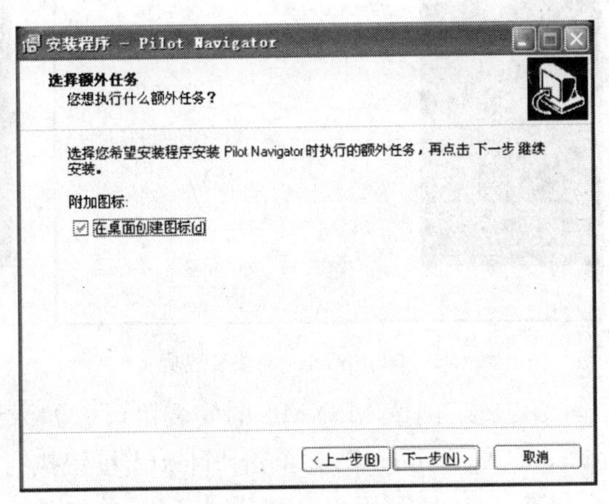

图 2-42 建立 Pilot Navigator 桌面快捷方式

第五步：完成以上基本安装设置后，单击“安装”按钮继续安装，如图 2-43 所示。

第六步：等待安装程序完成复制，并进行相关参数的自动设置，如图 2-44 所示。

第七步：在复制完成后，安装程序提示已经安装成功。单击“完成”按钮退出安装程序，如图 2-45 所示。

第八步：将光盘上的 navigator. lcf 文件复制到安装目录下。如果用户安装 Pilot-Navigator 时采用默认的安装目录进行安装，需将 navigator. lcf 文件复制到 C:\Program-Files\DingLi\Navigator 目录下。安装完成后，系统的程序列表将自动增加 Navigator 程序组名（或用户在第三步中定义的程序组名称），并包含三个子项：Pilot Navigator（运行 Pilot Navigator 执行文件）、Uninstall（卸载 Piot Navigator）、Visit Our Web Site（鼎利公司网站链接）。

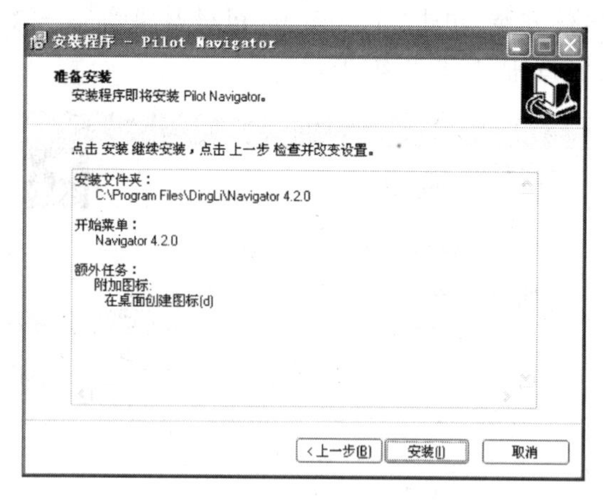

图 2-43　Pilot Navigator 准备安装界面

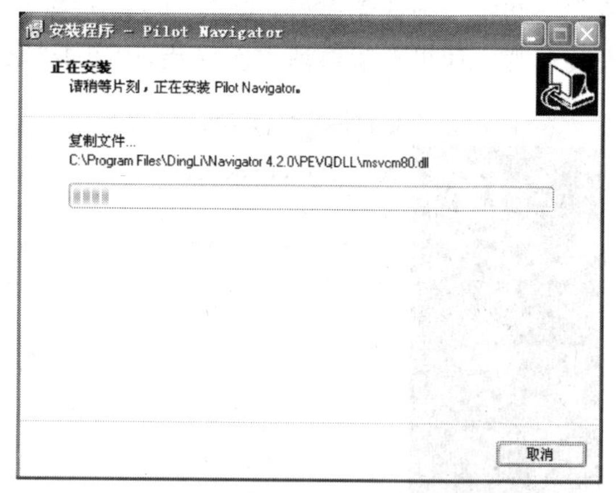

图 2-44　Pilot Navigator 安装进度

2. MSXML 软件安装

Pilot Navigator 安装完成之后，系统会提示用户继续安装 MSXML 软件。MSXML 可支持 Pilot Navigator 的统计及其他一些报表的显示。建议用户安装该软件。

第一步：MSXML 软件安装程序的欢迎界面，确定安装单击"Next"按钮，如图 2-46 所示。

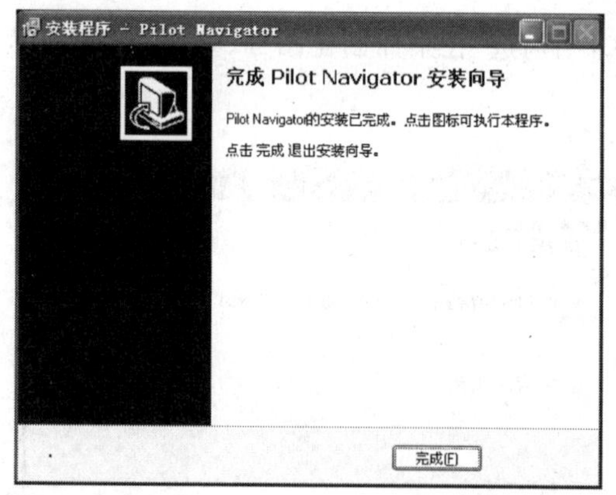

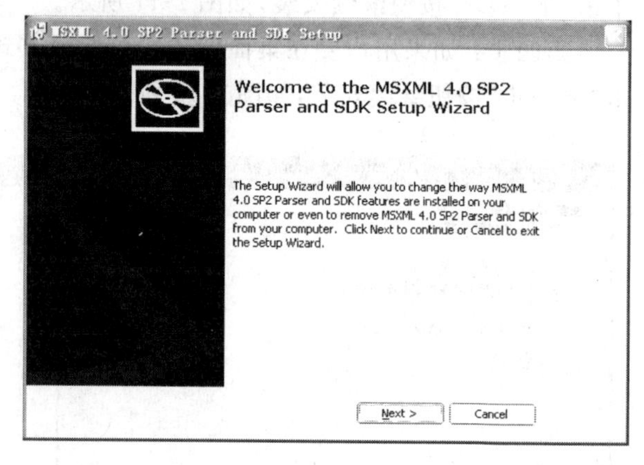

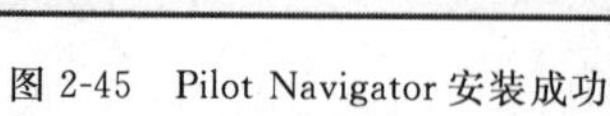
图 2-45　Pilot Navigator 安装成功

图 2-46　MSXML 软件安装向导

第二步：阅读 MSXML 的安装协议。如果要继续安装，则选择"I accept the terms in the License Agreement"，并单击"Next"按钮执行下一步，如图 2-47 所示。

第三步：填写用户名和公司名称，单击"Next"按钮执行继续安装，如图 2-48 所示。

第四步：指定 MSXML 在磁盘中的安装路径，单击"Install Now"按钮则采用默认的安装路径 C:\Program Files\MSXML 4.0（单击"Customize"按钮则用户可自定义安装路径）。完成安装路径指定以后，单击"Next"按钮继续安装，如图 2-49 所示。

第五步：执行 MSXML 安装，如图 2-50 所示。

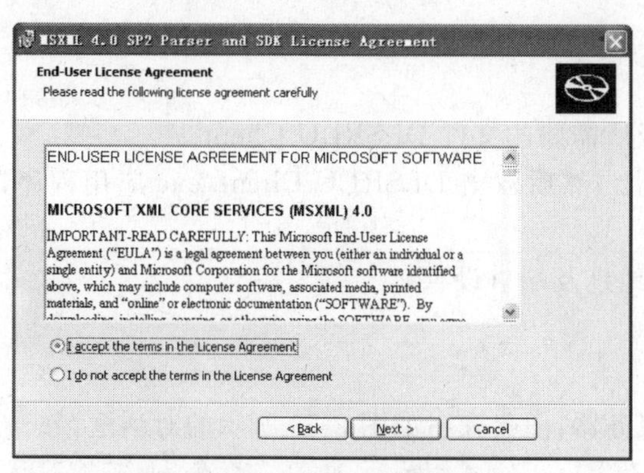

图 2-47 阅读安装协议

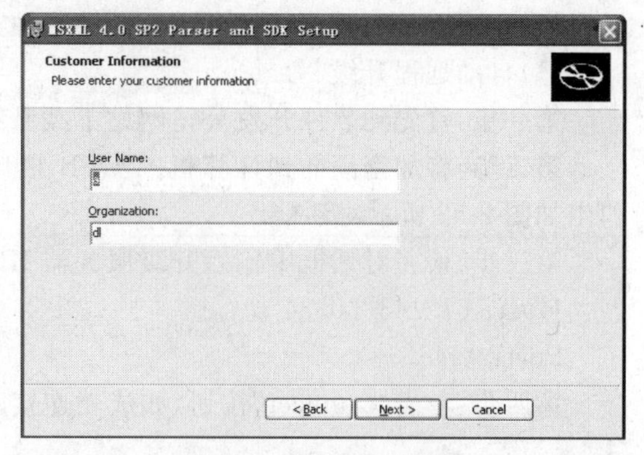

图 2-48 开始安装 MSXML

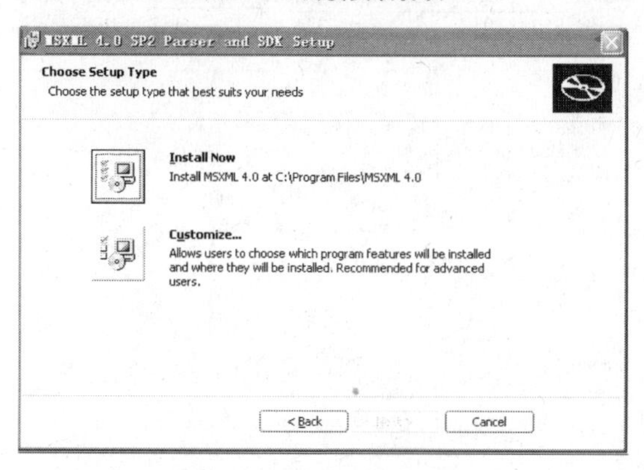

图 2-49 MSXML 安装类型

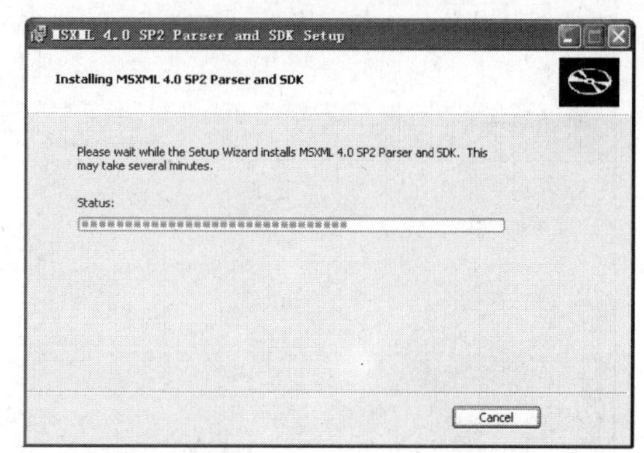

图 2-50 执行 MSXML 安装

第六步：安装成功，如图 2-51 所示。

注意：在软件安装的过程中，如果显示进度条始终不消失，则建议用户将安装界面移动一下，看看该界面下面是否有对话框弹出。

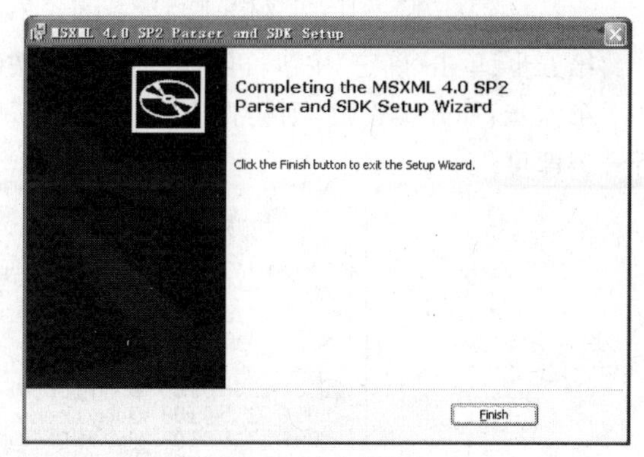

图 2-51 安装完成

3. Navigator 加密锁安装

Pilot Navigator Setup 程序在运行时会自动安装加密锁驱动。若需手动安装加密锁，请参照如下步骤操作。

第一步：将加密锁插在计算机的 USB 接口上，完成加密锁的硬件安装。

第二步：浏览安装光盘 HASPHL 目录并双击 Install Hasp 文件图标，安装加密锁的驱动程序。

HASP 加密锁的安装程序将引导用户完成整个安装过程。完成加密锁的安装后，就可以开始使用 Pilot Navigator 软件了。如果要卸载加密锁的驱动程序，则浏览安装光盘 HASPHL 目录并双击 Uninstall Hasp 文件图标，卸载加密锁的驱动程序。

注意：在使用过程中，请将软件加密锁始终插在计算机的 USB 接口上，否则软件系统会因检索不到加密锁而无法使用。Pilot Navigator Setup 程序在运行时会自动安装加密锁驱动，用户无须再手动安装加密锁驱动。

4. Navigator 加密锁升级

Pilot Navigator 加密锁的升级，提供两种方法。

(1)自动远程升级

第一步：首先到软件开发公司网站下载升级所需要的文件 DLSRLU Client。

第二步：将加密锁插到计算机的 USB 接口上，然后双击 DLSRLU Client. exe 应用程序，弹出如图 2-52 所示对话框。

第三步：请在对话框中输入升级服务器 IP 地址及端口设置

Host：61.143.60.84

Port：444

第四步：单击“Connect”按钮，如成功连接服务器，便会弹出如图 2-53 所示的对话框。

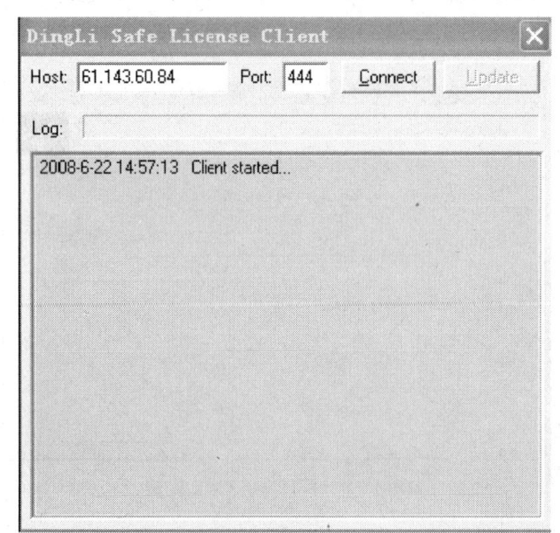

图 2-52 加密锁自动升级对话框(1)

图 2-53 加密锁自动升级对话框(2)

第五步：单击“确定”按钮，再单击“Update”按钮，如升级成功，则弹出如图 2-54 所示对话框。

第六步：如升级失败，则会弹出如图 2-55 所示对话框。请重新单击“Update”按钮，再次进行升级即可。

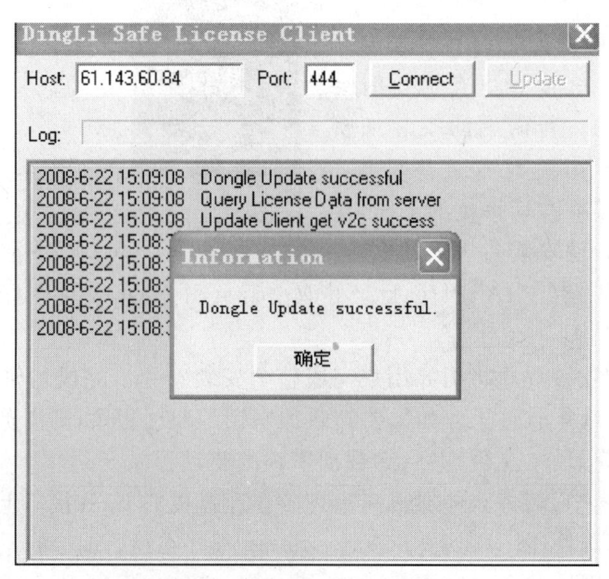

图 2-54 加密锁自动升级对话框(3)

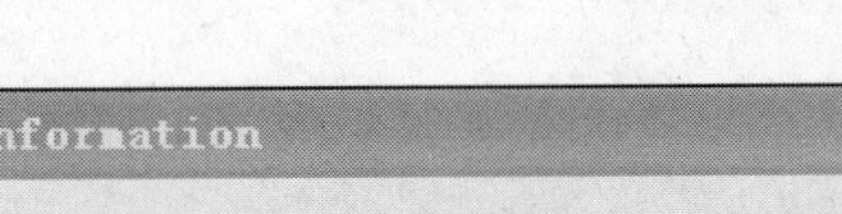

图 2-55 加密锁升级失败

第七步：如连接服务器失败，会弹出图 2-56 所示的对话框。

如连接服务器失败，请检查以下设置。

① 服务器 IP 地址和 Port 端口是否填写正常。

② 必须保证本机网络连接可以直接访问外网 IP 地址（无代理），可通过手机拨号上网或者无限制的宽带连接。

③ 检查本机网络连接是否可以直接连接外网服务器，方法如下。

- Windows“开始菜单”→“运行”→输入“cmd”，单击“确定”按钮如图 2-57 和图 2-58 所示。

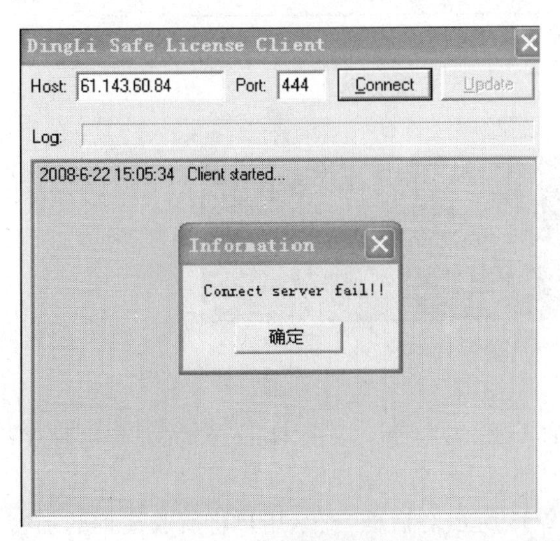

图 2-56 服务器连接失败

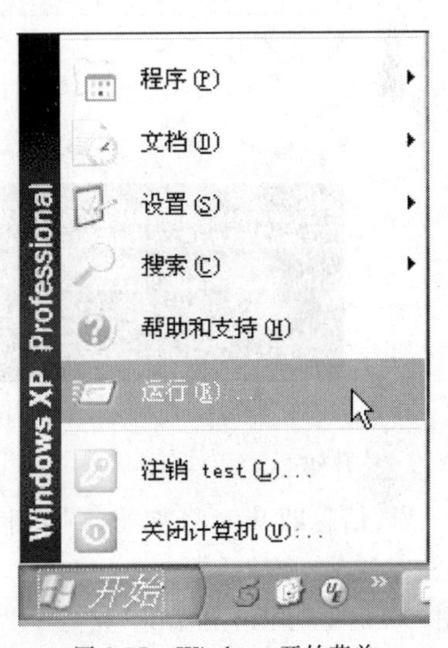

图 2-57 Windows 开始菜单

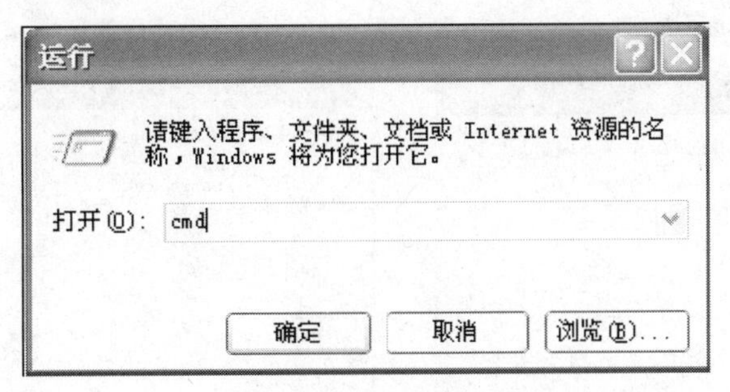

图 2-58 “运行”窗口

- 在命令行输入：“telnet 61.143.60.84 444”，如图 2-59 所示。

- 如果网络正常，则返回以下界面，表示本机网络连接可以直接进行远程升级，如图 2-60 所示。

- 如果本机网络不能访问升级服务器，则返回以下界面，此时请用人工升级方式升级，如

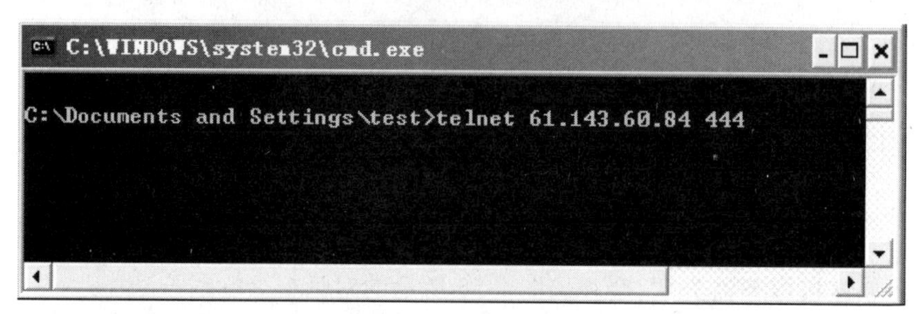

图 2-59　命令窗口(1)

图 2-60　命令窗口(2)

图 2-61 所示。

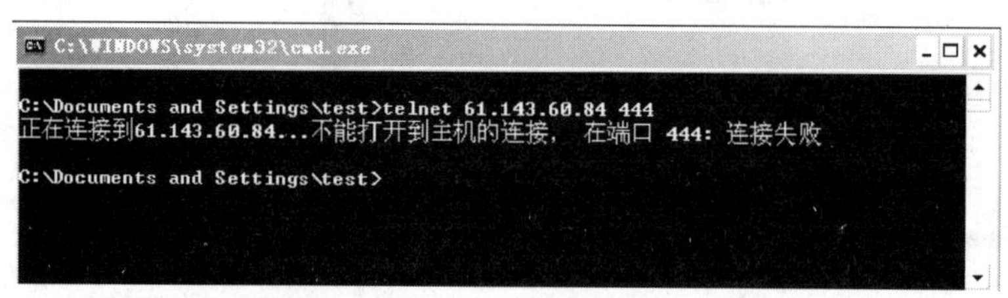

图 2-61　命令窗口(3)

(2) 人工升级

第一步：信息收集。将加密锁插到计算机的 USB 接口上，双击 Hasprus. exe 应用程序，弹出如图 2-62 所示对话框。

单击"Collect information"按钮，弹出如图 2-63 所示对话框，提示用户将所收集到的加密锁的信息进行保存。首先选择一个保存路径，然后输入加密锁上贴的代码作为文件名，系统会自动将文件保存为．c2v 格式。

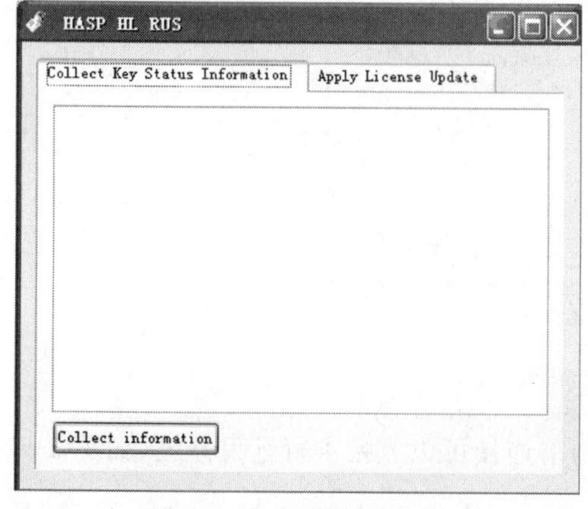

图 2-62　加密锁信息的收集

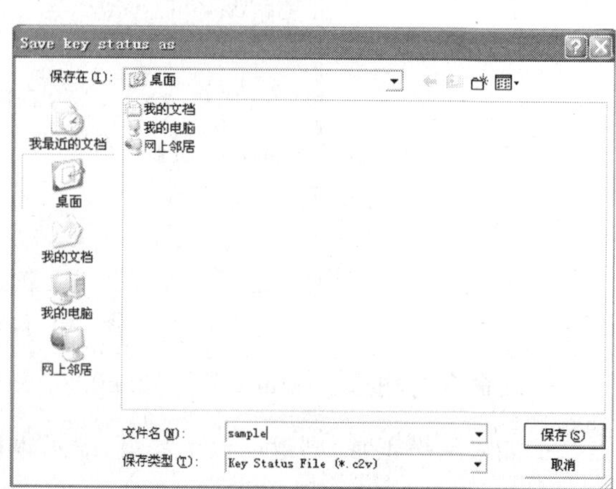

图 2-63　保存加密锁信息文件

保存完毕后，在“Collect Key Status Information”选项卡中会显示包括获取信息的时间、获取信息是否成功及所获取的信息的保存路径等信息，如图 2-64 所示。

第二步：信息反馈。完成 Collect information 之后，用户需要将 *. c2v 文件 E-mail 至 support @ dinglicom. com 电子邮箱。软件开发公司将对该信息进行升级，然后会回馈给用户 *. v2c 文件，该文件的文件名与用户发送的文件名一致，只有后缀不同，以方便用户对文件的识别。

第三步：数据升级。再次双击“Hasprus. exe”应用程序，单击“Apply License Update”标签，单击 Update File 右边的按钮，选择升级文件 *. v2c，如图 2-65 所示。

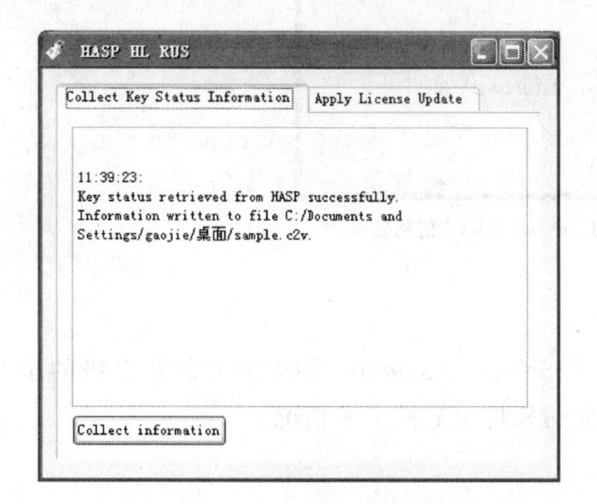

图 2-64 Collect Key Status Information 信息显示

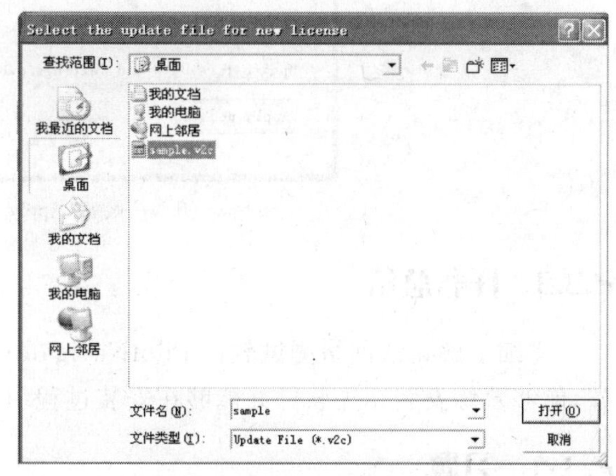

图 2-65 选择升级文件

选中文件之后，软件会自动将选中的文件载入，如图 2-66 所示。

单击“Apply update”按钮，软件便会自动对加密锁中的信息进行升级。升级完成后，Apply License Update 标签显示包括：升级时间、升级文件的路径以及升级是否成功等信息。当升级成功，软件会提示“Update written successfully”，如图 2-67 所示。

若升级不成功，则软件会提示“Update failed: Update counter mismatch”，如图 2-68 所示。

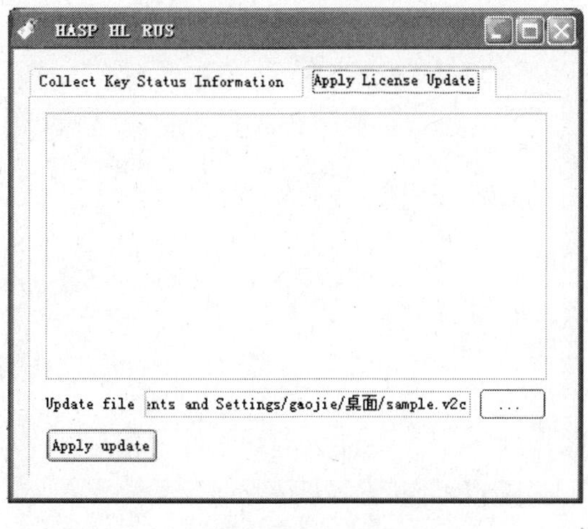

图 2-66 载入升级文件

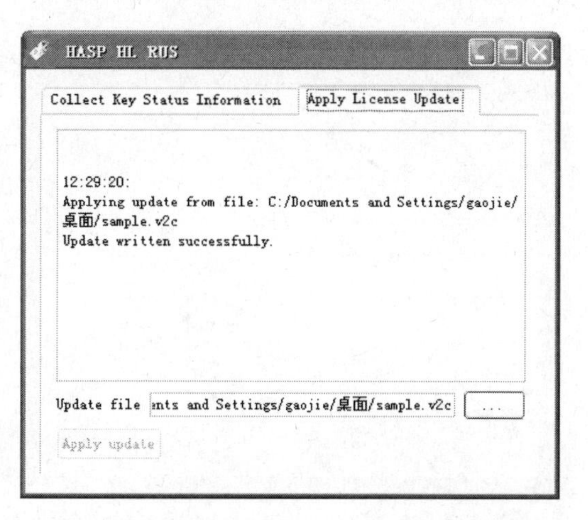

图 2-67 升级成功的“Apply License Update”信息显示

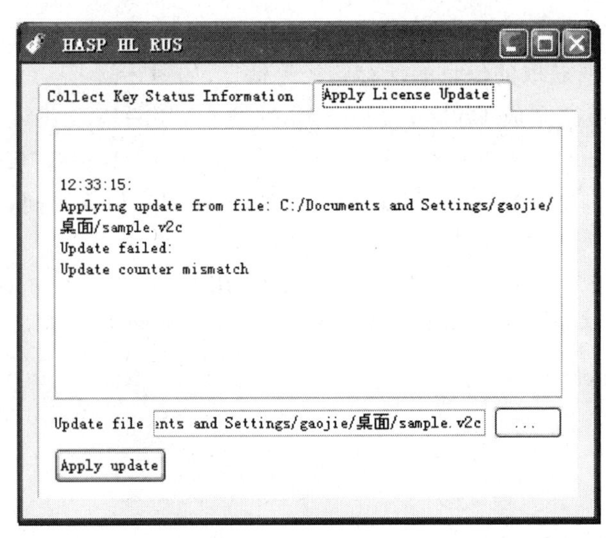

图 2-68　升级失败的“Apply License Update”信息显示

2.3.3　任务总结

详细了解无线网络测试软件 PilotNavigator、MSXML、Navigator 加密锁安装及升级的步骤，能够熟练安装相关软件并能够在安装过程中应对软件引起的突发情况。

2.3.4　习题

1. 加密锁的手动安装步骤需要哪几步？
2. 加密锁升级有几种方法？分别是什么？
3. 如何检查本机网络连接是否可以直接连接外网服务器？

第3章 cdma2000网络话音业务评估测试

3.1 话音呼叫测试

3.1.1 话音测试方法

① 测试时段：每天7:30～19:30进行，西藏和新疆向后推迟2h。

② 测试路线：按要求规划测试路线，并尽量均匀覆盖整个城区主要街道，且尽量不重复。覆盖区域测试范围主要包括：城区主干道、商业密集区道路（商业街）、住宅密集区道路、学院密集区道路、机场路、环城路、沿江两岸、城区内主要桥梁、隧道、地铁和城市轻轨等。

③ 测试速度：在城区保持正常行驶速度；在城郊快速路车速应尽量保持在60～80km/h，不限制最高车速。

④ 测试设备：使用LG KX206测试终端 ＋ 鼎利路测软件Pioneer。

⑤ 测试方法：话音业务测试采用DT方式，同一辆车内两部cdma2000终端，任意两部手机之间的距离必须不小于15cm，手机的拨叫、接听、挂机都采用自动方式，每次通话时长180s，呼叫间隔45s，如出现未接通或掉话，应间隔45s进行下一次试呼。

3.1.2 话音呼叫测试规范

1. 话音DT呼叫测试规范

（1）测试范围

测试范围主要包括：城区主干道、商业密集区道路（商业街）、住宅密集区道路、学院密集区道路、机场路、环城路、沿江两岸、城区内主要桥梁、隧道、地铁和城市轻轨等。要求测试路线尽量均匀覆盖整个城区主要街道，并且尽量不重复。

（2）测试速度

在城区保持正常行驶速度；在城郊快速路车速应尽量保持在60～80km/h，不限制最高车速。

（3）测试步骤

① 测试时，保持车窗关闭，测试手机置于车辆第二排座位中间位置，任意两部手机之间的距离必须不小于15cm，并将测试手机水平固定放置，主、被叫手机均与测试仪表相连，同时连接GPS接收机进行测试。

② 采用同一网络手机相互拨打的方式，手机拨叫、接听、挂机都采用自动方式。每次通话时长90s，呼叫间隔15s；如出现未接通或掉话，应间隔15s进行下一次试呼；接入超时为15s；通话期间进行MOS话音质量测试。

③ 在地铁、轻轨进行测试时，测试设备需放置于轨道交通工具的普通座位。在地铁测试时，需要根据地铁行驶作相应的打点处理。

2. 话音 CQT 呼叫测试规范

(1) 测试范围

① CQT 点选取原则。

CQT 测试重点在话务量相对较高的区域、品牌区域、市场竞争激烈区域、特殊重点保障区域内选取。地理上尽可能均匀分布,场所类型尽量广。重点选择有典型意义的大型写字楼、大型商场、大型餐饮娱乐场所、大型住宅小区、高校、交通枢纽和人流聚集的室外公共场所等。测试选择的住宅小区、高层建筑入住率大于 20%,商业场所营业率应大于 20%。测试选择的相邻建筑物相距 100m 以上。

② CQT 选取比例。

各类型的 CQT 点选取比例及分类特点参照表 3-1 执行。

表 3-1　　CQT 测试点类型选取比例表

测试区域类型	测试点类型	测试点所占比例
商务办公类	五星级标准认证酒店、四星级标准认证酒店、三星级标准认证酒店、三星级以下认证酒店、快捷商务酒店、其他旅舍、商务办公大厦、会务中心、展览中心、交易所	15%
机关企业类	人民政府、人大政协、政府部门、公检法、街道机构、各党派和社团、厂矿农企、新闻媒体、科研机构、社会福利院、特殊场所、其他企事业、外国驻华大使馆、领事馆、军事机关、军用运输、其他军事场所	10%
教育医疗类	公立重点高校、公立普通高校、私立民办高等院校、成人教育院校、省市级重点中小学、普通中小学、中等专业学校、幼儿园、特殊学校、社会就业培训机构、其他教育培训机构、历史文化场馆、艺术场馆、科教场馆、书籍档案场馆、革命教育基地、其他科教文化场所、三甲医院、普通公办医院、民办医院、其他医疗机构、卫生防疫站、保健体检中心、休疗养机构	15%
商业市场类	大型综合百货公司、中小型百货商店、大型超市、中小型超市、美容连锁、服饰连锁、汽车服务连锁、婴幼儿连锁、家电连锁、其他连锁机构、食品、服饰、纺织、医药、汽配、电子、文体、农贸市场、五金交电、工艺美术、家居建材、办公用品、宠物、其他专业零售批发市场、中国电信营业厅、中国移动营业厅、中国联通营业厅、其他通信运营商营业厅、银行储蓄类营业厅、水/电/气/煤营业点、有线电视运营商营业点、其他行业营业厅	15%
餐饮娱乐类	酒楼饭店、快餐店、地方小吃街、休闲咖啡厅、其他餐饮场所、文化娱乐活动场所、游乐场、KTV、舞厅酒吧、洗浴中心、棋牌茶室、歌舞剧院、其他类型娱乐场所、公园、动物园、植物园、步行街、社会广场、国家 5A 级风景区、国家 4A 级风景区、其他旅游景区、体育运动场所、健身俱乐部、其他类型体育场所	15%
居民住宅类	低层住宅、高层住宅、混合式小区住宅、普通低层住宅、城中村住宅、其他旧式住宅居民区、花园洋房式住宅、独立别墅区住宅、联排别墅区住宅	20%
交通枢纽类	火车站、地铁站、城市轻轨客站、磁悬浮客站、海港、河港、城市轮渡、民用机场、军民合用的机场、长途客运站、高速公路服务区、城市汽车站、交通广场、机动车停车场库、非机动车停车场库	10%

③ 采样点的选择。

CQT 测试的采样点位置选择应合理分布,选取人流量较大和移动电话使用习惯的地方,能够暴露区域性覆盖问题,而不是孤点覆盖问题。每个测试点根据以下原则抽取两个采样点进行测试。

建筑物内要求分顶楼、楼中部位、底层；同一楼层的相邻采样点至少相距 20m 且在视距范围之外。某一楼层内的采样点应在以下几处位置选择，具体以测试时用户经常活动的地点为首选。

大楼出入口、电梯口、楼梯口和建筑物内中心位置。

人流密集的位置，包括大堂、餐厅、娱乐中心、会议厅、商场和休闲区等。

成片住宅小区重点测试深度、高层、底层等覆盖难度较大的场所，以连片的 4～5 幢楼作为一组测试对象选择采样点。

医院的采样点重点选取门诊、挂号缴费处、停车场、住院病房、化验窗口等人员密集的地方。有信号屏蔽要求的手术室、X 光室、CT 室等场所不安排测试。

风景区的采样点重点选取停车场、主要景点、购票处、接待设施处、典型景点及景区附近大型餐饮、娱乐场所。

火车客站、长途汽车客站、公交车站、机场、码头等交通集聚场所的采样点重点选取候车厅、站台、售票处、商场、广场。

学校的采样点重点选取宿舍区、会堂、食堂、行政楼等人群聚集活动场所，如学生活动中心（会场/舞厅/电影院等）、体育场馆看台、露天集聚场所（宣传栏）、学生宿舍/公寓、学生/教工食堂、校部/院系所办公区、校内商业区、校内休闲区/博物馆/展览馆、校医院、校招待所/接待中心/对外交流中心/留学生服务中心，校内/校外教工宿舍、校内/校外教工住宅小区、小学/幼儿园校门口以及校外毗邻商业区（如学生街）等。教学楼主要测试休息区和会议室。

步行街的采样点应该包括步行街两旁的商铺及休息场所。

(2) 测试步骤

① 采用同一网络手机相互拨打的方式，手机拨叫、挂机、接听均采用自动方式，手机与测试仪表相连。

② 每个采样点拨测前，要连续查看手机空闲状态下的信号强度 5s，若 CDMA 手机的信号强度不满足连续的 $E_c/I_o \geq -12\text{dBm}$ & Rx _ Power≥－95dBm（GSM 手机的信号强度不满足连续的 Rx _ Power≥－94dBm），则判定在该采样点覆盖不符合要求，不再做拨测，也不进行补测，同时记录该采样点为无覆盖，并纳入覆盖率统计；若该采样点覆盖符合要求，则开始进行拨测。

③ 在每个测试点的不同采样点位置做主叫、被叫各 5 次，每次通话时长 60s，呼叫间隔 15s；如出现未接通或掉话，应间隔 15s 进行下一次试呼；接入超时为 15s；通话期间进行 MOS 语音质量测试。

④ 测试过程中应作一定范围的慢速移动和方向转换，模拟用户实际通话行为，感知通话质量。

3.1.3 任务实施

1. 创建测试工程

第一步：运行软件，创建测试工程，如图 3-1 所示。

设置“创建新工程”数据保存路径及主要工程参数，如图 3-2 所示。

设置主要工程测试参数如下。

① Path of LogData：原始数据保存路径。

② Release LogData Interval(Min):测试中内存数据释放时间。

③ GUI Refresh Interval(ms):Graph 窗口刷新间隔。

④ Message Filter Interval(ms):解码信令时间间隔。

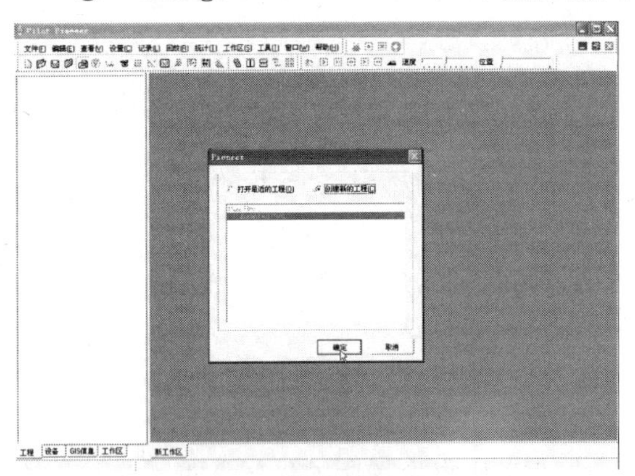

图 3-1 创建测试工程

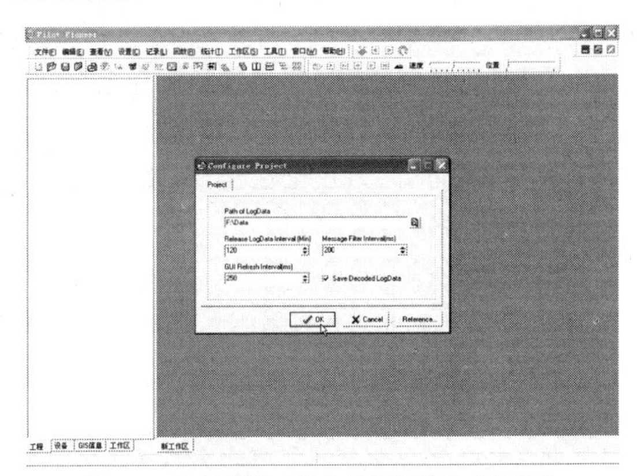

图 3-2 选择测试工程的存储路径及工程参数

⑤ Save Decoded LogData:是否实时保存解码数据在计算机硬盘上。

本软件对于原始测试数据有一个很大比例的压缩,压缩比大概是 1∶6 左右。压缩后的数据(Log 文件)的扩展名是 . RCU,比如:“0208-120544UMTS 互拨 DT. RCU”。前台软件还有一个解码的数据,数据扩展名是 . WHL,比如:“0208-120544UMTS 互拨 DT-1. WHL”。我们最需要保存的是原始的压缩格式的数据,也就是后缀是 . RCU 格式的数据。这个数据的存储位置就在工程设置的 Path of LogData 下面的目录中,设置之后就不能再随意改动了。

“Release LogData Interval(Min)”具体表现在于地图窗口的路径显示时长,例如,软件默认设置的是 30min,在测试进行了 1h 的时候,只能在地图窗口看到 30min 内的数据,30min 之前的数据就消失了。但这并不代表数据消失了,只是在地图窗口没有了显示而已。在后台回放的时候路径还是可以正常显示的。

其他设置可以按照默认设置。

第三步:设置 Reference 高级参数选项,“Reference Option”窗口提供了三个选项卡,第一个为“General”,第二个为“InLogging”,第三个为“TCP/IP Setting”(如图 3-3 所示)。

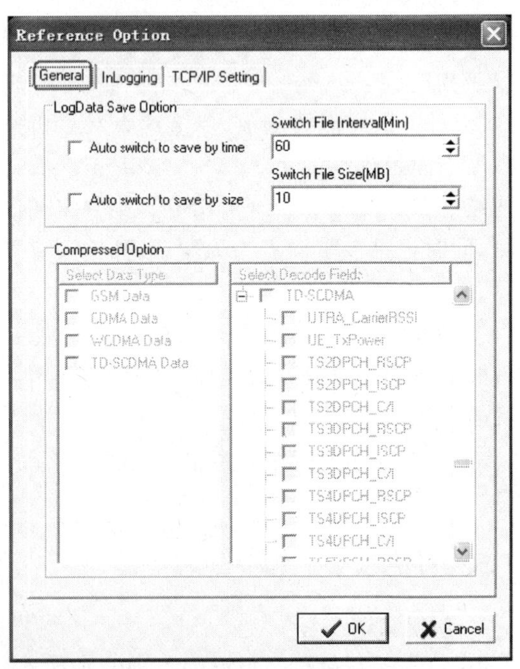

图 3-3 设置高级工程参数 General

选中 General 选项卡的两个设置复选框时,软件将自动按照文件大小或测试记录 Log 时长断开 Log 文件,并马上重新记录一个新的 Log 文件。启用此功能后,有可能会发生如下情况。

① 在话音测试过程中,软件自动断开 Log 文件的那一刻,手机正在通话,会使得这个 Log

文件没有正常结束通话的信令，可能引起软件对事件的误判。

② 在数据业务测试过程中（如 FTP 下载等），软件自动断开 Log 文件的那一刻，手机正在下载文件，会使得这个 Log 文件没有记录正常断开网络连接的信令，可能引起软件对事件的误判。

故建议不要启用软件自动断开 Log 功能。

InLogging 选项卡中复选框的作用是：在开始测试的时候，软件会自动打开所选窗口。也就是可以在这里选择软件自动打开窗口的个数及类型，如图 3-4 所示。

TCP/IP Setting 选项卡设置的是计算机做数据业务时的 Windows Size，是设置数据传输所用的端口开放性参数，如图 3-5 所示。

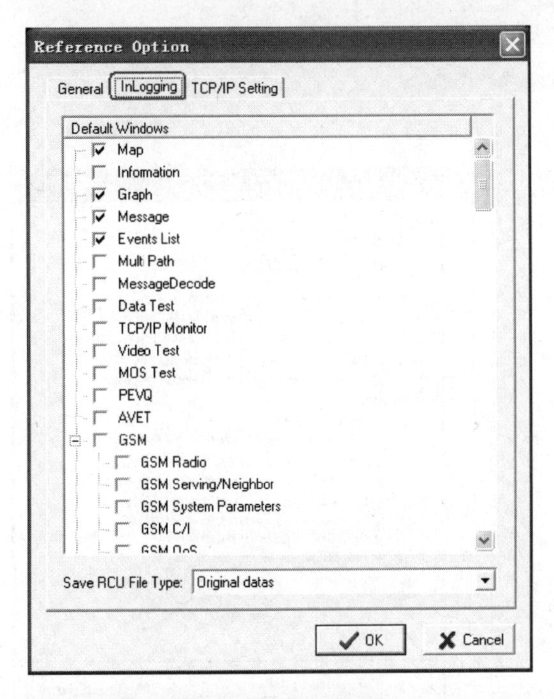

图 3-4 设置高级工程参数 InLogging

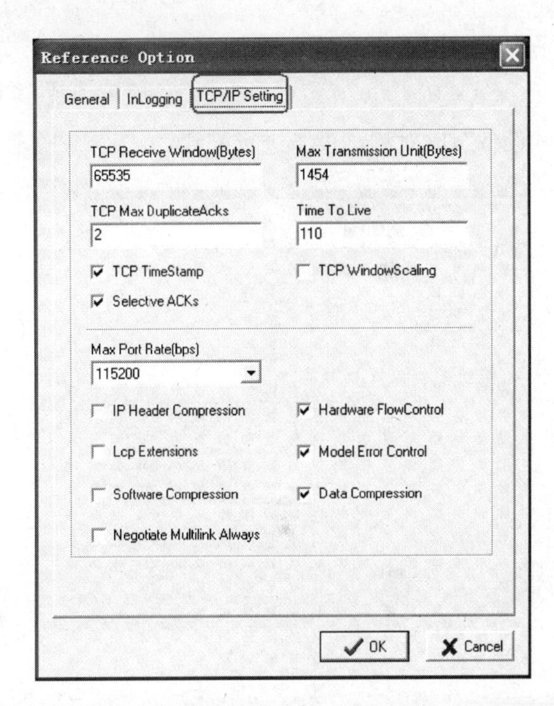

图 3-5 设置高级工程参数 TCP/IP Setting

第四步：设置完成后。单击“OK”按钮，完成软件设置，如图 3-6 所示。

2. 测试设备与软件的连接

使用 Pioneer 软件进行测试时，通常使用测试手机进行测试（使用手机或测试卡测试的软件配置步骤大致相同），下面介绍测试手机的软件配置步骤。

第一步：确定硬件连接正常。在配置设备之前，请确保各个硬件设备的驱动已经正确安装，并且各个需要使用的硬件设备已经连接到电脑的正确端口上。“我的电脑”→“管理”→“设备管理器”中的 Modem 和“端口”查看各设备是否显示正常，且没有端口冲突。

第二步：确定测试设备数据端口。

插上测试设备，查看测试设备的 Trace 和 Modem 端口号。可以从计算机的“设备管理器”中查看 Trace 和 Modem 端口号如图 3-7 所示；或者从测试软件 Pilot Pioneer 的“Configure Devices”窗口中查看，如图 3-8 所示。

第三步：在 Pilot Pioneer 软件中配置设备。

在软件左侧导航栏中选择“设备”项中的“Devices”双击，或在软件菜单中选择“设置”→

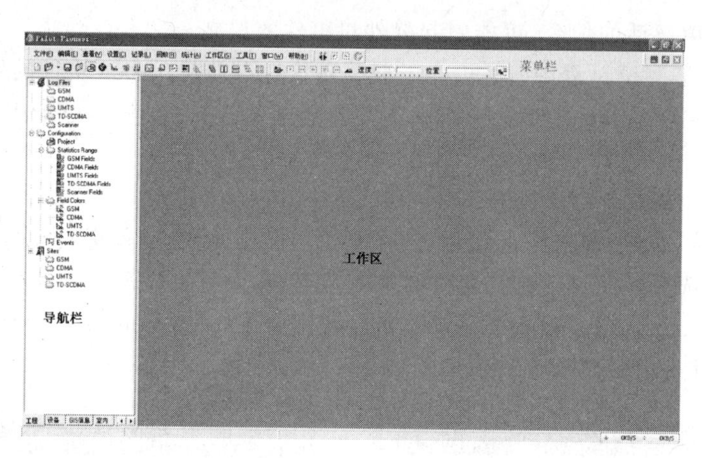

图 3-6　测试工程模板参数设置完成

“设备”，以对测试设备进行配置，如图 3-9 所示。

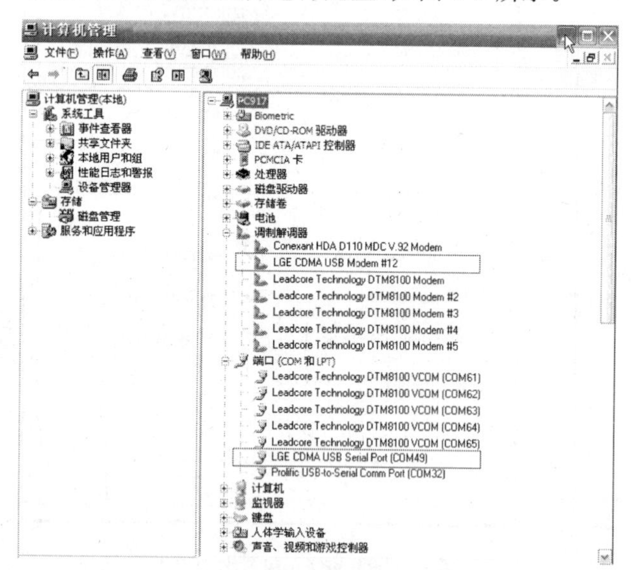

图 3-7　查看设备端口号(1)

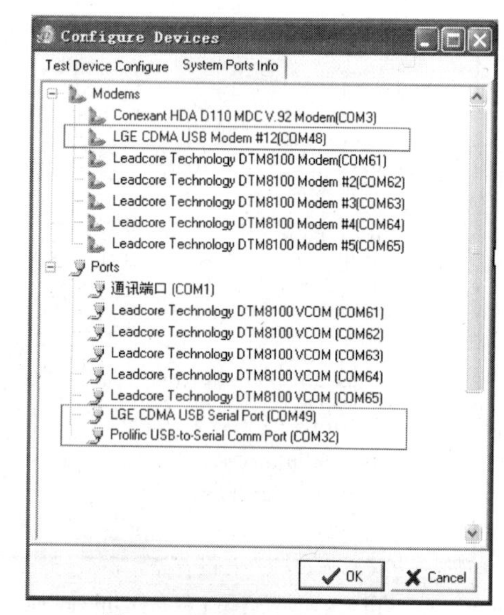

图 3-8　查看测试设备端口号(2)

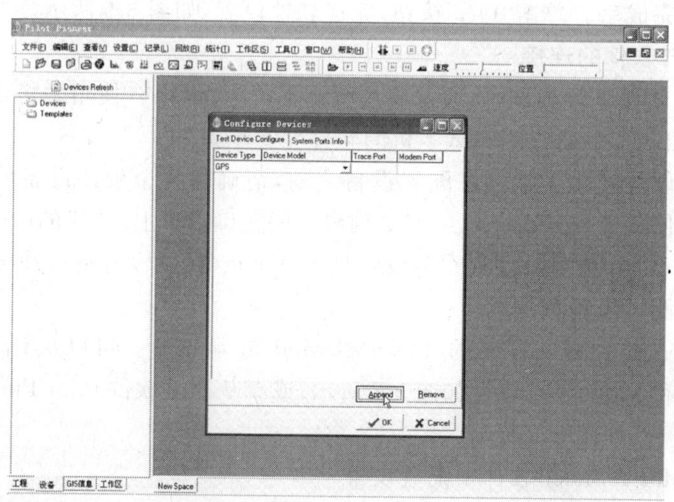

图 3-9　设备配置窗口

第四步：配置 GPS。

如果测试中需要 GPS(一般 DT 需要 GPS 来得出测试轨迹)，则在“Device Type”→“GPS”中选择“NMEA 0183”，在后面的 Trace Port 中选择 GPS 的端口(GPS 设备不需要配置“Modem Port)，如图 3-10 所示。

GPS 的端口号可以通过“System Ports Info”选项卡进行查看，如图 3-11 所示，COM32 是 GPS 的端口。

第五步：增加配置设备。

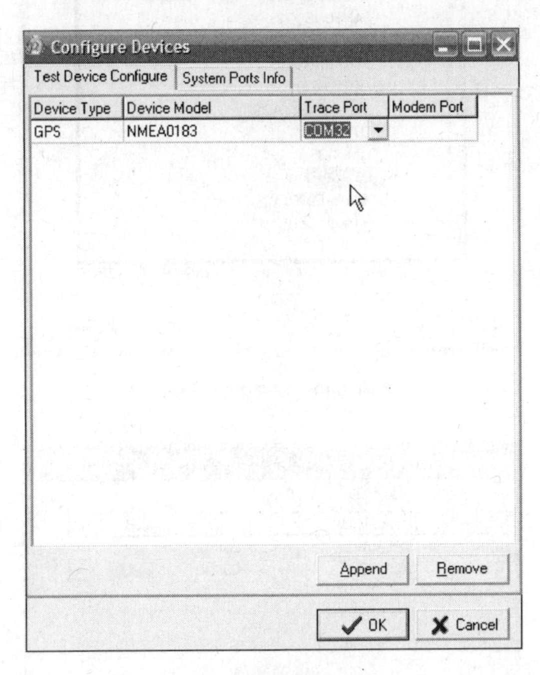

图 3-10 配置 GPS 设备

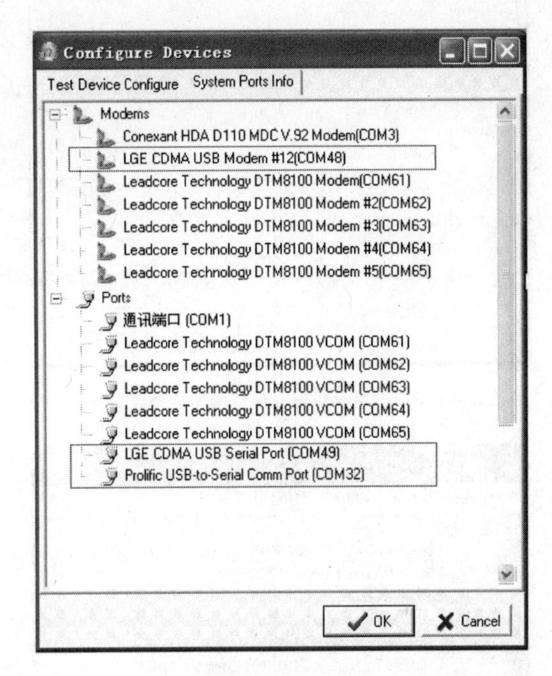

图 3-11 查看端口号

在“Test Device Configure”选项卡中单击“Append”按钮，可以新增加一个设备，如图 3-12 所示。

第六步：配置测试手机。

在下拉菜单中选择“Handset”(手机)，在“Device Model”选项卡中选择手机类型(如本次测试中选择的 LG KX206)，如图 3-13 所示。

再在“System Ports Info”选项卡中查看手机的 Trace 端口和 Modem 端口，配置手机相应的端口，如图 3-14 所示。

在“Test Device Configure”选项卡中配置手机的 Trace Port 和 Modem Port 端口，如图 3-15 所示。

如果有第二部、第三部手机，分别按照上面的操作配置各个手机端口。在有多个手机需要连接的情况下，要一部一部将手机插到电脑上，插上一部手机配置一部手机的端口。这样可以避免手机太多而端口混乱，出现配置出错的情况。

3. 配置话音测试模板

第一步：创建测试模板。

在菜单栏“设置”→“测试模板”或双击导航栏“设备”面板中的 Templates，如图 3-16 所示。

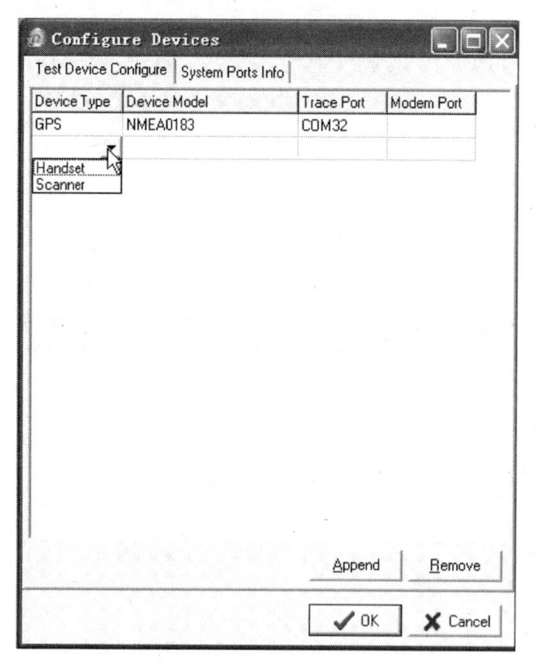

图 3-12　在设备配置窗口中增加新设备

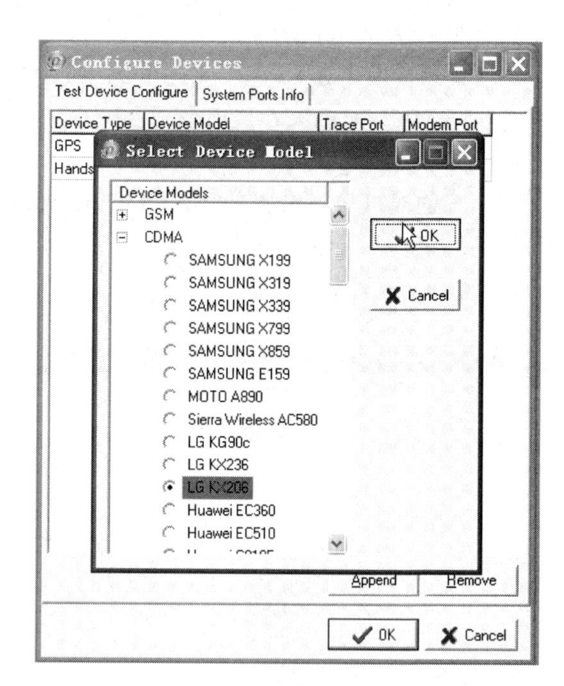

图 3-13　配置测试手机

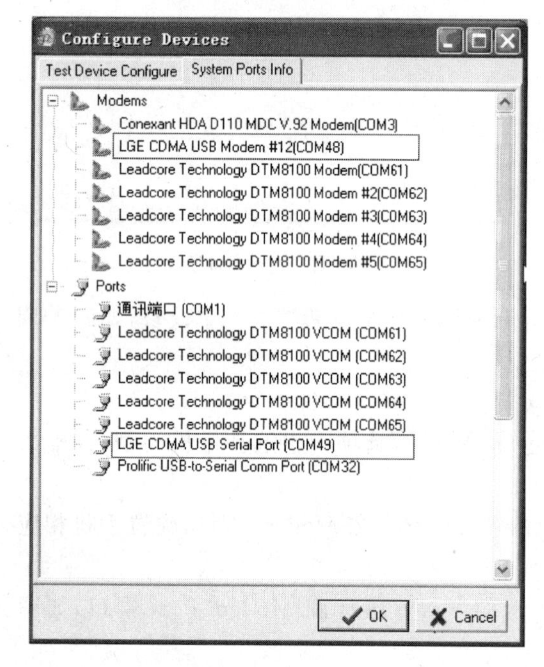

图 3-14　查看测试手机端口

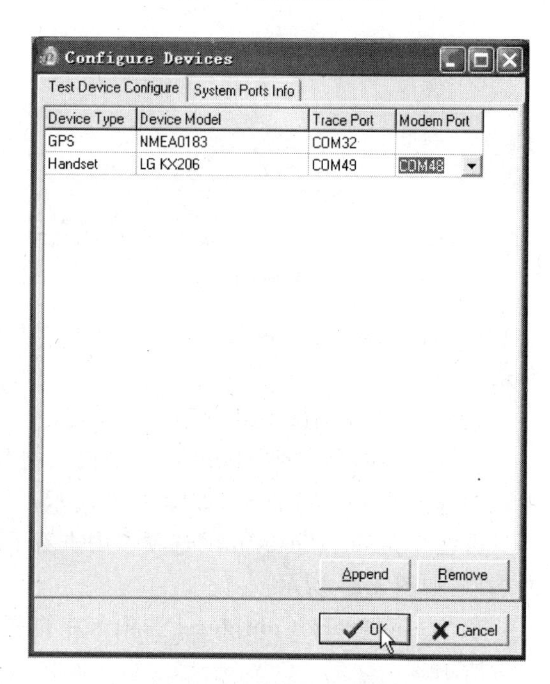

图 3-15　配置测试手机端口

在弹出的 Template Maintenance 窗口中单击“New”按钮，并在随后弹出的 Input Dialog 窗口中输入新建模板的名字之后单击“OK”中按钮。建议模板名字用测试业务名字详细命名，对于以后建立更多的模板可以方便区分，如图 3-17 所示。

第二步：配置测试业务类型。

在弹出的“Template Configuration:[语音拨打]”窗口中选择“New Dial”并单击“OK”按钮，如图 3-18 所示。

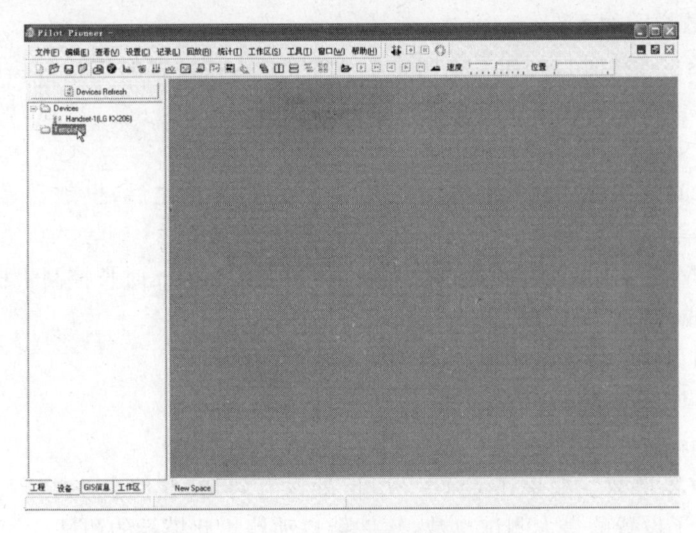

图 3-16 创建测试模板

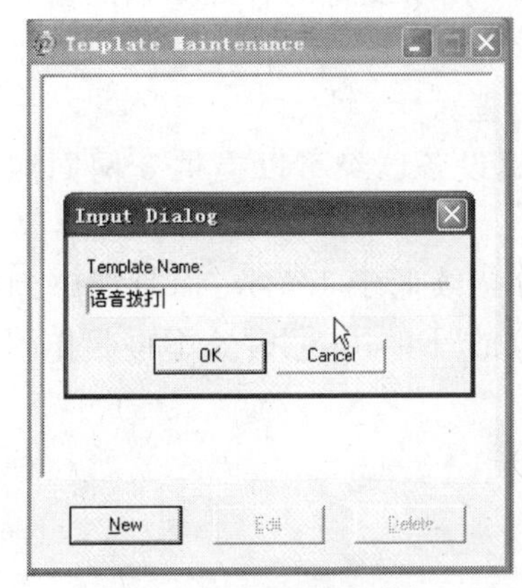

图 3-17 给测试模板命名

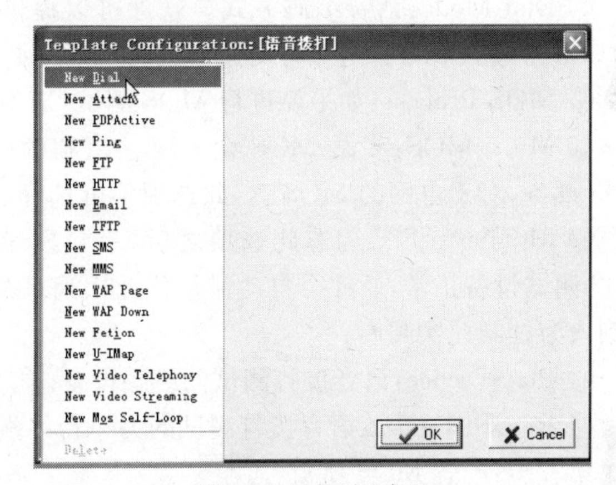

图 3-18 选择测试类型

第三步:配置测试网络类型。

单击选中“CDMA”单选项,并单击“OK”按钮,如图 3-19 所示。

第四步:配置测试业务参数。

模板参数设置完成后单击“OK”按钮,如图 3-20 所示。

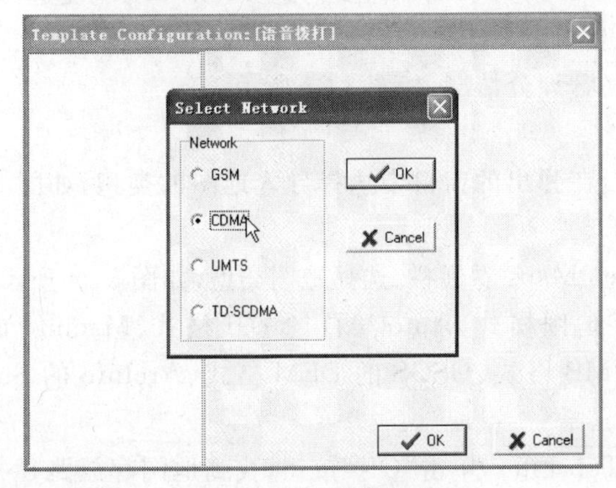

图 3-19 选择网络类型

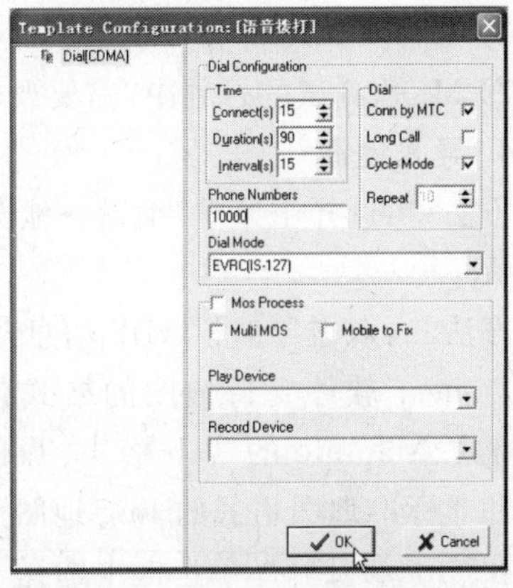

图 3-20 配置话音测试模板参数

配置模板参数说明如下。

① Connect(s):连接时长。如果主叫手机正常起呼,在设置的连接时长内被叫手机没有正常响应,软件会自动挂断此次呼叫而等待下一次呼叫。

② Duration(s):通话时长。

③ Interval(s):两次通话间的间隔。在发生未接通、掉话之后,也是要等到 Interval 时间间隔之后再做下一次起呼。

④ Conn by MTC:如果勾选了此选项,软件会按照 Connect 时长控制手机起呼,否则软件会等到被叫响应或网络挂断此次起呼。

⑤ Long Call:长呼,与 Duration 相斥。

⑥ Cycle Mode:循环测试。

⑦ Phone Numbers:被叫号码。

⑧ Repeat:重复次数。如果在 Cycle Mode 处没有勾选,软件会按照 Repeat 设置测试做呼叫测试,一旦到了设置的最大测试次数,软件会自动停止此模板的测试。

⑨ Dial Mode:话音编码方式。软件可以提供 cdma2000 网络支持的各种单独的编码方式,如果测试 AMR(自适应可变速率编码),请选择 KeyPress。

⑩ MOS Process:如果要进行 MOS 测试,请勾选此复选框。

⑪ Multi MOS:多路 MOS 盒。现在鼎利的 MOS 测试设备已经可以提供 3 网同测的 MOS 设备,对于单网的 MOS 盒,此选项不可选择。

⑫ Mobile to Fix:勾选此选项之后,一旦发生 MOS 分持续低于 1.5 分,而且能够判断 MOS 测试设备正常,软件会自动保持住此次通话(前面设置的"Duration"时长不再起作用),直到人为挂断此次呼叫。

⑬ Play Device:语音拨打测试的终端设备。

⑭ Record Device:语音拨打测试的另一台终端设备。

第五步:配置 MOS 模板。

对于单话音测试和有 MOS 的测试,只是多了一个 MOS 选项。测试 MOS 指标的同时,话音各指标项也已经测试完成,而不必再重新测试话音指标。MOS 模板参数配置如图 3-21 所示。

注意

① 这里的 MOS Process 需要设置为单路 MOS 形式,即不需要勾选"Multi MOS"复选框。

② "Play Device"和"Record Device"需要互相交叉选择。

③ MOS 测试的过程中,需要严密关注 MOS 评分情况,如图 3-22 所示。

4. 导入地图

方法一:选择主菜单"编辑→地图→导入",在弹出的窗口中选择导入地图的类型,如图 3-23 所示。

方法二:双击导航栏"GIS 信息"面板的 Geo Maps 卷展栏,选择地图类型,如图 3-24 所示。

Pioneer 软件支持地图的格式包括:数字地图格式、AutoCAD 的 Dxf 格式、Mapinfo 的 Mif 格式、Mapinfo 的 Tab 格式、Terrain 的 TMB 格式、USGS 的 DEM 格式、ArcInfo 的 Shp 格式和非标准地图格式的 Img 地图图片。

在"Image Type"单选框中选择 Mapinfo Tab Files,单击"OK"按钮,找到地图存放路径并选择要导入的地图文件,如图 3-25 所示。

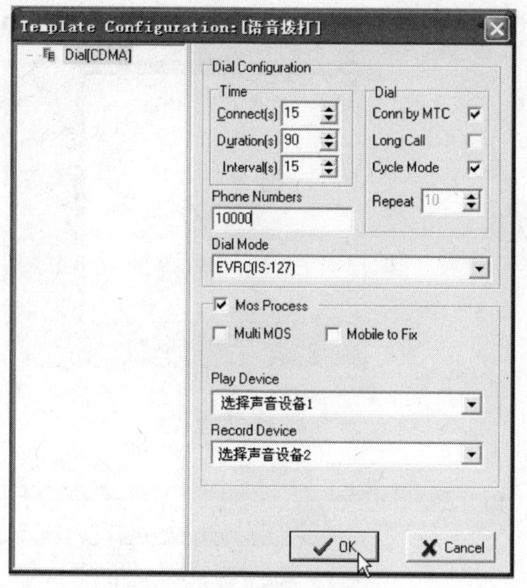

图 3-21　配置 MOS 测试参数

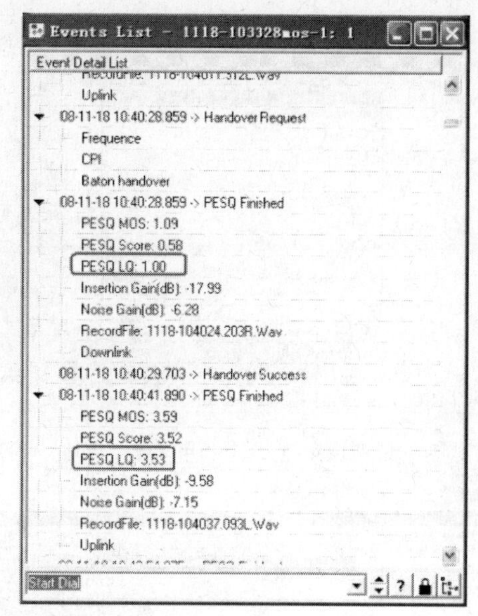

图 3-22　MOS 测试评分监控

图 3-23　地图导入菜单

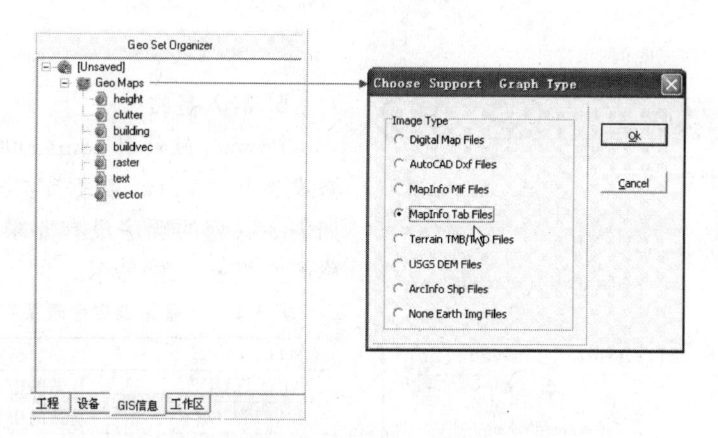

图 3-24　选择地图文件类型

成功导入地图后，Geo Maps 卷展栏下相应的图层类型前会出现“＋”，单击“＋”可以展开查看各个图层信息，如图 3-26 所示。

选中单个图层名或者图层类型名称如 vector，将图层拖曳至地图窗口，即可看到地图信息，如图 3-27 所示。

若需要改变图层信息，请单击地图窗口的图标，则会弹出“GIS Layer Organizer Window”，如图 3-28 所示。

然后，在所选图层图标上单击鼠标右键，弹出“Config Geo Themes Display”配置窗口，在“Available Fields”复选框中选择所需内容即可，如图 3-29 所示。

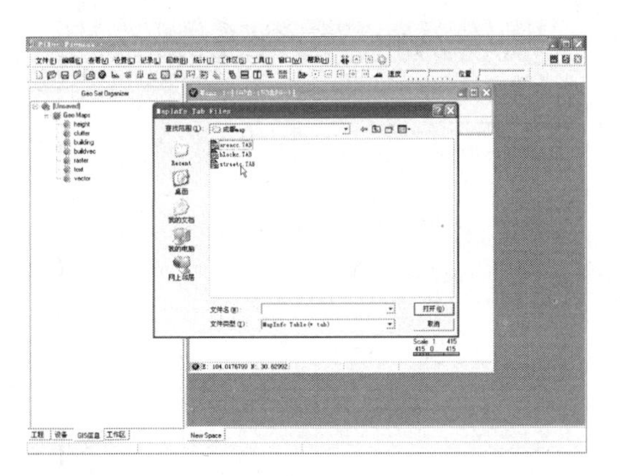

图 3-25　选择地图文件

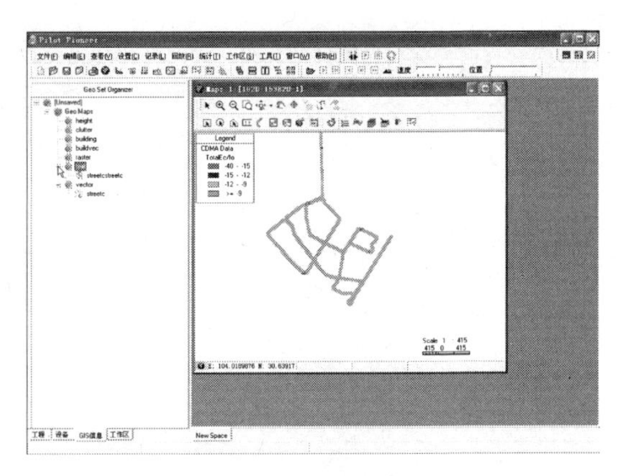

图 3-26　查看图层信息

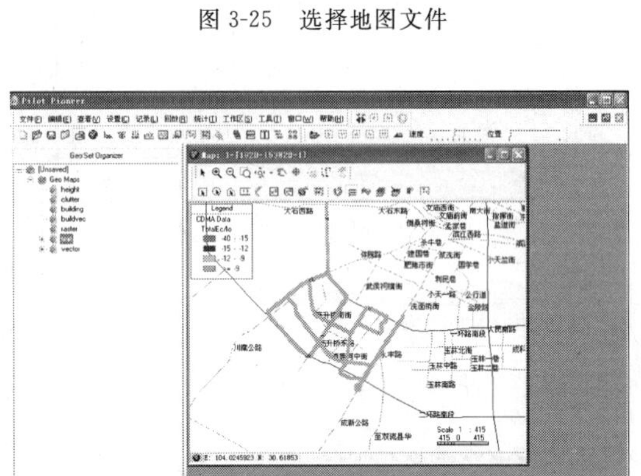

图 3-27　显示图层窗口

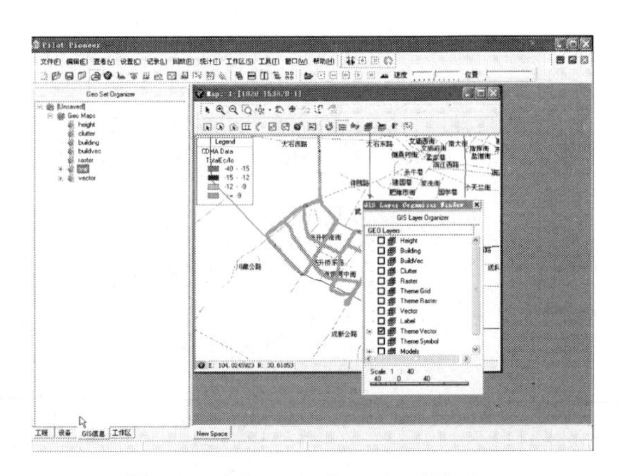

图 3-28　GIS Layer Organizer Window

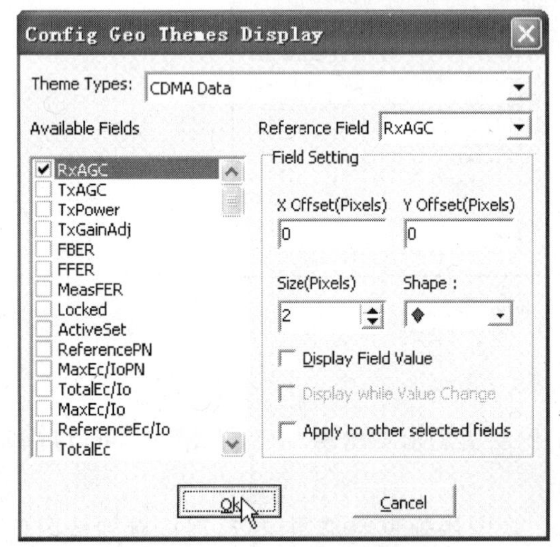

图 3-29　地图窗口显示参数更新

5. 导入基站

Pioneer 软件对 cdma2000 的基站数据库格式要求是 *.txt，数据库必须包括的数据项如表 3-2（列的顺序没有要求，但每个字段名称严格要求一致）所示。

表 3-2　　基站数据库表头字段

SITE NAME	基站名称
LONGITUDE	基站的中央子午线经度
LATITUDE	基站的中央子午线纬度
CELL NAME	小区名称
BID	基站 ID
NID	网络 ID
SID	移动业务本网 ID
PN	导频
AZIMUTH	天线方位角

双击导航栏“工程”面板 Sites 下面的 CDMA，鼠标右键单击选择“导入”命令，或者通过主菜单“编辑→基站数据库→导入”来导入 cdma2000 基站数据库，如图 3-30 所示。

导入的基站在导航栏工程面板 Sites 下的 CDMA 中显示，拖动 CDMA 或 CDMA 下的某个站到地图窗口即可在地图窗口显示基站，如图 3-31 所示。

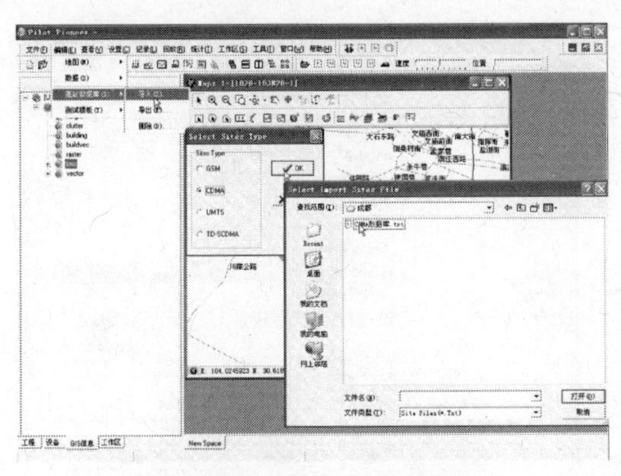
图 3-30　导入 cdma2000 基站数据库

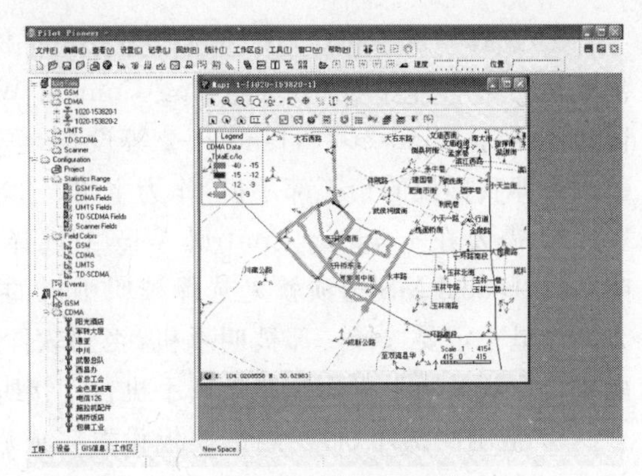
图 3-31　在地图窗口显示基站

6. 保存工程配置

在对以上各项参数进行设置之后，应保存以上的配置，以方便以后调用本次配置。保存的方法：在软件图标中单击"💾"按钮，如图 3-32 所示。

图 3-32　保存工程配置屏幕按钮

弹出窗口中要求选择保存路径和输入文件名称，应将文件保存在默认路径下，文件的后缀名为".PWK"。该文件中会保存前期所有的配置，如图 3-33 所示。

7. 开始测试

在做好前面所有配置后，即可开始正常测试了，具体测试方法如下。

第一步：选择主菜单"记录→连接"或单击工具栏按钮，连接设备。

第二步：选择主菜单"记录→开始"或单击工具栏按钮，指定测试数据文件名称后开始记录；测试数据名称默认采用"日期—时分秒"格式，用户可重新指定，如图 3-34 所示。

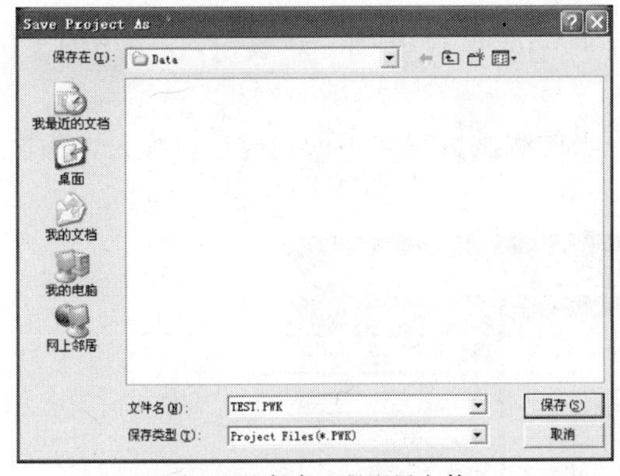

图 3-33　保存工程配置文件

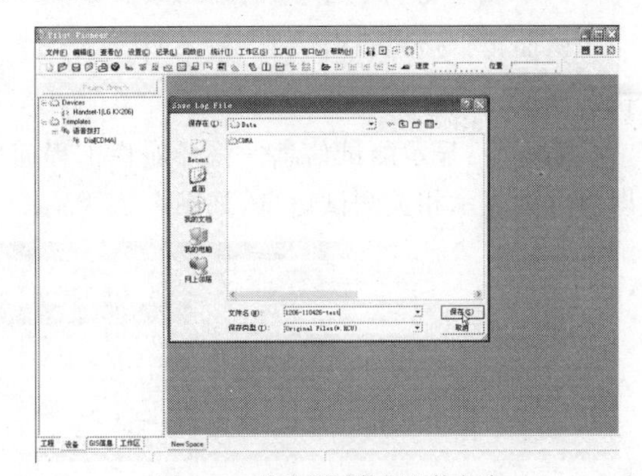
图 3-34　指定测试数据文件名称

第三步：设置控制窗。在开始记录 Log 后，软件会自动弹出"Logging Control Win"窗口，在此对话框中需要做进一步设置才能使软件正常测试，如图 3-35 所示。选中左侧的测试终端后，可从窗口右侧对其进行测试计划管理，并可查看其测试状态。

记录控制窗口功能及各个部分的操作要点，如图 3-36 所示。

在"Logging Control Win"窗口左侧选择测试终端，在窗口右侧对其进行测试计划管理。以话音测试为例，需要在"Logging Control Win"窗口中测试管理以下内容。

① 选择一部手机(Handset)作为主叫手机,建议使用第一部手机(在 Logging Control Win 窗口左侧有 Handset-1、Handset-2 等设备,第一部设备即我们说的第一部手机)作为主叫。

② 需要在 Logging Control Win 中选择被叫手机,Dialed MS 选项就是选择被叫手机的地方。这里一定要选择一部被叫手机,否则软件不能正常找到被叫手机而控制被叫手机自动接听。

③ 定制测试计划:在测试模板设置完成后,单击"Advance"按钮,在弹出的窗口左侧可通过勾选方式来选择要执行的测试计划,如图 3-37 所示;如果勾选了多个测试计划,则会按勾选的顺序一个一个执行下来。

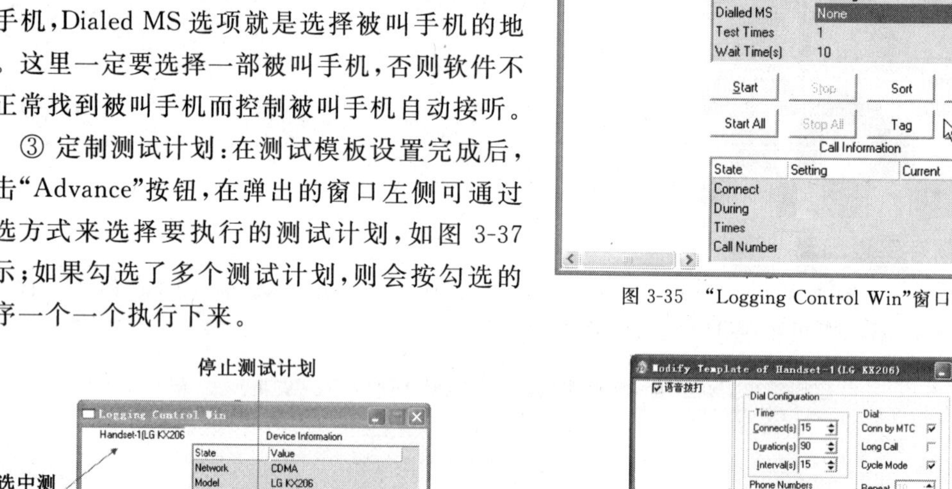

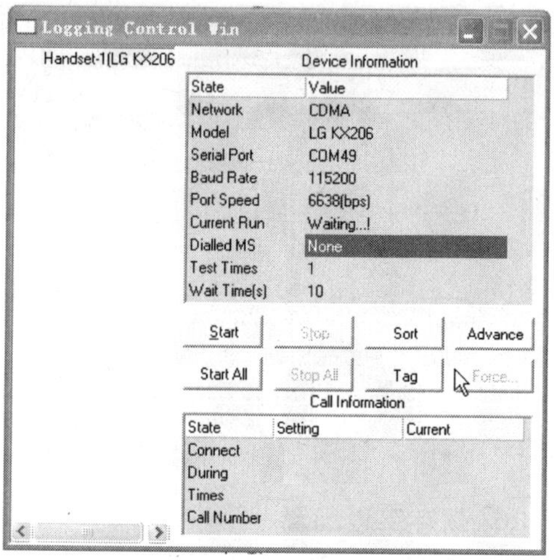

图 3-35 "Logging Control Win"窗口

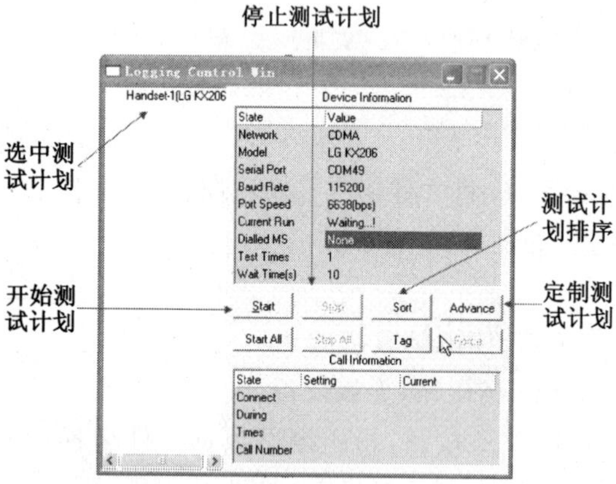

图 3-36 记录控制窗口说明

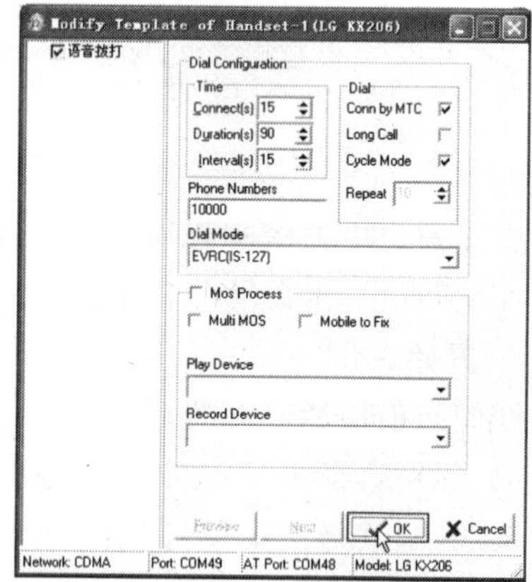

图 3-37 定制语音拨打测试模板

第四步:执行测试计划。单击"Logging Control Win"窗口中"Start"按钮,让选中的手机执行测试计划。

第五步:显示测试信息。将导航栏工程面板中当前测试数据名下的相应窗口拖入工作区,即可分类显示相关测试信息,如图 3-38 所示。

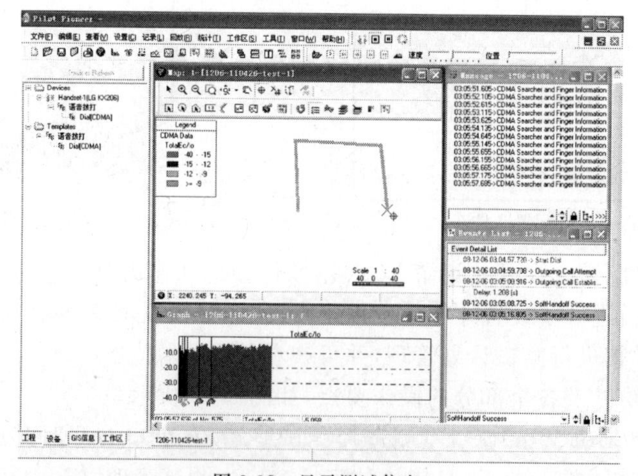

图 3-38 显示测试信息

8. **结束测试/保存测试数据**

第一步：通话结束后，单击“Logging Control Win”窗口中的“Stop”按钮终止对测试计划的调用；或者单击工具栏上的“◎”按钮，再单击“Stop”按钮，如图 3-39 所示。

第二步：停止测试后 Log 文件还在继续记录 Log，需要单击“▣”按钮停止记录 Log 文件，如图 3-40 所示。

第三步：单击“ ”按钮，断开设备连接，如图 3-41 所示。

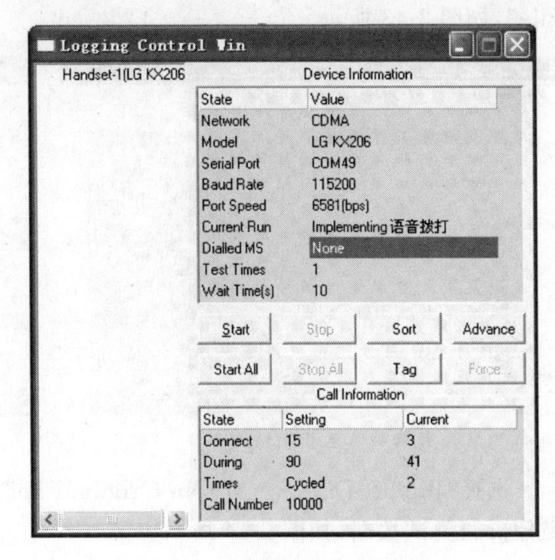

图 3-39　“Logging Control Win”窗口

3.1.4　任务总结

在进行语音呼叫测试时，配置测试模板尤为重要，模板里的参数设置一定要正确，参数的设定，直接关系到数据分析的准确性。

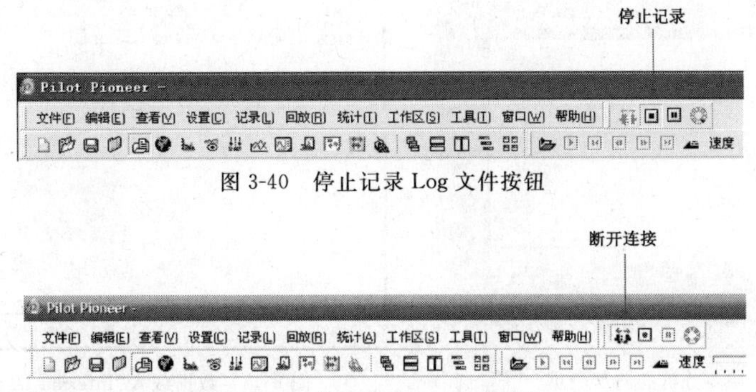

图 3-40　停止记录 Log 文件按钮

图 3-41　停止记录 Log 文件按钮

3.1.5　习题

1. 简述 cdma2000 的话音测试方法。
2. 简述在 DT 和 CQT 测试中，都需要测试哪些指标。
3. 进行 CQT 测试时，应该如何选择测试点？
4. 从创建话音测试工程到测试结束，有哪些步骤，哪一部分最为重要？

3.2　话音呼叫测试数据分析

3.2.1　任务实施

1. **导入测试数据**

在导航栏中 Log Files 卷展栏下面双击 CDMA 图标或在“编辑”→“数据”→“导入”(如图 3-42 所示)打开测试数据导入窗口。

在弹出的数据导入窗口中单击“Import Datas”按钮，在弹出菜单中选择“From Original

File”，如图 3-43 所示。

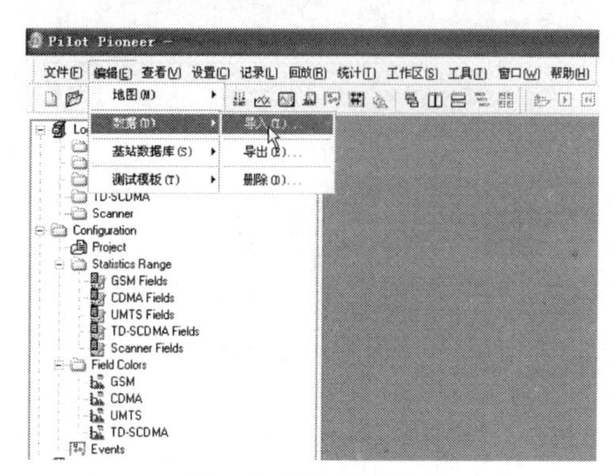

图 3-42　导入测试数据

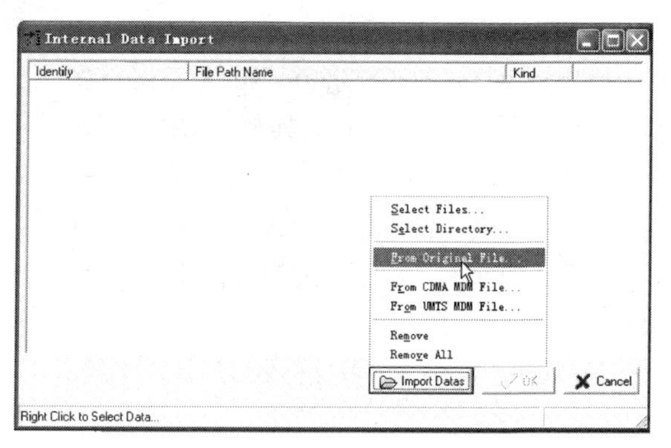

图 3-43　Internal Data Import 窗口

选择“Import Datas”→“From Origina File”命令后，弹出文件“打开”窗口。从硬盘中选择要分析的测试数据，如图 3-44 所示。

所选测试数据文件信息显示在“Internal Data Import”窗口中，如图 3-45 所示。

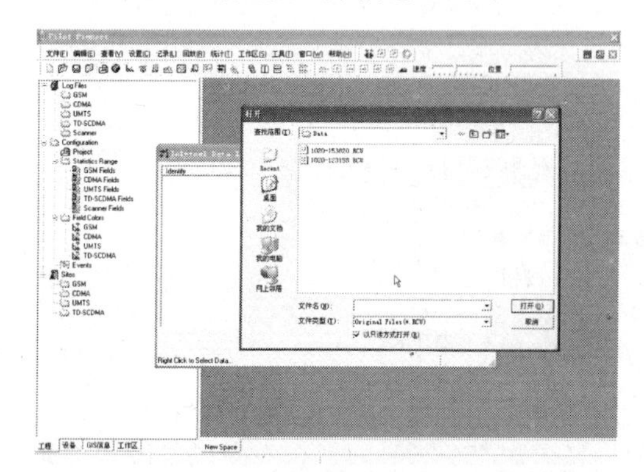

图 3-44　选择要分析的测试数据

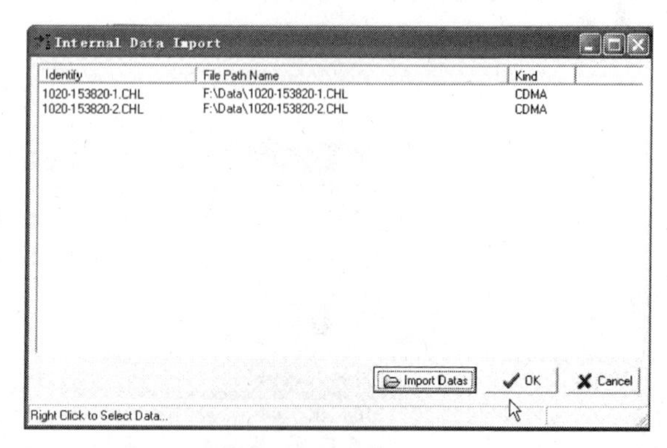

图 3-45　数据载入“Internal Data Import”窗口

选中测试数据后单击“OK”按钮，即将待分析测试数据加载并显示于左侧导航树“Log File”下的 CDMA 栏中，如图 3-46 所示。

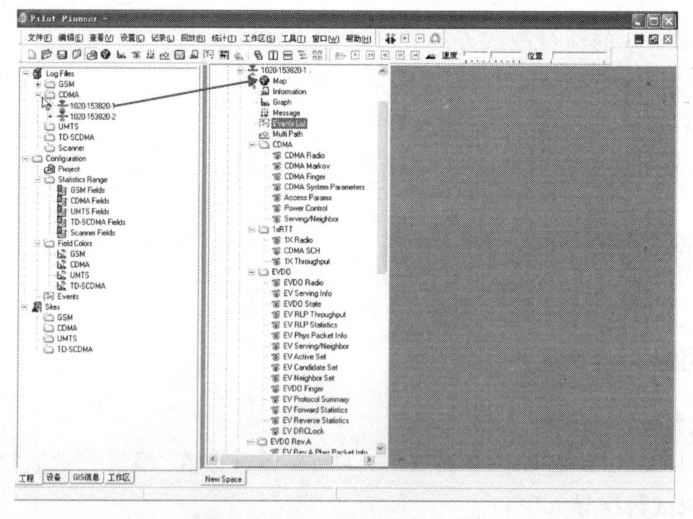

图 3-46　待分析测试数据加载后

2. 数据解码

测试数据导入后需要进行解压解码，以便显示测试数据里的参数、事件等。数据解码的操作，可双击导航栏相应测试数据下的窗口名称，如 Map、Events List、Message、Graph、Radio 等可对相应测试数据进行解码；也可在菜单栏“统计”菜单下选择主被叫联合报表、评估报表等命令。可选择多个文件进行解码，同时获得多个相关统计报表。解码过程中屏幕会显示解码进度，如图 3-47 所示。

当解码进度条消失后即完成解码过程，工作区中将出现刚刚打开的 Map 窗口，依次双击导航栏中的 Events List、Message、Graph 等窗口，即可看到相应的各窗口信息，如图 3-48 所示。

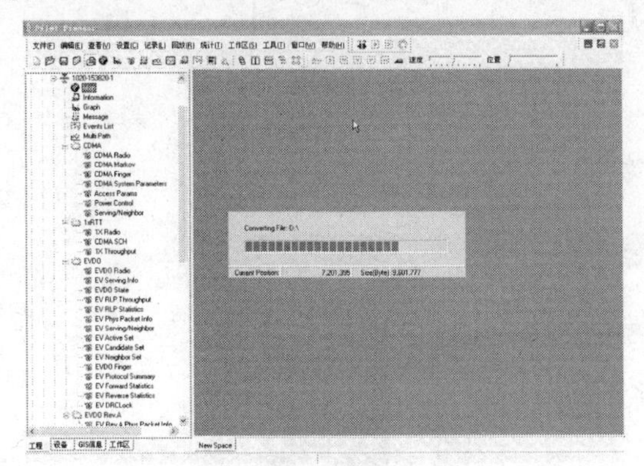

图 3-47 解码进度显示

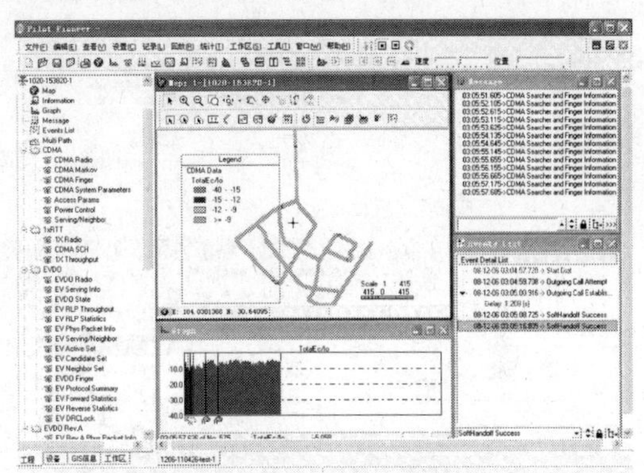

图 3-48 解码后的信息窗口

3. 导入地图

地图导入的操作方法，请参见 3.1.3 部分的介绍。

方法一：选择主菜单“编辑→地图→导入”，在弹出的窗口中选择导入地图的类型，如图 3-49 所示。

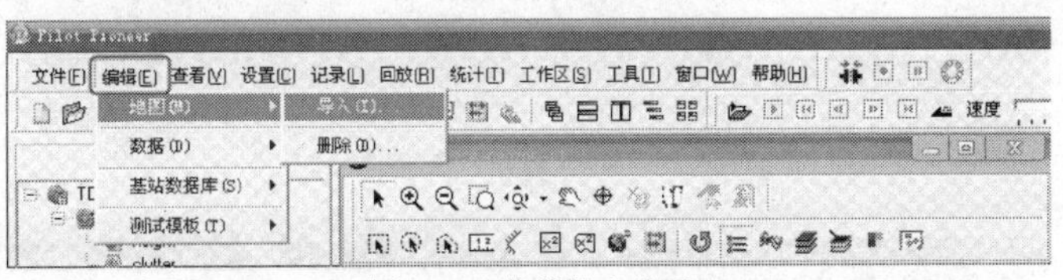

图 3-49 菜单导入地图

方法二：双击导航栏“GIS 信息”面板的 Geo Maps 卷展栏，选择地图类型，如图 3-50 所示。

Pioneer 软件支持地图的格式包括：数字地图格式、AutoCAD 的 Dxf 格式、Mapinfo 的 Mif 格式、Mapinfo 的 Tab 格式、Terrain 的 TMB 格式、USGS 的 DEM 格式、ArcInfo 的 Shp 格式和非标准地图格式的 Img 地图图片。

在“Image Type”中选择 Mapinfo Tab Files，单击“OK”按钮，找到地图存放路径并选择要导入的地图文件，如图 3-51 所示。

成功导入地图后，Geo Maps 卷展栏下相应的图层类型前会出现“+”，单击“+”可以展开查看各个图层信息，如图 3-52 所示。

选中单个图层名或者图层类型名称，如“vector”。将图层拖曳至地图窗口，即可看到地图信息，如图 3-53 所示。

若需要改变图层信息，请单击地图窗口的图标，则会弹出“GIS Layer Organizer Window”，如图 3-54 所示。

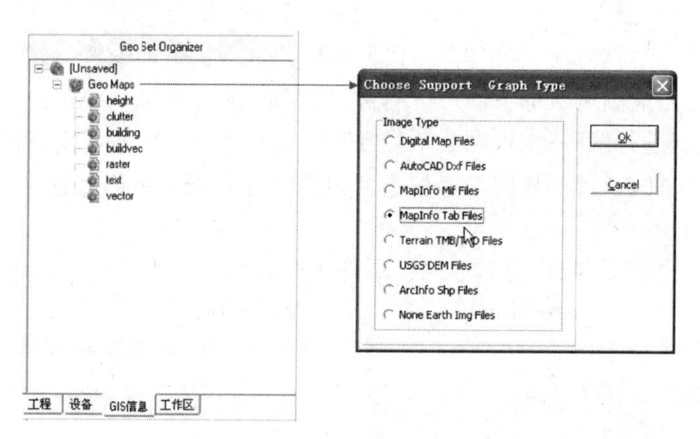

图 3-50　选择地图文件类型

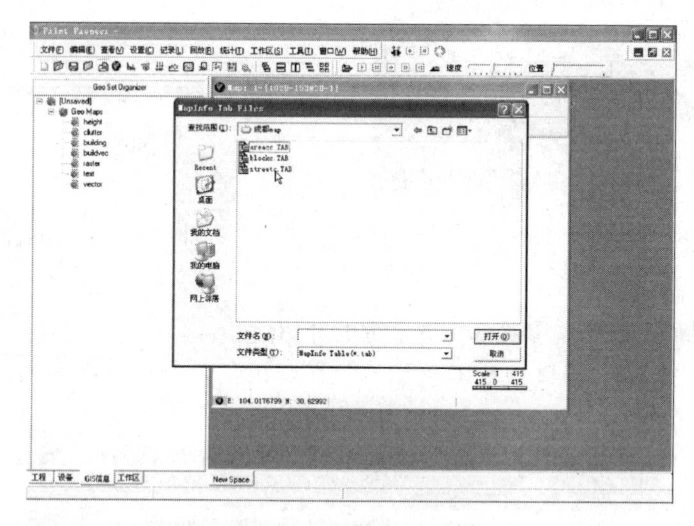

图 3-51　选择地图文件

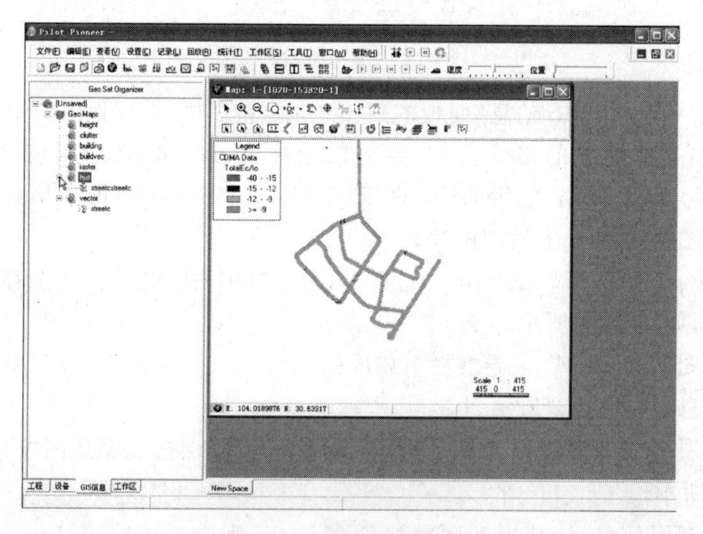

图 3-52　显示地图图层信息

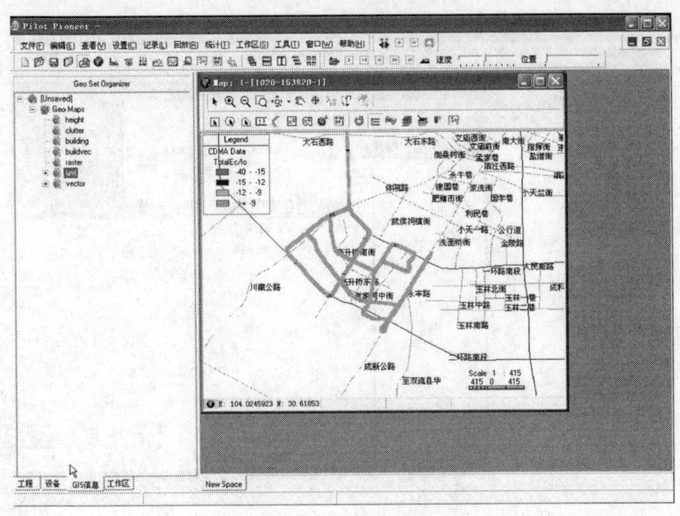

图 3-53 图层显示

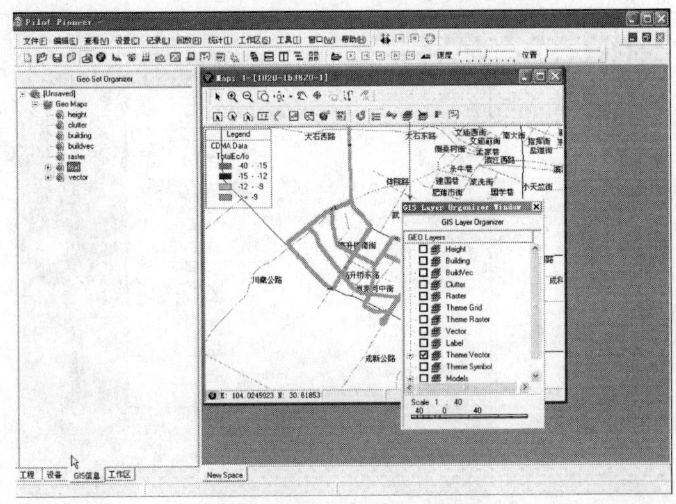

图 3-54 GIS Layer Organizer Window

4. 导入基站

基站导入的操作方法，请参见前面“导入基站”部分的介绍。

导入基站的方法是：双击导航栏“工程”里 Sites 下面的 CDMA，鼠标右键单击选择“导入”命令，或者通过主菜单“编辑→基站数据库→导入”来导入 cdma2000 基站数据库，如图 3-55 所示。

导入的基站在导航栏工程面板 Sites 下的 CDMA 中显示，拖动 CDMA 或 CDMA 下的某个站到地图窗口即可在地图窗口显示基站，如图 3-56 所示。

5. 数据回放

Pilot Pioneer 为用户提供了测试数据回放的功能。软件可以实现从任何地方开始以任意速度的正放和逆放。

具体的回放步骤如下。

第一步：打开回放时所需要观察的覆盖测试数据的窗口，如 Map、Chart、Message、Table 窗口，通过 Map 窗口可查看 Rx ALG. Total E_c/I_o 等覆盖参数。

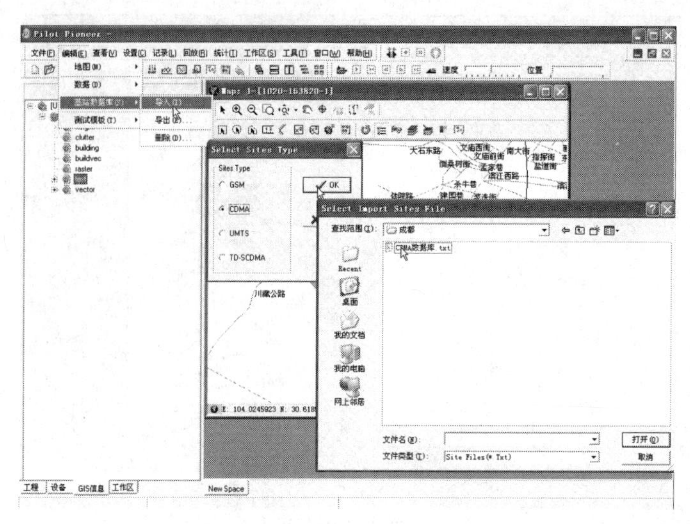

图 3-55　导入 cdma2000 基站数据库

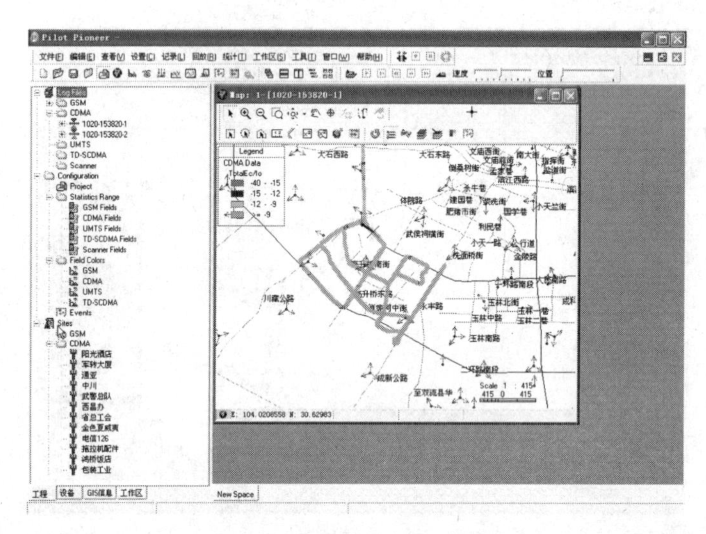

图 3-56　拖动并显示基站

第二步：单击回放工具栏的按钮，从随后打开的数据列表（数据列表列出所有在工作区中打开窗口的测试数据名称）中选择要回放的测试数据，然后通过工具栏中的 Speed Position 工具条，对回放进行控制。

第三步：回放结束时，单击按钮取消数据选择。

回放过程中可单击任意一个窗口中的回放位置，对回放的位置进行调整。与此同时，该测试数据的其他窗口的回放位置会自动同步调整。各 Workspace 中的窗口可同步回放，如图 3-57 所示。

6. 信令窗口操作

（1）信令解码

Message 窗口显示指定测试数据完整的解码信息，可以分析三层信息反映的网络问题；自动诊断三层信息流程存在的问题并指出问题位置和原因。每个测试数据都有一个 Message 窗口，将 Message 窗口直接从导航栏中拖曳到工作区中或双击 Message，即可打开该测试数据的 Message 窗口。在 Message 窗口中双击信令名称，则弹出该信令解码窗口，显示信令解码

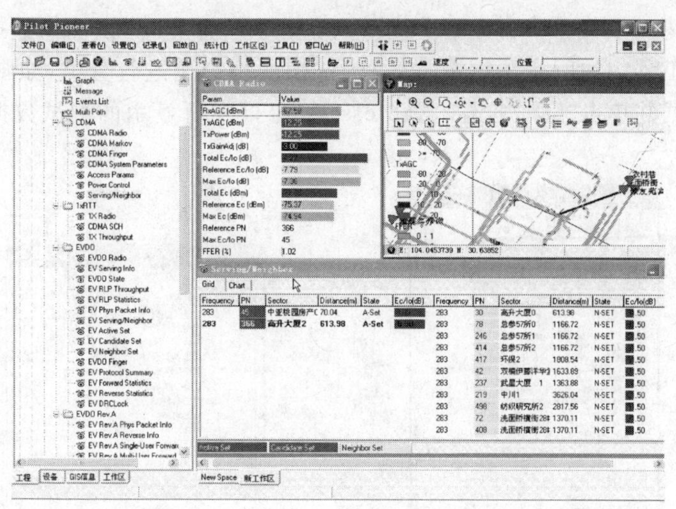

图 3-57 数据回放

信息，如图 3-58 所示。

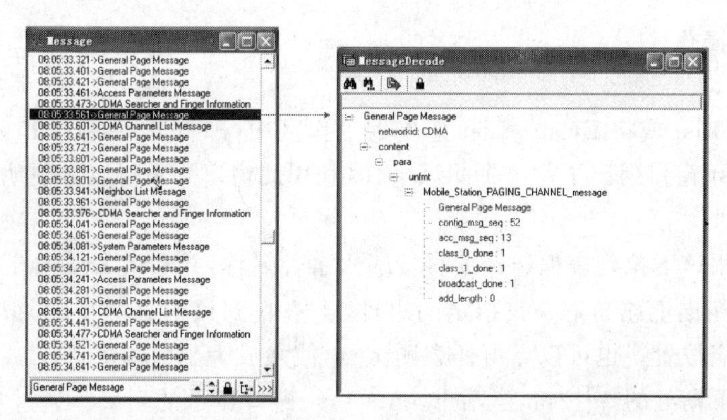

图 3-58 信令解码信息窗口

(2) 信令过滤

Message 窗口的下拉列表框显示了当前三层信息的信息类型。用户可以利用该下拉列表框选择或直接输入需要查找的三层信息名，并利用 Message 窗口的滚动按钮的和按钮向上或向下查找指定的三层信息。当查找到该信息类型时，把测试数据的当前测试点移动到相应位置。也可以点击任意测试点，使之成为当前测试点。

单击窗口右下角处的按钮，激活 Message 窗口显示的三层信息详细内容列表。通过对信息类的选择，使三层信息在 Message 窗口中进行分类显示(Message 窗口显示已勾选的信令)。同时，右键激活菜单 Color 设置被选信令在 Message 窗口的显示颜色，如图 3-59 所示。

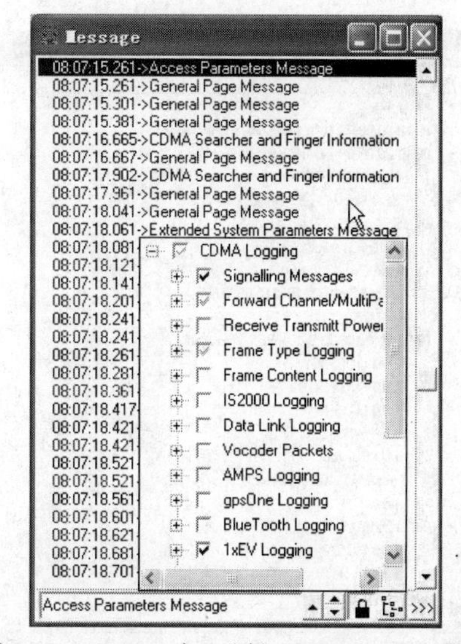

图 3-59 Message 窗口选择 CDMA Logging 类型

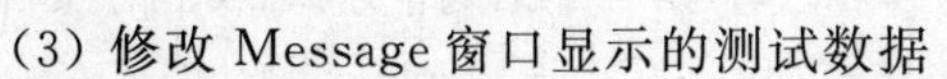

(3) 修改 Message 窗口显示的测试数据

在 Message 窗口右键单击并选择 Display Log Data 命令，弹出测试数据选择窗口。在该窗口中列出当前工程中的所有测试数据名称，并按网络类型进行分类，如图 3-60 所示。选择要显示的测试数据并单击“OK”按钮，则 Message 窗口中所显示的测试数据被修改为该测试数据内容。

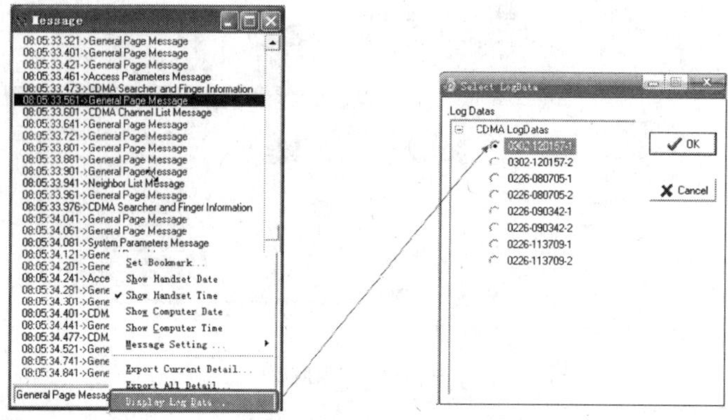

图 3-60　选择 CDMA LogDatas

7. 事件窗口操作

(1) 事件显示

双击 Events List 或将 Events List 拖曳到工作区中，即打开 Events List 窗口，如图 3-61 所示。Events List 窗口列出了每一个测试事件，利用此窗口用户可以方便地定位问题点。

(2) 事件查询

用户可以利用该下拉列表框选择或直接输入事件名称，并利用 Events List 窗口的滚动按钮的和按钮向上或向下查找指定的事件，当查找到该信息类型时，把测试数据的当前测试点移动到相应位置。也可以点击任意测试点，使之成为当前测试点。

单击窗口右下角处的按钮，激活 Events List 窗口显示的列表。通过对信息类的选择，可以显示或隐藏 PESQ 测试信息，如图 3-62 所示。

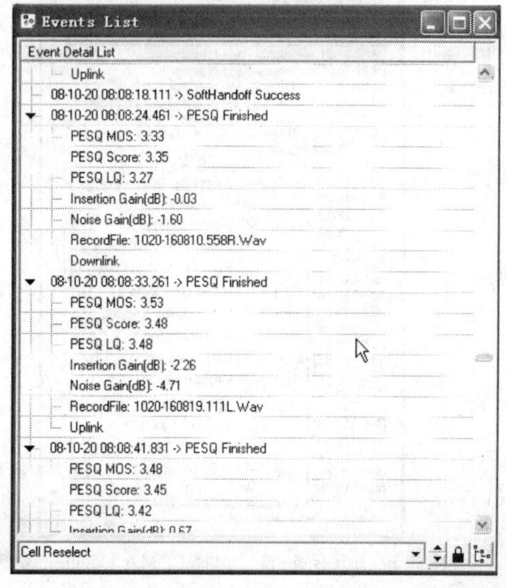

图 3-61　Events List 窗口

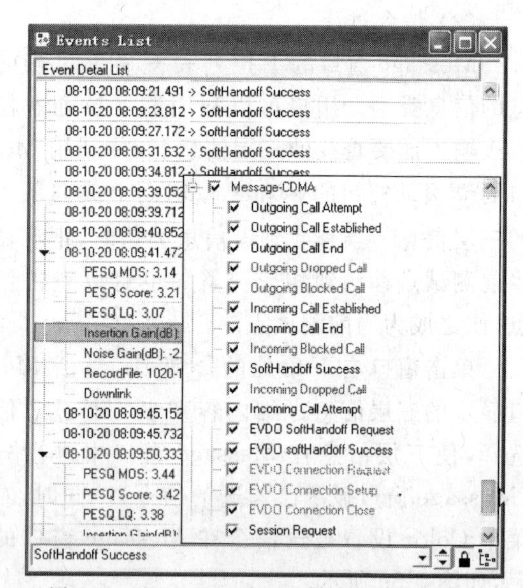

图 3-62　Events List 窗口选择 CDMA 信息类型

（3）修改 Events List 窗口显示的测试数据

在 Events List 窗口单击右键并选择 Display Log Data 命令，弹出测试数据选择窗口。在该窗口中列出了当前工程中的所有测试数据名称，并按网络类型进行分类。选择要显示的测试数据并单击“OK”按钮，则 Events List 窗口中所显示的测试数据被修改为该测试数据内容，如图 3-63 所示。

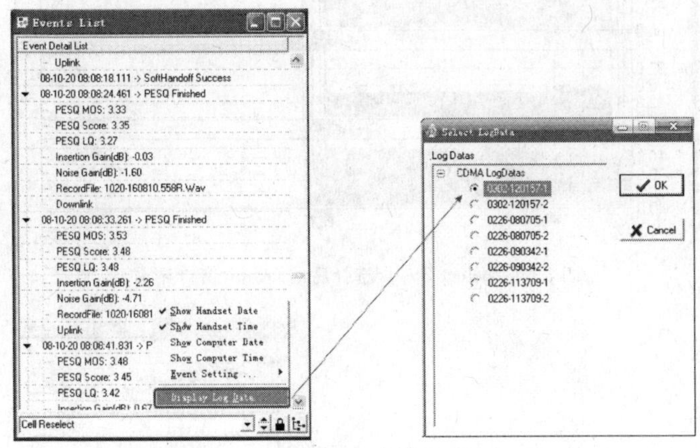

图 3-63 Events List 窗口选择 CDMA LogDatas

8. Graph 窗口操作

（1）参数显示

在 Graph 窗口中右键单击选择 Field 命令（可以选择或取消在 Graph 窗口显示的参数），打开 Select Fields 窗口，按住“Ctrl”键的同时单击可以选择多个参数，Graph 窗口支持多参数显示。双击“Select Fields”窗口上的参数前的色块，可从颜色列表中选择对应参数的显示颜色，如图 3-64 所示。

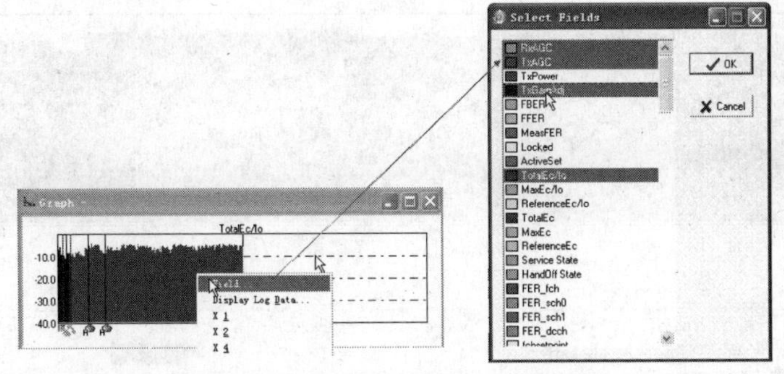

图 3-64 Graph 窗口及 Select Fields 选择

选择好后，单击“OK”按钮，在 Graph 窗口中即按所选参数进行显示，如图 3-65 所示。

（2）修改 Graph 窗口显示的测试数据

在 Graph 窗口右键单击并选择 Display Log Data 命令，弹出测试数据选择窗口。在该窗口中列出了当前工程中的所有测试数据名称，并按网络类型进行分类，如图 3-66 所示。选择要显示的测试数据并单击“OK”按钮，则 Graph 窗口中显示的测试数据被修改为该测试数据内容。

9. Imformation 窗口操作

Information 窗口显示了针对当前测试点的多个关联信息以及基站信息，如图 3-67 所示。双击导航栏中“测试数据”面板下的 Information 或将 Information 拖曳到工作区中，会打开一个该测试数据的 Information 窗口。

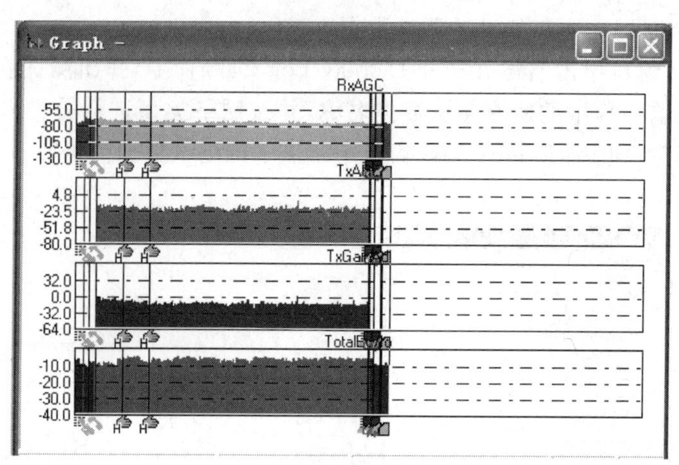

图 3-65　Select Fields 选择后的 Graph 窗口显示

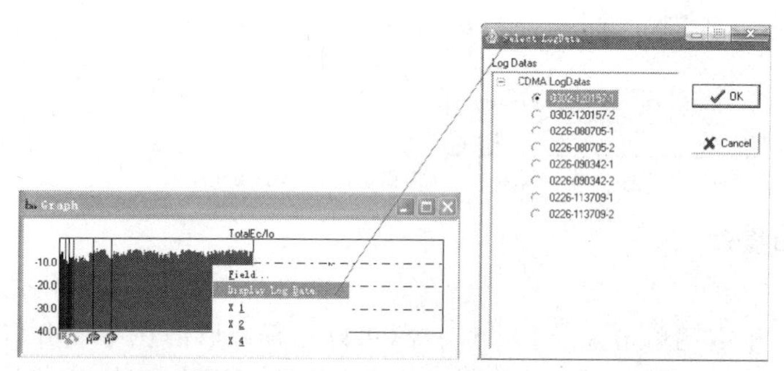

图 3-66　Graph 窗口选择 CDMA LogDatas

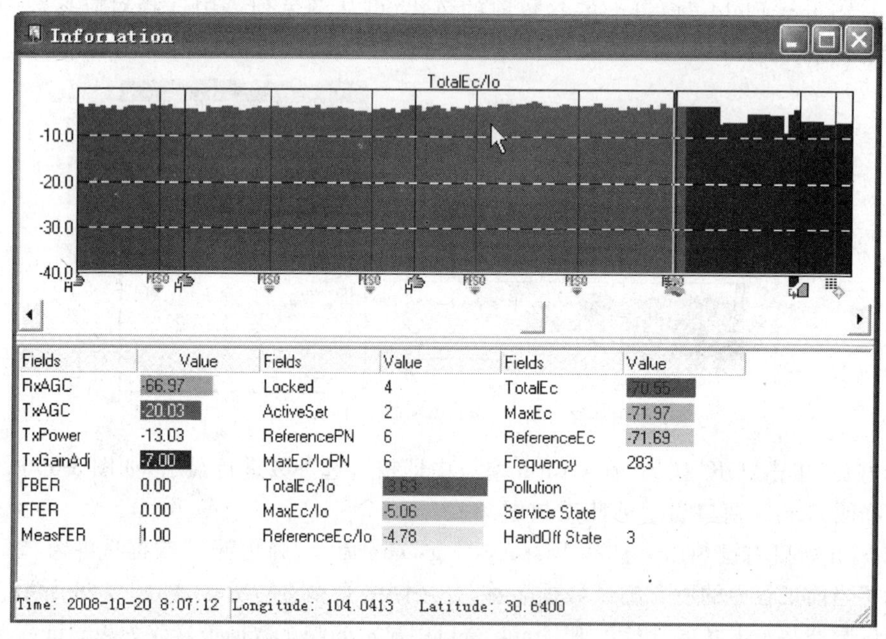

图 3-67　Information 窗口显示

Information 窗口的操作方法与 Graph 窗口的操作方法类似。通过右键单击 Information 的上方波形窗口，弹出如图 3-68 所示的操作菜单。通过 Field 来改变 Information 窗口的显示参数；通过 Display Log Data 命令来改变 Information 窗口的测试数据。

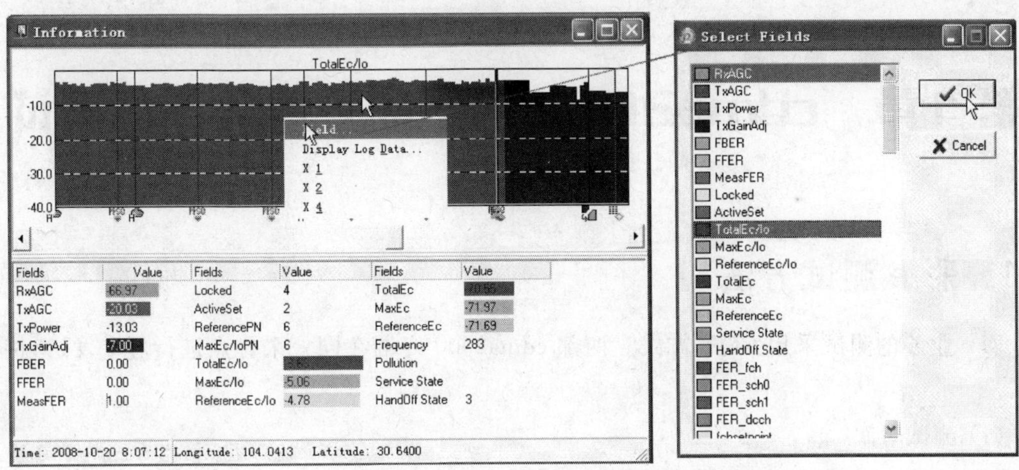

图 3-68 Information 窗口 Fields 选择

3.2.2 任务总结

在数据分析过程中，信令尤其重要，信令是测试数据完整的解码信息，当网络出现问题时，信令可以体现出存在的问题并指出其问题位置和原因，所以在数据分析的过程中，熟练掌握信令知识，可以快速地解决网络优化问题，而通过查看前台 Map 窗口，可以对不同的覆盖指标如 RxALG、Total E_c/I_o 等进行整体了解。在撰写评估报告和优化报告时，我们需要对这些指标覆盖进行截图，所以 Map 窗口的操作要熟练掌握。

3.2.3 习题

1. 测试中经常用到的信息窗口哪几种？
2. 简述信令可以帮助我们解决哪些问题。
3. 在 Graph 窗口中，都显示了什么内容？
4. 如何在信令窗口中查找指定信息？

第4章 cdma2000网络彩e业务评估测试

4.1 彩e测试方法

彩e业务的测试采用CQT方式。两部cdma2000终端在同一采样点进行彩e发送、接收测试。

(1) 测试时间

每天7:30～9:30进行,西藏和新疆向后推迟2h。

(2) 测试范围

彩e测试重点在话务量相对较高的区域、品牌区域、市场竞争激烈区域、特殊重点保障区域内选取。地理上尽可能均匀分布,场所类型尽量广。重点选择有典型意义的大型写字楼、大型商场、大型餐饮娱乐场所、大型住宅小区、高校、交通枢纽和人流聚集的室外公共场所等。测试选择的住宅小区、高层建筑入住率大于20%,商业场所营业率应大于20%。测试选择的相邻建筑物相距100m以上。

(3) 采样点选择

彩e测试的采样点位置选择应合理分布,选取人流量较大和移动电话使用频繁的地方,能够暴露区域性覆盖问题,而不是孤点覆盖问题。每个测试点根据以下原则抽取两个采样点进行测试。建筑物内要求分顶楼、楼中部位、底层;同一楼层的相邻采样点至少相距20m且在视距范围之外。某一楼层内的采样点应在以下几处位置选择,具体以测试时用户经常活动的地点为首选。

① 大楼出入口、电梯口、楼梯口和建筑物内中心位置。

② 人流密集的位置,包括大堂、餐厅、娱乐中心、会议厅、商场和休闲区等。

③ 成片住宅小区重点测试深度、高层、底层等覆盖难度较大的场所,以连片的4～5幢楼作为一组测试对象选择采样点。

④ 医院的采样点重点选取门诊、挂号缴费处、停车场、住院病房、化验窗口等人员密集的地方。有信号屏蔽要求的手术室、X光室、CT室等场所不安排测试。

⑤ 风景区的采样点重点选取停车场、主要景点、购票处、接待设施处、典型景点及景区附近大型餐饮、娱乐场所。

⑥ 火车客站、长途汽车客站、公交车站、机场、码头等交通集聚场所的采样点重点选取候车厅、站台、售票处、商场、广场。

⑦ 学校的采样点重点选取宿舍区、会堂、食堂、行政楼等人群聚集活动场所,如学生活动中心(会场/舞厅/电影院等)、体育场馆看台、露天集聚场所(宣传栏)、学生宿舍/公寓、学生/教工食堂、校部/院系所办公区、校内商业区、校内休闲区/博物馆/展览馆、校医院、校招待所/接待中心/对外交流中心/留学生服务中心,校内/校外教工宿舍、校内/校外教工住宅

小区、小学/幼儿园校门口以及校外毗邻商业区(如学生街)等。教学楼主要测试休息区和会议室。

⑧ 步行街的采样点应该包括步行街两旁的商铺及休息场所。

4.1.1　任务实施

1. 创建测试工程

第一步:运行 Pilot Pioneer 软件,创建新的测试工程,如图 4-1 所示。

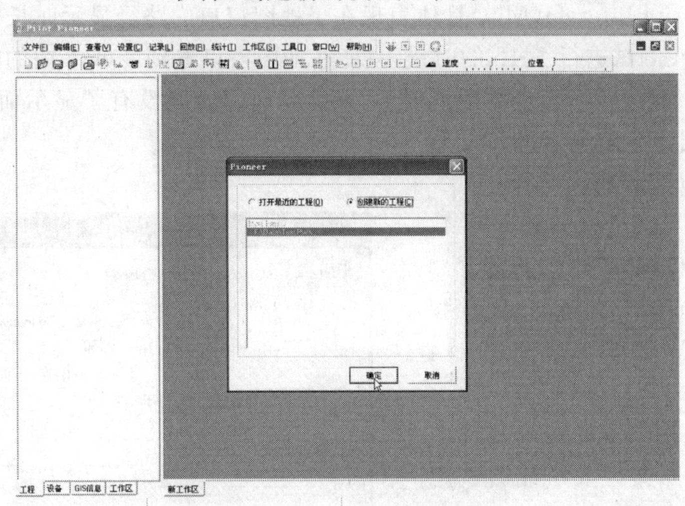

图 4-1　创建测试工程

第二步:设置“创建新工程”数据保存路径及主要工程参数,如图 4-2 所示。

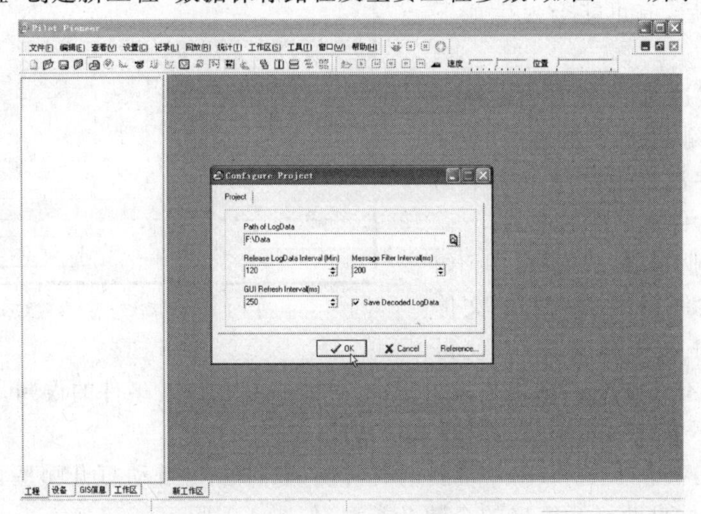

图 4-2　选择测试工程的存储路径及工程参数

设置主要工程测试参数如下。

① Path of LogData:原始数据保存路径。

② Release LogData Interval(Min):测试中内存数据释放时间。

③ GUI Refresh Interval(ms):Graph 窗口刷新间隔。

④ Message Filter Interval(ms):解码信令时间间隔。

⑤ Save Decoded LogData:是否实时保存解码数据在计算机硬盘上。

本软件对于原始测试数据有一个很大比例的压缩,压缩比大概是1:6左右。压缩后的数据(Log文件)的扩展名是“.RCU”,比如“0208-120544UMTS互拨DT.RCU”。前台软件还有一个解码的数据,数据扩展名是“.WHL”,比如:“0208-120544UMTS互拨DT-1.WHL”。我们最需要保存的是原始的压缩格式的数据,也就是后缀是“.RCU”格式的数据。这个数据的存储位置就在工程设置的Path of Data下面的目录中,设置之后就不能再随意改动了。

Release LogData Interval(Min)具体表现在于地图窗口的路径显示时长。例如,软件默认设置的是30min,在测试进行了1h的时候,只能在地图窗口看到30min内的数据,30min之前的数据就消失了。但这并不代表数据消失了,只是在地图窗口没有了显示而已。在后台回放的时候路径还是可以正常显示的。

其他设置可以按照默认设置。

第三步:设置Reference高级参数选项,“Reference Option”窗口提供了3个选项卡,即“General”、“InLogging”和“TCP/IP Setting”,如图4-3和图4-4所示。

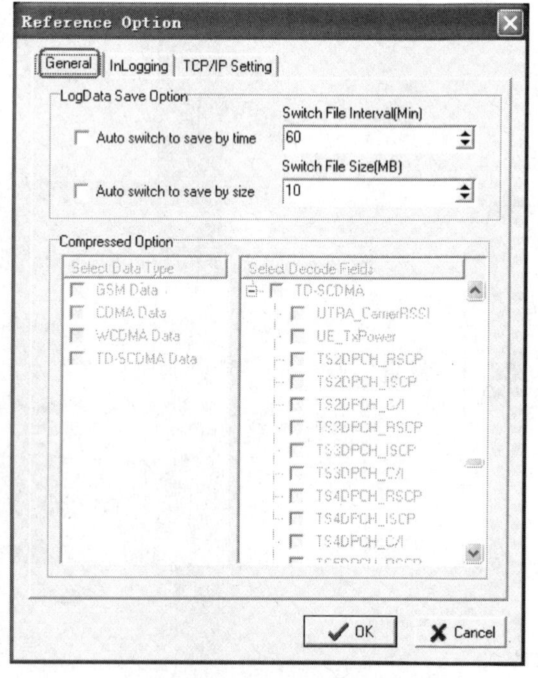

图4-3 设置高级工程参数General

选中General选项卡的两个复选框时,软件将自动按照文件大小或测试记录Log时长断开Log文件,并马上重新记录一个新的Log文件。

启用此功能后,有可能会发生如下情况。

① 话音测试过程中,软件自动断开Log文件的那一刻,手机正在通话,会使得这个Log文件没有正常结束通话的信令,可能引起软件对事件的误判。

② 在数据业务测试过程中(如FTP下载等),软件自动断开Log文件的那一刻,手机正在下载文件,会使得这个Log文件没有正常断开网络连接的信令,可能引起软件对事件的误判。

因此,建议不要启用软件自动断开Log功能。

InLogging选项卡的作用:在开始测试的时候,软件会议自动打开哪些窗口。也就是可以在这里选择软件自动打开窗口的个数及类型,如图4-4所示。

TCP/IP Setting设置的是计算机做数据业务时的Windows Size,是设置数据传输所用的端口开放性的参数,如图4-5所示。

第四步:设置完相应参数后,单击“OK”按钮,如图4-6所示。

2. 测试设备与软件的连接

使用Pionner软件进行测试时,通常使用测试手机进行测试,下面介绍测试手机的软件配置步骤。

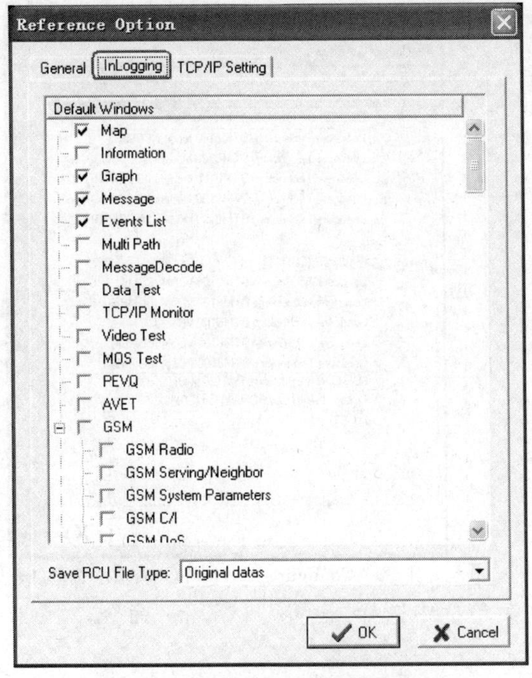

图 4-4 设置高级工程参数 InLogging

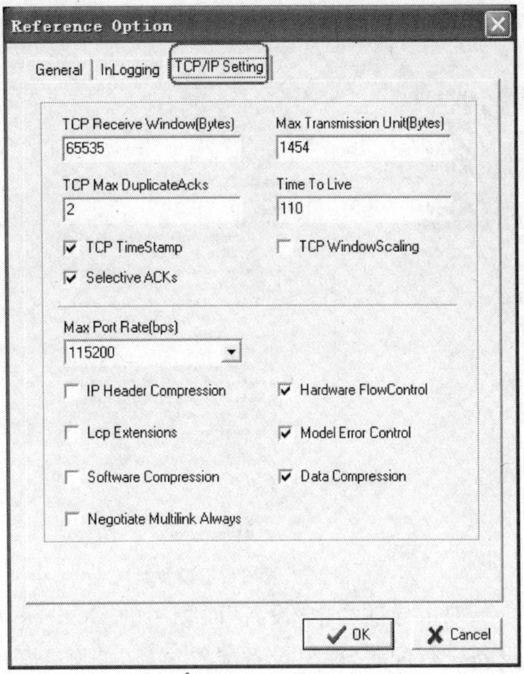

图 4-5 设置数据传输参数

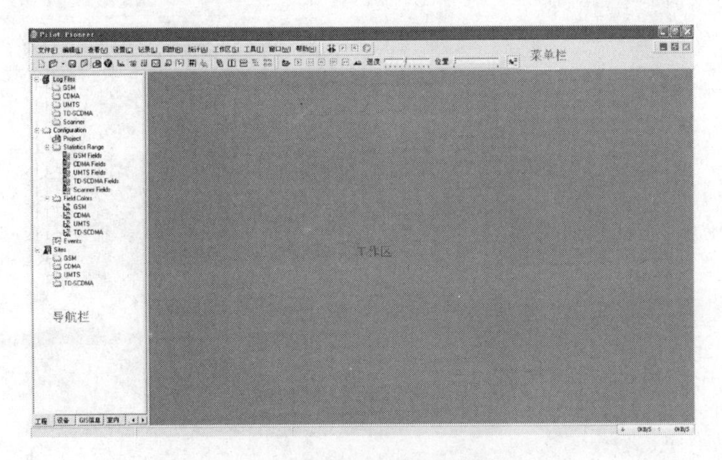

图 4-6 测试工程模板参数设置完成

第一步：确定硬件连接正常。在配置设备之前，请确保各个硬件设备的驱动已经正确安装，并且各个需要使用的硬件设备已经连接到电脑的正确端口上。在“我的电脑”→“管理”→“设备管理器”中的 Modem 和“端口”查看各设备是否已经正常显示，且没有端口冲突。

第二步：确定测试设备数据端口。插上测试终端设备，本例中使用的终端设备是 LG206 测试手机。此时计算机检测到的调制解调器为“LGE CDMA USB Modem＃12”，如图 4-7 所示。

或者从测试软件 Pilot Pioneer 的“Configure Devices”窗口中查看可以看到 LGE CDA USB Modem＃12(COM48)和 LGE CDA USB Serial Port(COM49) 两个端口，如图 4-8 所示。

第三步：在 Pilot Pioneer 软件中配置设备。

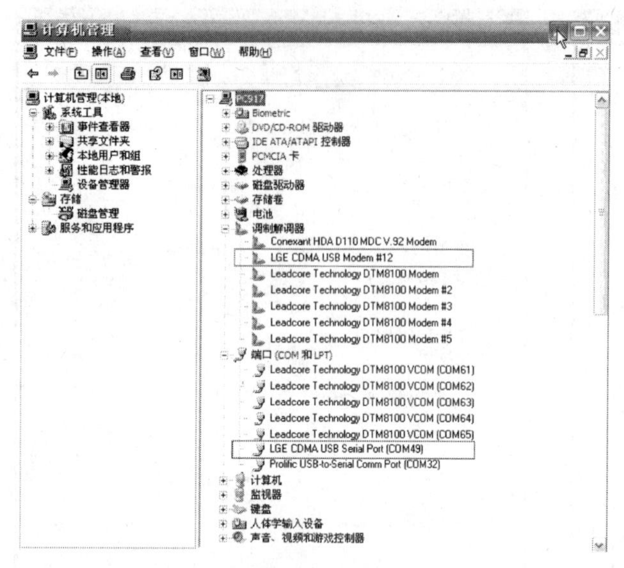

图 4-7　参看数据设备端口号

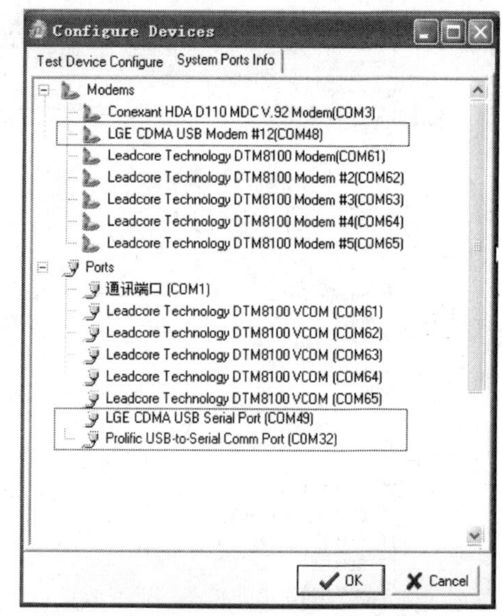

图 4-8　Configure Devices 窗口查看手机端口

双击导航栏中"设备"面板中的 Devices 或在菜单栏中选择"设置"→"设备"命令，对测试设备进行配置，弹出设备配置窗口，如图 4-9 所示。

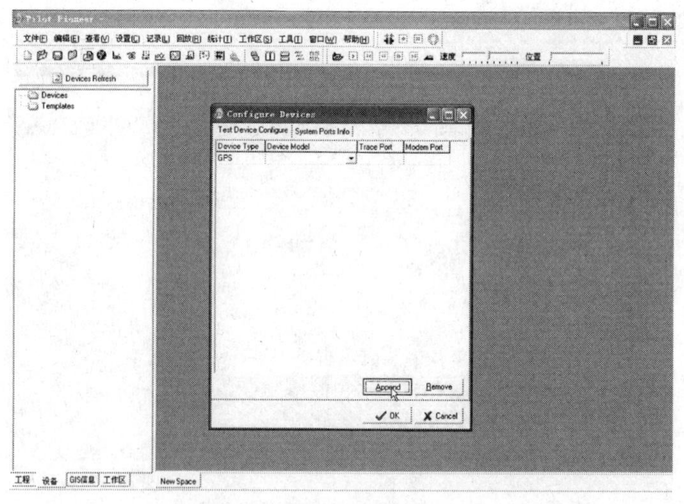

图 4-9　在软件中对测试设备配置

第四步：配置 GPS。

如果测试中需要 GPS(一般 DT 需要 GPS 来得出测试轨迹)，则在"Device Type→GPS"中选择"NMEA 0183"，在后面的 Trace Port 中选择 GPS 的端口(GPS 设备不需要配置"Modem Port)，如图 4-10 和 图 4-11 所示。

第五步：增加配置设备。

在"Test Device Configure"选项卡中单击"Append"按钮，可以新增加测试设备，如图 4-12 所示。

第六步：配置测试手机。

在"Device Type"下拉菜单中选择 Handset(手机)，在 Device Models 滚动列表中选择手机类型(如本章中选择的 LG KX206)，如图 4-13 所示。

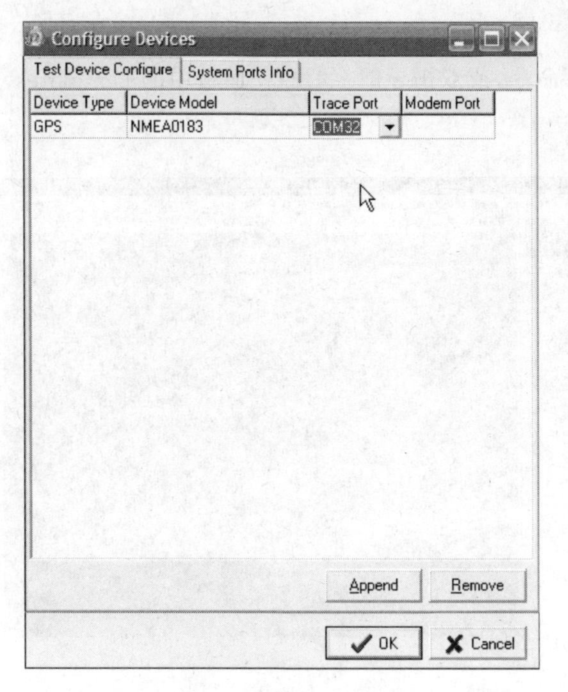

图 4-10 配置 GPS 设备

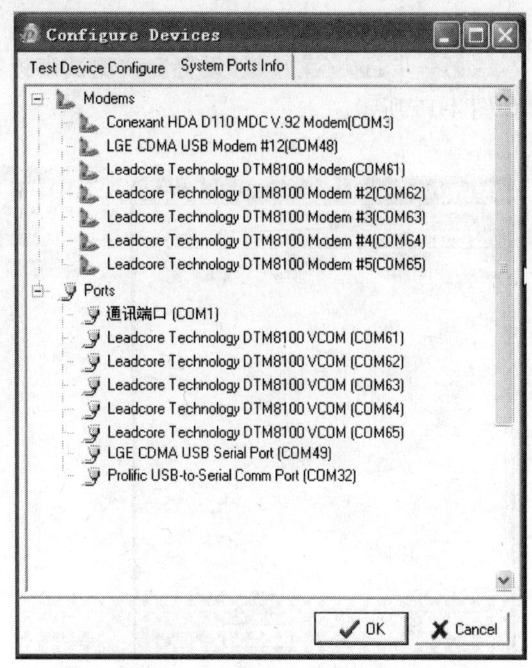

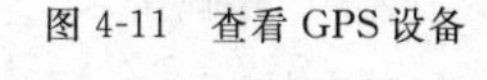

图 4-11 查看 GPS 设备

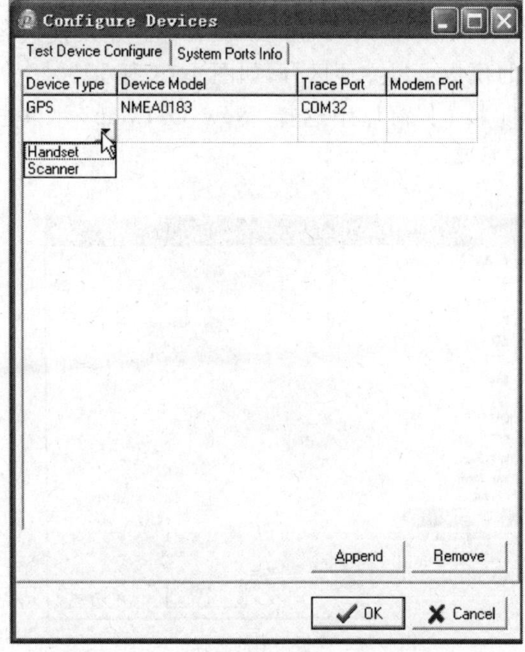

图 4-12 在软件中增加新设备

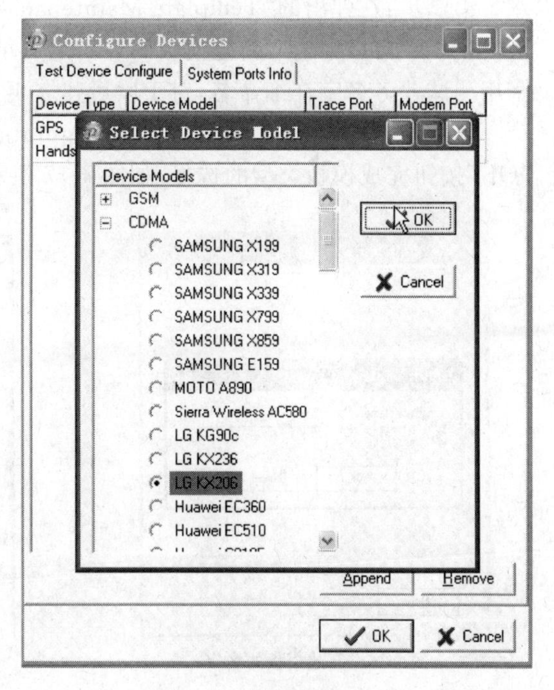

图 4-13 选择测试手机型号

再在“System Ports Info”选项卡中查看手机的 Trace 端口和 Modem 端口，配置手机相应的端口，如图 4-14 所示。

如果有第二部、第三部手机，分别按照上面的操作配置各个手机端口。在有多部手机需要连接的情况下，要一部一部地将手机插到计算机上，插上一部手机配置一部手机的端口。这样可以避免手机太多而端口混乱导致配置出错的情况发生。

3. **配置视频呼叫测试模板**

第一步:选择菜单栏“设置”→“测试模板”命令,或双击导航栏“设备”面板中的Templates,如图 4-15 所示。

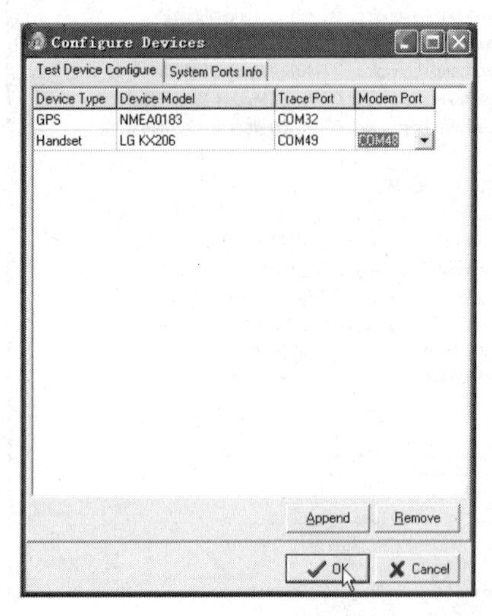

图 4-14　配置测试手机端口

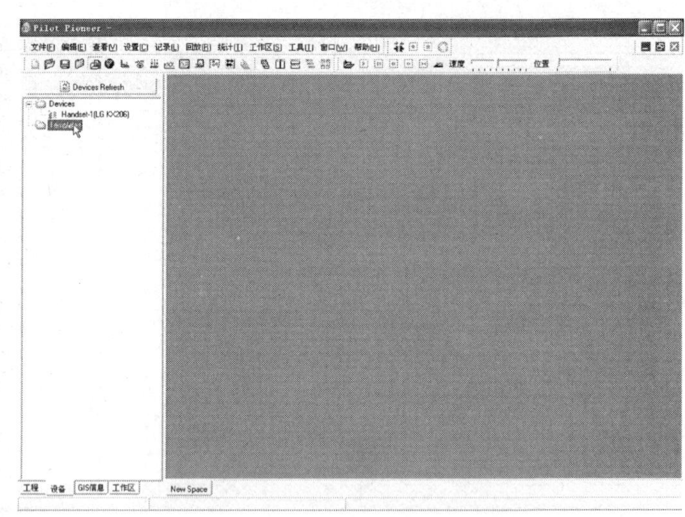

图 4-15　Templates

第二步:在弹出的“Template Maintenance”窗口中单击“New”按钮,并在随后弹出的“Input Dialog”窗口中输入新建模板的名字之后单击“OK”按钮,即可创建模板名称。建议模板名字用测试业务名字详细命名,对于以后建立更多的模板可以方便区分,如图 4-16 所示。

第三步:在弹出的“Template Configuration:[彩 e]”窗口中选择“New U-IMap”并单击“OK”按钮完成模板类型的选择,如图 4-17 所示。

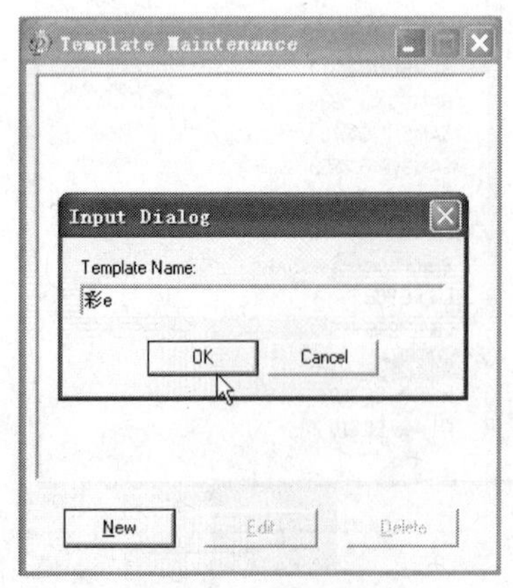

图 4-16　新建模板的名字

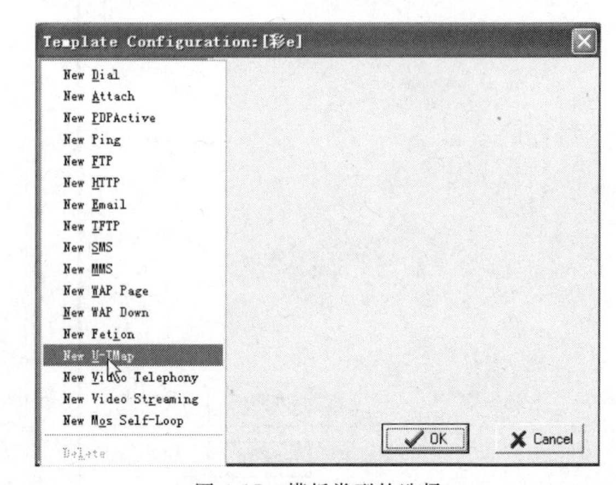

图 4-17　模板类型的选择

然后,在“Select Network”弹出窗口中选择“CDMA”单选按钮并单击“OK”按钮,完成测试网络的选择,如图 4-18 所示。

第四步:在接下来的参数配置窗口中分别做好各项参数的设置之后单击“OK”按钮即可最终完成该测试模板的创建与设置,如图 4-19 所示。

模板选项说明如下。

① Send Dial-up:发送手机的拨号连接。

② Receive Dail-up：接收手机的拨号连接。

③ Server Address：服务器的 IP 地址。

④ Port：服务器的端口号。

⑤ Times：发送彩 e 的次数。

⑥ Interval(s)：发送短信的间隔时长(秒)。

⑦ Target Phone number：接收端手机号码。

⑧ Accessory File：发送彩 e 的图片。

⑨ Title：彩 e 的标题。

⑩ Content：彩 e 的内容。

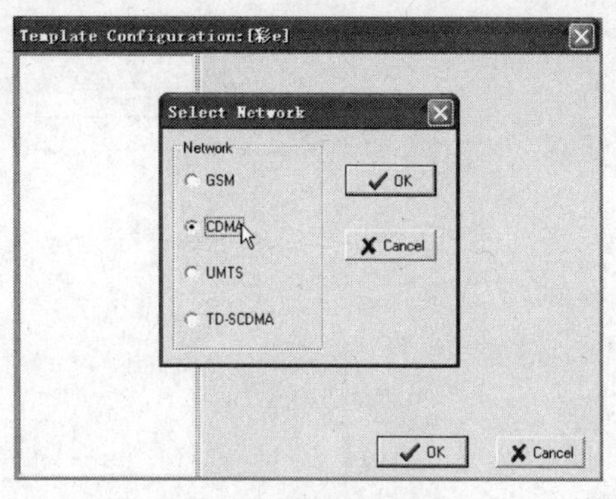

图 4-18　测试网络的选择

4. 导入地图

地图导入的操作方法，请参见 3.1.3 小节部分的介绍。

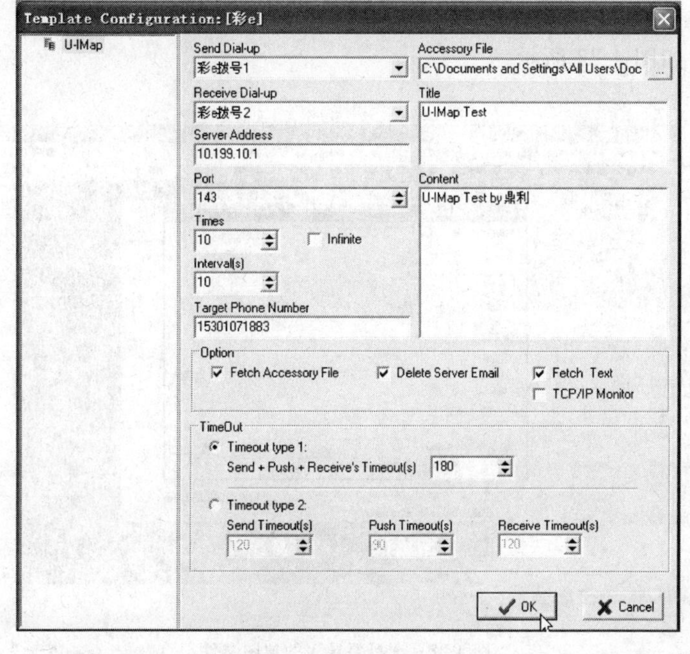

图 4-19　测试模板的参数设置

方法一：选择主菜单“编辑→地图→导入”，在弹出的窗口中选择导入地图的类型，如图4-20 所示。

图 4-20　菜单导入地图

方法二：双击导航栏“GIS 信息”面板的 Geo Maps 卷展栏，选择地图类型，如图 4-21 所示。

Pioneer 软件支持地图的格式包括：数字地图格式、AutoCAD 的 Dxf 格式、Mapinfo 的 Mif 格式、Mapinfo 的 Tab 格式、Terrain 的 TMB 格式、USGS 的 DEM 格式、ArcInfo 的 Shp 格式和非标准地图格式的 Img 地图图片。

在“Image Type”中选择 Mapinfo Tab Files，单击“OK”按钮，找到地图存放路径并选择要

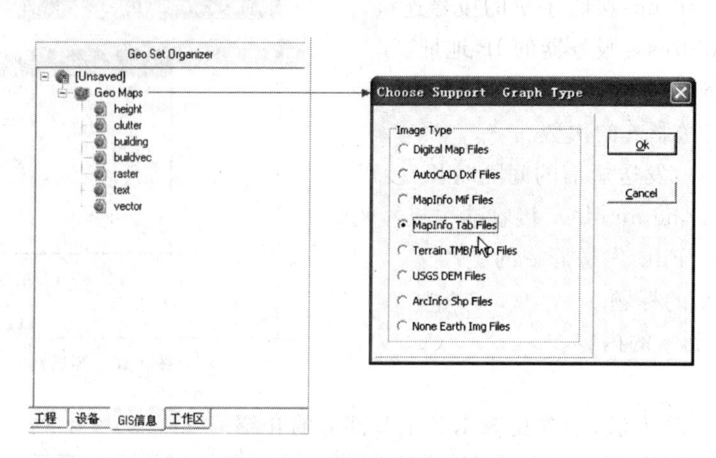

图 4-21 选择地图文件类型

导入的地图文件，如图 4-22 所示。

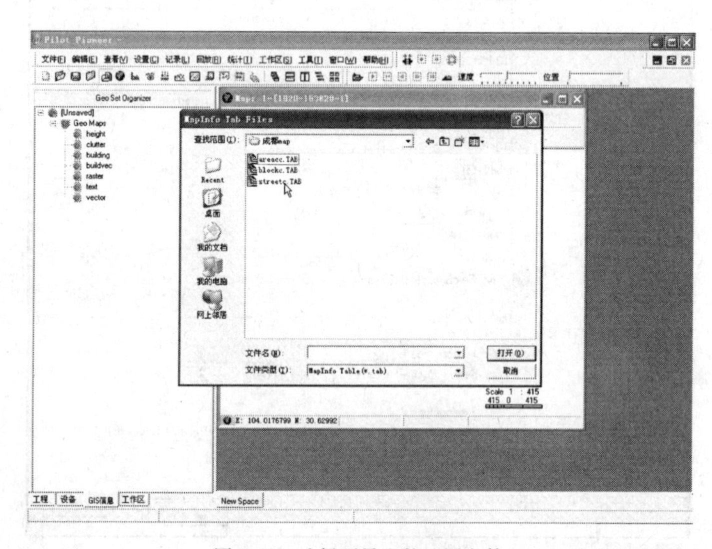

图 4-22 选择要导入的地图文件

成功导入地图后，Geo Maps 卷展栏下面相应的图层类型前会出现“+”，单击“+”可以展开查看各个图层信息，如图 4-23 所示。

选中单个图层名或者图层类型名称如 vector，将图层拖曳至地图窗口，即可看到地图信息，如图 4-24 所示。

若需要改变图层信息，请点击地图窗口的图标，则会弹出“GIS Layer Organizer Window”窗口，如图 4-25 所示。

然后，在所选图层图标上单击鼠标右键，弹出“Config Geo Themes Display”配置窗口，在“Available Fields”窗口中选择所需内容即可，如图 4-26 所示。

5. 导入基站

基站导入的操作方法，请参见 3.1.3 小节部分的介绍。

Pioneer 软件对 cdma2000 的基站数据库格式是要求是“*.txt”，数据库必须包括的数据项如下表 4-1 所示(列的顺序没有要求，但每个字段名称严格要求一致)。

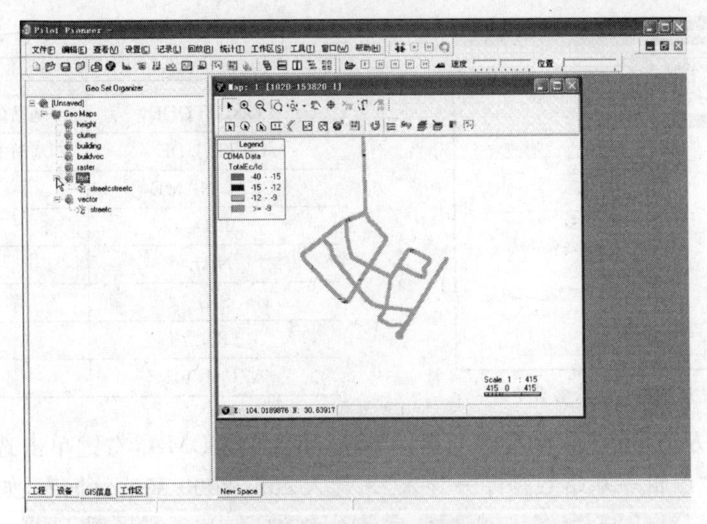

图 4-23　查看各个图层信息

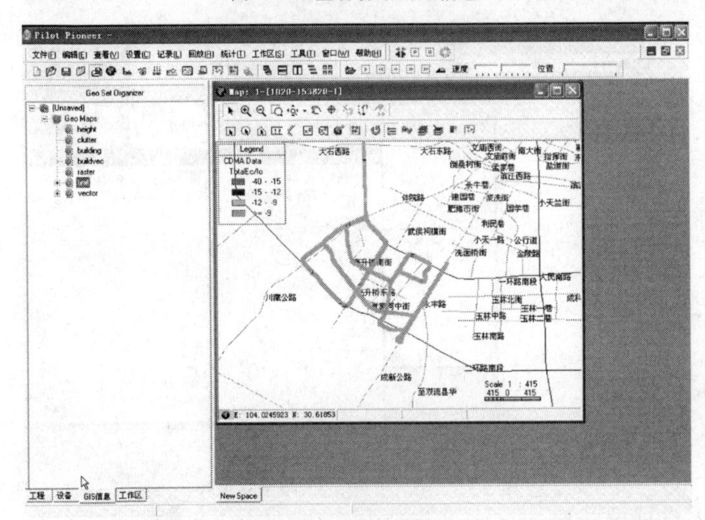

图 4-24　地图信息显示

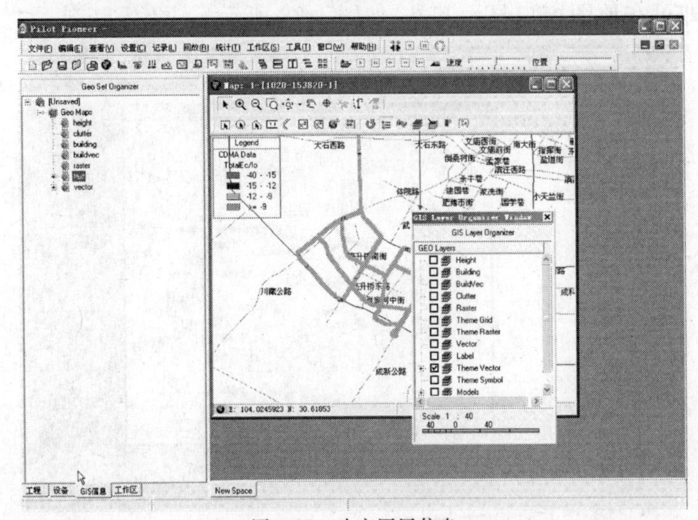

图 4-25　改变图层信息

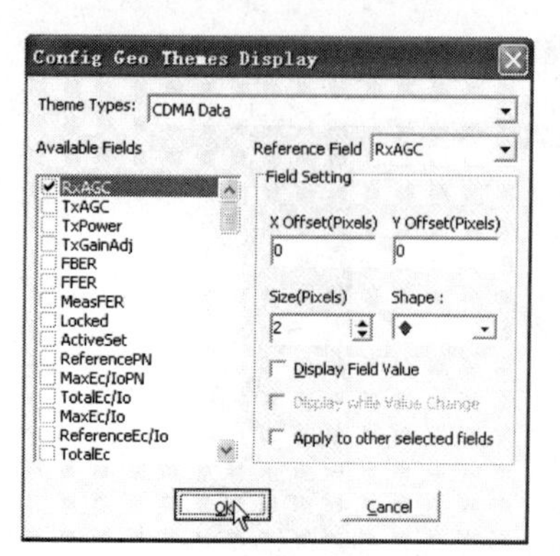

图 4-26　地图窗口显示参数更新

表 4-1　　基站数据库表头字段

SITE NAME	基站名称
LONGITUDE	基站的中央子午线经度
LATITUDE	基站的中央子午线纬度
CELL NAME	小区名称
BID	基站 ID
NID	网络 ID
SID	移动业务本网 ID
PN	导频
AZIMUTH	天线方位角

导入基站的方法是：双击导航栏工程里 Sites 下面的 CDMA，右键单击选择“导入”命令；或者通过主菜单“编辑→基站数据库→导入”来导入 cdma2000 基站数据库，如图 4-27 所示。

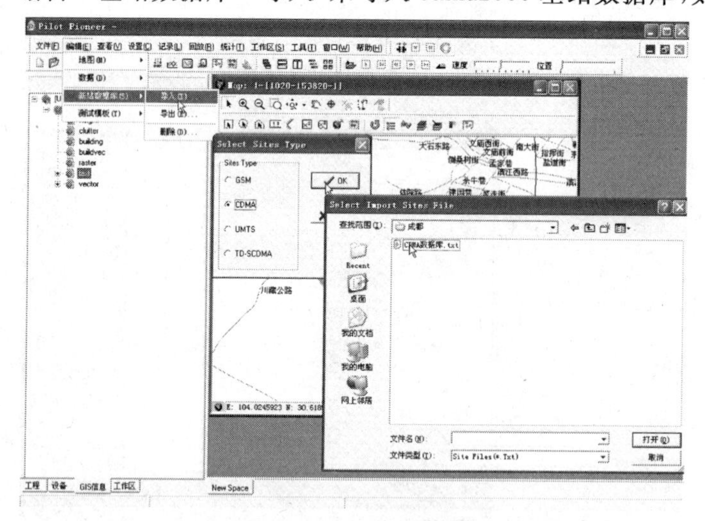

图 4-27　导入 cdma2000 基站数据库

导入的基站在导航栏工程面板 Sites 下的 CDMA 中显示，拖动 CDMA 或 CDMA 下的某个站到地图窗口即可在地图窗口显示基站，如图 4-28 所示。

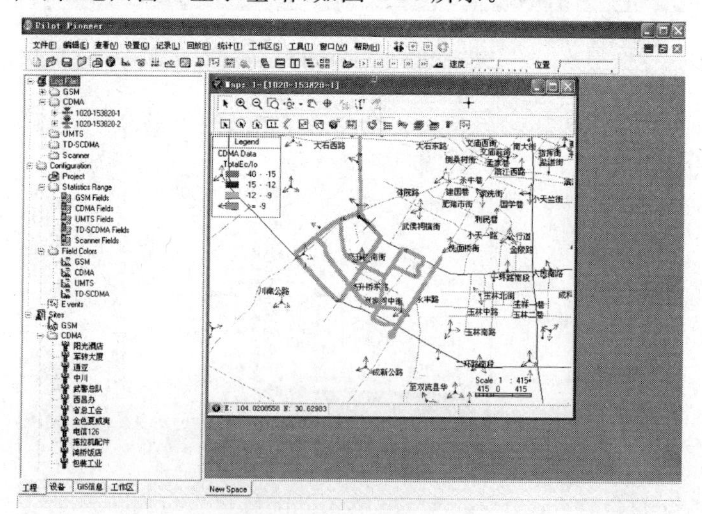

图 4-28　在地图窗口显示基站

6. 保存工程配置

保存工程配置的操作方法，请参见 3.1.3 部分的介绍。

在对以上各项参数进行设置之后，应对以上的配置做保存，方便以后调用本次配置。保存的方法：在软件图标中单击“”按钮，如图 4-29 所示。

图 4-29 保存工程配置按钮

弹出窗口中要求选择保存路径和输入文件名称，应将文件保存在默认路径下，文件的后缀名为“.PWK”。该文件中会保存前期所有的配置，如图 4-30 所示。

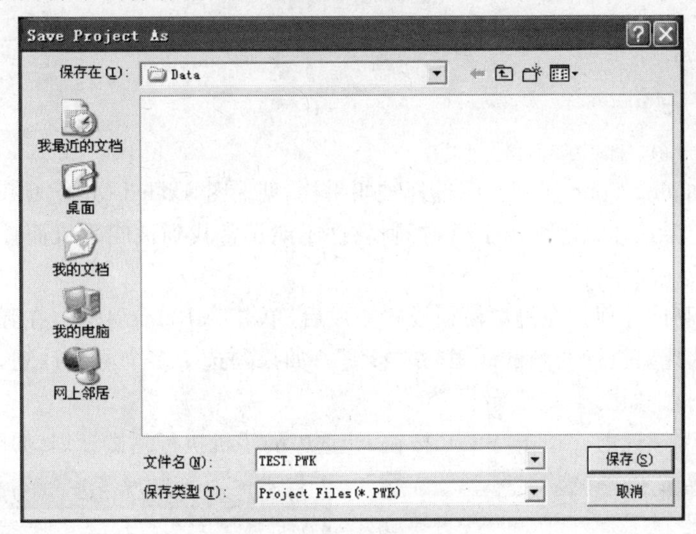

图 4-30 保存路径和文件名称

7. 开始测试

在做好前面所有配置后，即可开始正常测试了。测试方法如下。

第一步：选择主菜单“记录→连接”或单击工具栏按钮，连接设备。

第二步：选择主菜单“记录→开始”或单击工具栏按钮，指定测试数据文件名称后开始记录；测试数据名称默认采用“日期-时分秒”格式，用户可重新指定，如图 4-31 所示。

第三步：设置控制窗。在开始记录 Log 后，软件会自动弹出窗口“Logging Control Win”窗口，在此模板中需要做进一步设置才能使软件正常测试，如图 4-32 所示。选中左侧的测试终端后，可从窗口右侧对其进行测试计划管理，并可查看其测试状态。

在开始记录 Log 后，软件会自动弹出窗口“Logging Control Win”，在此模板中需要做进一步设置才能使软件正常测试。

首先要选择需要测试的业务，比如 MOS 测试，需要在“Logging Control Win”窗口中有三个选项栏，需要做两个设置。

① 选择一部手机（Handset）作为主叫手机，建议使用第一部手机（在 Logging Control Win 窗口左侧有 Handset-1、Handset-2 等设备，第一个设备即使我们说的第一部手机）作为主叫，这样的数据给后台统计人员一个习惯的顺序，也就不会一起混淆了。软件默认会选中第一部手机，但有时会用多部手机测试，主叫手机可能不在第一部。例如我们用四部手

机做两网对比测试，建议使用第一部、第三部手机分别做主叫，第二部、第四部手机分别做被叫。

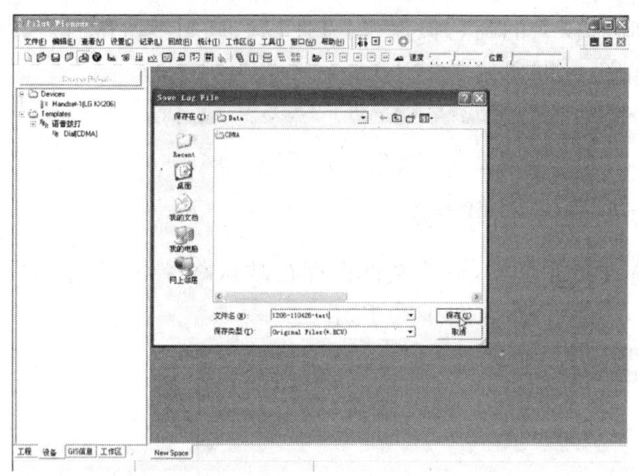

图 4-31　指定测试数据文件名称

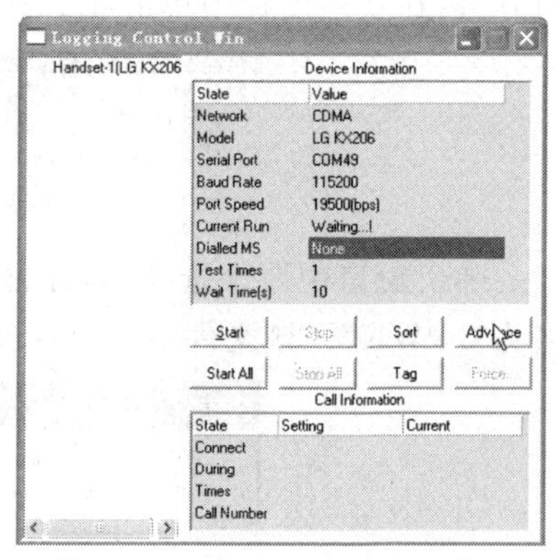

图 4-32　Logging Control Win 窗口

② 需要在 Logging Control Win 中选择被叫手机，见上图，Dialed MS 选项就是选择被叫手机的地方。这里一定要选择一部被叫手机，否则软件不能正常找到被叫手机而控制被叫手机自动接听。

第四步：定制测试计划。在测试模板设置完成后，单击“Advance”按钮，在弹出的窗口左侧可通过勾选方式来选择要执行的测试计划（如“彩 e”）；如果勾选了多个测试计划，则会按勾选的顺序一个一个执行下来，如图 4-33 所示。

第五步：执行测试计划。单击“Start”按钮，让选中的手机执行测试计划，如图 4-34 所示。

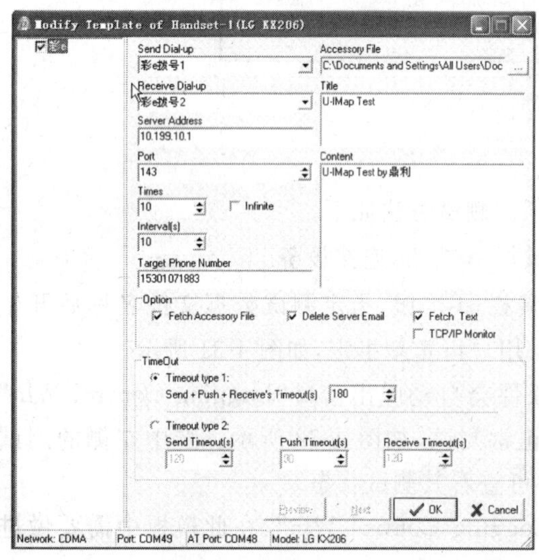

图 4-33　定制测试计划

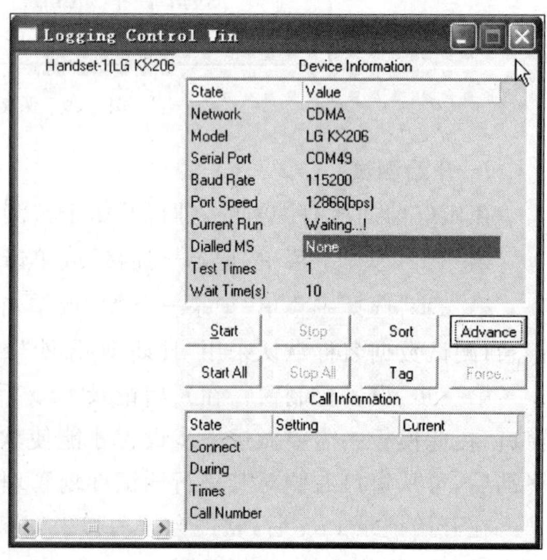

图 4-34　执行测试计划

第六步：显示测试信息。双击或将导航栏工程面板中当前测试数据名下的相应窗口拖入工作区，即可分类显示相关测试信息，如图 4-35 所示。

8. 结束测试

第一步：等待通话结束后，单击“Logging Control Win”窗口中的“Stop”按钮终止对测试计划的调用；或者单击工具栏上的“ ”按钮，再单击“Stop”按钮，如图 4-36 所示。

第二步：停止测试后 Log 文件还在继续记录 Log，需要单击 按钮停止记录 Log 文件，如

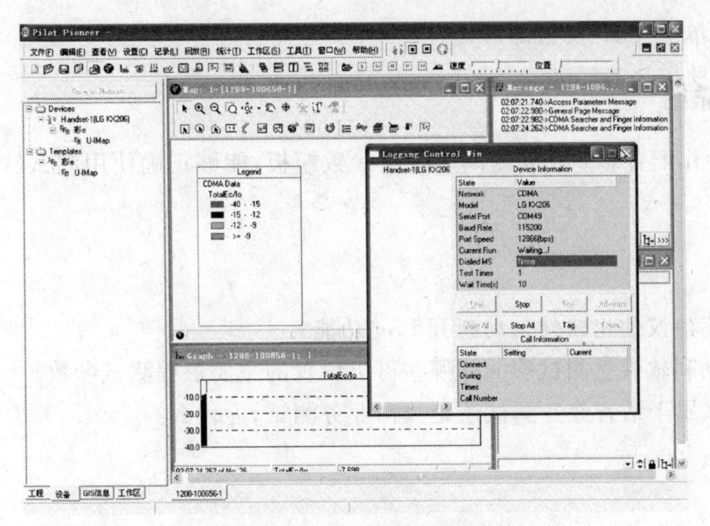

图 4-35 显示测试信息

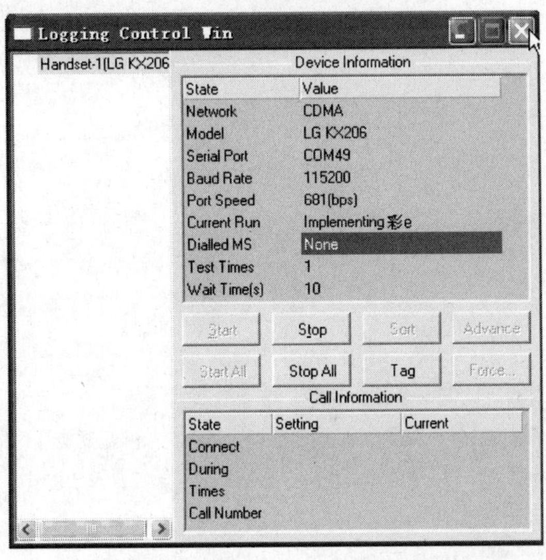

图 4-36 “Logging Control Win”窗口

图 4-37 所示。

图 4-37 停止记录 Log 文件

第三步:选择“断开连接”按钮,断开设备连接,如图 4-38 所示。

图 4-38 断开设备连接

如要查看测试结果,可选择菜单“统计→评估报表”命令,选中刚才测试的数据,勾选“CD-

MALogDatas",单击"OK"按钮即可查看。

4.1.2 任务总结

熟练掌握操作配置彩e业务测试方法及参数模板,能够正确使用测试软件进行彩e的性能测试。

4.1.3 习题

1. 为什么不建议使用软件自动断开Log功能?
2. 简述在鼎利软件里测试彩e有哪些可以设置的主要工程测试参数。
3. 彩e测试属于话音业务测试还是数据业务测试,为什么?

第5章 cdma2000网络FTP业务评估测试

5.1 FTP业务测试

5.1.1 数据业务测试方法

1. FTP DT 测试规范

(1) 测试时间

必须安排在工作日(周一至周五)9:00～12:00,14:00～18:00进行。新疆和西藏的测试时间由于时差延后2h。

(2) 测试范围

测试范围主要包括:城区主干道、商业密集区道路(商业街)、住宅密集区道路、学院密集区道路、机场路、环城路、沿江两岸、城区内主要桥梁、隧道、地铁和城市轻轨等。要求测试路线尽量均匀覆盖整个城区主要街道,并且尽量不重复。

(3) 测试速度

在城区保持正常行驶速度;在城郊快速路车速应尽量保持在60～80km/h,不限制最高车速。

(4) 测试步骤

将CDMA EVDO终端、支持CDMA EVDO测试的路测设备放置在车内后座;测试终端设置为EVDO ONLY模式。

具体测试步骤如下。

① 在指定PDSN侧提供一个FTP server,要求FTP服务器支持断点续传,提供用户下载/上传权限并打开PING功能。

② 通过测试软件控制CDMA EVDO测试终端以拨号方式建立一个PPP连接。利用测试软件中的内置FTP中的GET命令,从FTP server上下载一段足够大的文件(1GB以上),当文件下载5min后,停止下载,保持拨号连接不断开,间隔15s继续下一次下载;行驶期间测试不中断,循环进行;记录循环下载的总时间和总数据量以及每秒的瞬时速率。

③ 通过测试软件控制CDMA EVDO测试终端以拨号方式建立一个PPP连接。利用测试软件中的内置FTP中的PUT命令,循环上传一个足够大的文件(1GB以上)到FTP server上,当文件上传5min后,停止上传,保持拨号连接不断开,间隔15s继续下一次上传;行驶期间循环测试不中断,循环进行;记录循环上传的总时间和总数据量及每秒的瞬时速率。

④ 上传、下载分别在两部终端同时进行测试,当发生拨号连接异常中断后,应间隔15s后重新发起连接。

⑤ 测试过程中超过3min FTP没有任何数据传输,且尝试PING后数据链路仍不可使用。此时需断开拨号连接并重新拨号来恢复测试,并计为分组业务掉话。

⑥ 测试过程中FTP服务器登录失败,应间隔2s后重新登录;连续10次登录失败,应断开

连接，间隔15s后重新进行测试。

⑦ FTP吞吐率采用3线程进行测试，按要求设置系统TCP/IP参数。

⑧ 在测试CDMA EVDO网络的同时，在同一车内采用相同方法在公网FTP服务器上对比测试WCDMA及TD-SCDMA网络质量，要求WCDMA及TD-SCDMA的终端均锁定在3G模式。

2. FTP CQT测试规范

(1) 测试时间

必须安排在工作日(周一至周五)9:00～12:00，14:00～18:00进行。新疆和西藏的测试时间由于时差延后2h。

(2) 测试范围

测试范围主要包括：城区主干道、商业密集区道路(商业街)、住宅密集区道路、学院密集区道路、机场路、环城路、沿江两岸、城区内主要桥梁、隧道、地铁和城市轻轨等。要求测试路线尽量均匀覆盖整个城区主要街道，并且尽量不重复。

(3) 测试方法

先将测试终端设置为EVDO ONLY模式。每个CQT采样点测试前，要连续检查终端空闲状态下的信号强度5s，若CDMA EVDO终端的信号强度不满足连续的SINR(即C/I)>−6dBm& 终端接收功率≥−90dBm，记录该采样点为无覆盖；不进行测试，也不进行补测。若该采样点覆盖符合要求，则开始进行测试。

WCDMA及TD-SCDMA网络的覆盖情况(WCDMA的覆盖判断条件为连续5s RSCP>−94dBm & E_c/I_o>−12dB；TD-SCDMA的覆盖判断条件为连续5s RSCP>−94dBm & C/I>−3dB)由后台分析软件自动统计及筛选有效覆盖数据，测试人员无需判断。

具体测试步骤如下。

① 在指定PDSN侧提供一个FTP Server，要求FTP服务器支持断点续传，提供用户下载/上传权限并打开PING功能。

② 通过测试软件控制CDMA EVDO测试终端以拨号方式建立一个PPP连接。利用测试软件中的内置FTP中的GET命令，从FTP Server上下载一段足够大的文件(1GB以上)，当文件下载5min后，断开PPP连接，等待15s，重新进行下一次下载，记录下载的总时间和总数据量。

③ 通过测试软件控制CDMA EVDO测试终端以拨号方式建立一个PPP连接。利用测试软件中的内置FTP中的PUT命令，从本地上传一段足够大的文件(1GB以上)到FTP Server上，当文件上传5min后，断开PPP连接，等待15s，重新进行下一次上传，记录上传的总时间和总数据量。

④ 在CQT每个采样点测试时，下载测试完成后进行上传测试，各进行两次下载、上传测试；当发生拨号连接异常中断后，应间隔15s后重新发起连接。

⑤ 测试过程中超过3min FTP没有任何数据传输，且尝试PING后数据链路仍不可使用。此时需断开拨号连接并重新拨号来恢复测试，并计为分组业务掉话。

⑥ 测试过程中FTP服务器登录失败，应间隔2s后重新登录；连续10次登录失败，应断开连接，间隔15s后重新进行测试。

⑦ FTP吞吐率采用3线程进行测试，按要求设置系统TCP/IP参数。

⑧ 在测试CDMA EVDO网络的同时，采用相同方法在公网FTP服务器上对比测试

WCDMA及 TD-SCDMA 网络质量，要求 WCDMA 及 TD-SCDMA 的终端均锁定在 3G 模式。

（4）测试记录及采集数据要求

针对每个城市的测试，在测试结束前必须完成规定测试项目的测试，并记录和采集相关数据。测试结束前必须检查测试记录和采集数据的完整性和准确性，在确定测试记录和采集数据完整、准确，并完成编号归档后方可结束当地的测试活动。

测试记录和测试采集数据必须包括但不限于以下资料。

① DT 测试统计表（包含但不限于以下内容）。

- 测试时间，测试城市，测试人，测试历时。
- 1X 话音：呼叫尝试次数，接通次数，掉话次数，覆盖率（里程覆盖率），接通率，掉话率（里程掉话比），话音质量分布，平均呼叫建立时延。
- EVDO：下行 FTP 吞吐率，上行 FTP 吞吐率。

② DT 测试采集的原始数据包（包含但不限于以下内容）。

- 测试时间，测试城市，测试人，测试路线（包括经纬度信息），测试终端类型，测试终端号码。
- 1X 话音：接通、呼叫失败、掉话、切换、登记、异常呼叫、挂机等事件信息，测试全程话音数据，平均呼叫建立时延。
- EVDO：分组业务建立成功、分组业务建立失败、分组业务掉话等事件信息，平均分组业务建立时延，下行 FTP 吞吐率，上行 FTP 吞吐率。

③ CQT 测试统计表（包含但不限于以下内容）。

- 测试时间、测试城市、测试人、测试点数量、采样点数量、历时。
- 1X 话音：覆盖率、呼叫次数、接通次数、掉话次数、接通率、掉话率、话音质量分布、平均呼叫建立时延。
- 1X 数据：分组业务连接尝试次数、分组业务建立成功次数、分组业务掉话次数、分组业务建立成功率、分组业务掉话率、平均分组业务建立时延、下行 FTP 吞吐率。
- EVDO：分组业务连接尝试次数、分组业务建立成功次数、分组业务掉话次数、分组业务建立成功率、分组业务掉话率、平均分组业务建立时延、下行 FTP 吞吐率、上行 FTP 吞吐率。

④ CQT 测试采集的原始数据包（包含但不限于以下内容）。

- 测试时间，测试城市，测试人，测试点地址（包括经纬度信息），测试楼层，采样点位置，采样点类型（室内、室外），测试终端类型，测试终端号码，采样点可用性。
- 1X 话音：接通、呼叫失败、掉话、切换、登记、异常呼叫、挂机等事件信息，测试全程话音数据、平均呼叫建立时延。
- 1X 数据：分组业务建立成功、分组业务建立失败、分组业务掉话等事件信息、平均分组业务建立时延、下行 FTP 吞吐率。
- EVDO：分组业务建立成功、分组业务建立失败、分组业务掉话等事件信息、平均分组业务建立时延、下行 FTP 吞吐率、上行 FTP 吞吐率。

5.1.2 FTP 数据业务上传测试

1. 创建测试工程

第一步：运行软件，创建测试工程，如图 5-1 所示。

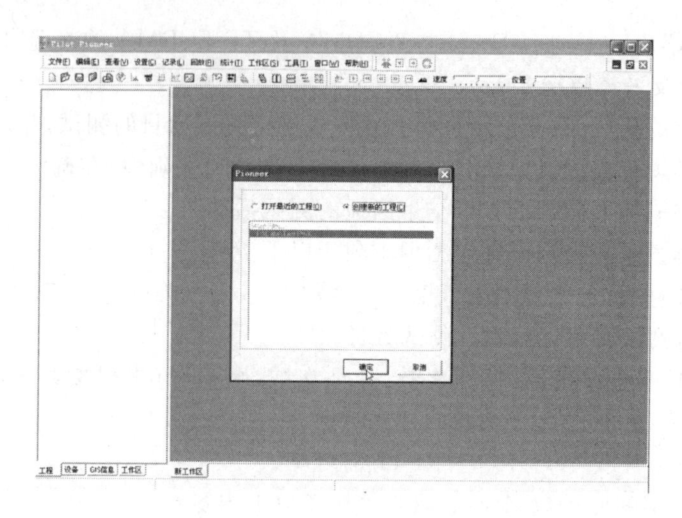

图 5-1　创建测试工程

第二步：设置“创建新工程”数据保存路径及主要工程参数，如图 5-2 所示。

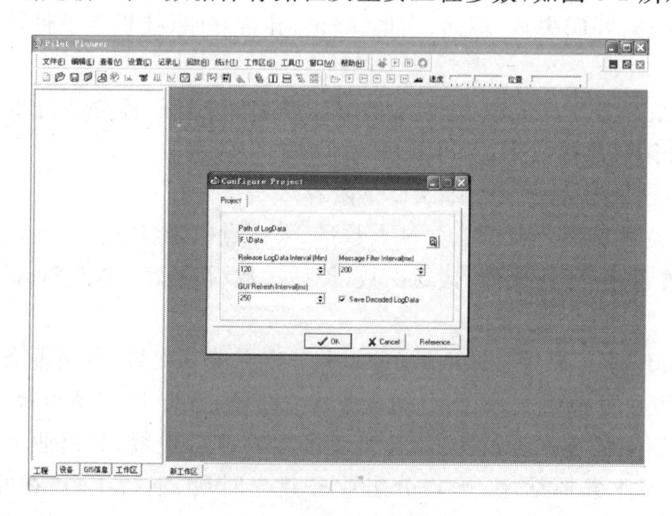

图 5-2　设置工程参数

设置主要工程测试参数如下。

① Path of LogData：原始数据保存路径。

② Release LogData Interval(Min)：测试中内存数据释放时间。

③ GUI Refresh Interval(ms)：Graph 窗口刷新间隔。

④ Message Filter Interval(ms)：解码信令时间间隔。

⑤ Save Decoded LogData：是否实时保存解码数据在计算机硬盘上。

原始数据保存路径。本软件对于原始测试数据有一个很大比例的压缩，压缩比大概是 1∶6 左右。压缩后的数据（Log 文件）的扩展名是“. RCU”，比如“0208-120544UMTS 互拨 DT. RCU”。前台软件还有一个解码的数据，数据扩展名是“. WHL”，比如“0208-120544UMTS 互拨 DT-1. WHL”。我们最需要保存的是原始的压缩格式的数据，也就是后缀是 . RCU 格式的数据。这个数据的存储位置就在工程设置的 Path of Data 下面的目录中，设置之后就不能再随意改动了。

“Release LogData Interval(Min)”具体表现在于地图窗口的路径显示时长。例如，软件默认设置的是 30min，在测试进行了 1h 的时候，只能在地图窗口看到 30min 内的数据，30min 之前的数据就消失了。但这并不代表数据消失了，只是在地图窗口没有了显示而已。在后台回放的时候路径还是可以正常显示的。

其他设置可以按照默认设置。

第三步：设置 Reference 高级参数选项，“Reference Option”窗口提供了 3 个选项卡，即“General”、“InLogging”和“TCP/IPSetting”，如图 5-3 和图 5-4 所示。

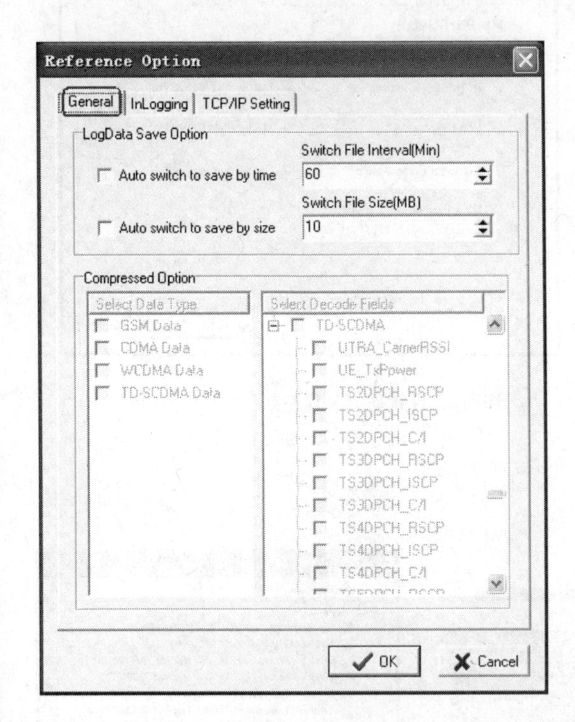

图 5-3 设置高级工程参数 General

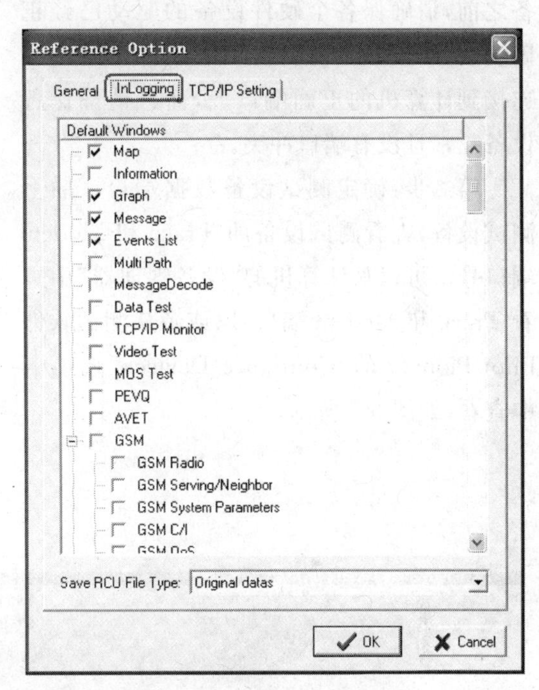

图 5-4 设置高级工程参数 InLogging

选中 General 选项卡的两个设置后软件将自动按照文件大小或测试记录 Log 时长断开 Log 文件，并马上重新记录一个新的 Log 文件。

启用此功能的时候，有可能会发生如下情况。

① 话音测试过程中，软件自动断开 Log 文件的那一刻，手机正在通话，会使得这个 Log 文件没有正常结束通话的信令，可能引起软件对事件的误判。

② 数据业务测试过程中（如 FTP 下载等），软件自动断开 Log 文件的那一刻，手机正在下载文件，会使得这个 Log 文件没有正常断开网络连接的信令，可能引起软件对事件的误判。

因此，建议不启用软件自动断开 Log 功能。

InLogging 选项卡的作用是：在开始测试的时候，软件会议自动打开哪些窗口。也就是可以在这里选择软件自动打开窗口的个数及类型。

TCP/IP Setting 选项卡设置的是计算机做数据业务时的 Windows Size，是设置数据传输所用的端口开放性参数，如图 5-5 所示。

第四步：设置完相应参数后，单击“OK”按钮完成软件设置，窗口状态如图 5-6 所示。

2. 测试设备与软件的连接

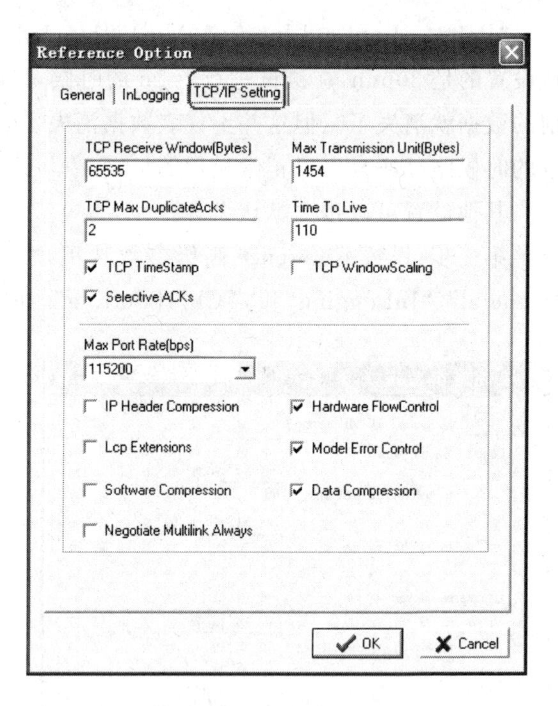

图 5-5 设置高级工程参数 TCP/IP Setting

在使用 Pionner 软件进行测试时，通常使用测试手机进行测试，但有时也用测试卡代替手机进行测试，使用手机或测试卡测试的软件配置步骤大致相同，下面介绍测试手机的软体配置步骤。

第一步：确定硬件连接正常。在配置设备之前，请确保各个硬件设备的驱动已经正确安装，并且各个需要使用的硬件设备已经连接到计算机的正确端口上，而且请确保各设备正常且没有端口冲突。

第二步：确定测试设备数据端口。插上测试设备，查看测试设备的 Trace 和 Modem 端口号。可以从计算机的“设备管理器”中查看 Trace 和 Modem 端口号；或者从测试软件 Pilot Pioneer 的“Configure Devices”选项卡中查看，如图 5-7 所示。

图 5-6 测试工程模板参数设置完成

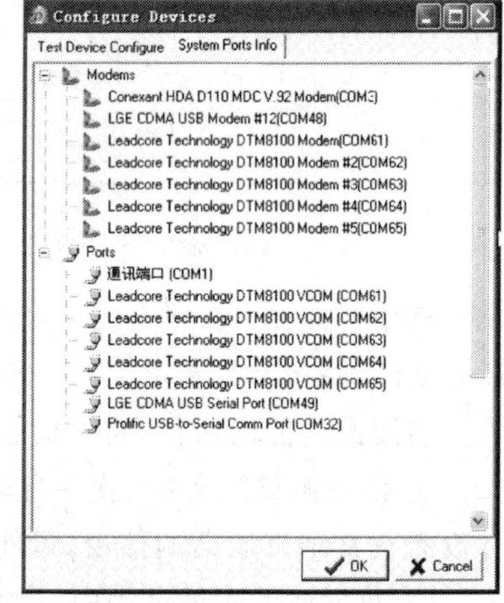

图 5-7 确定测试设备数据端口

第三步：在 Pilot Pioneer 软件中配置设备。双击导航栏中“设备”面板中“Devices”，或在菜单栏中选择“设置”→“设备”命令，对测试设备进行配置，如图 5-8 所示。

第四步：配置 GPS。如果测试中需要 GPS，则在 Device Type→GPS→中选择“NMEA 0183”，在后面的“Trace Port”中选择 GPS 的端口（GPS 设备不需要配置“Modem Port”），如图 5-9 和图 5-10 所示。

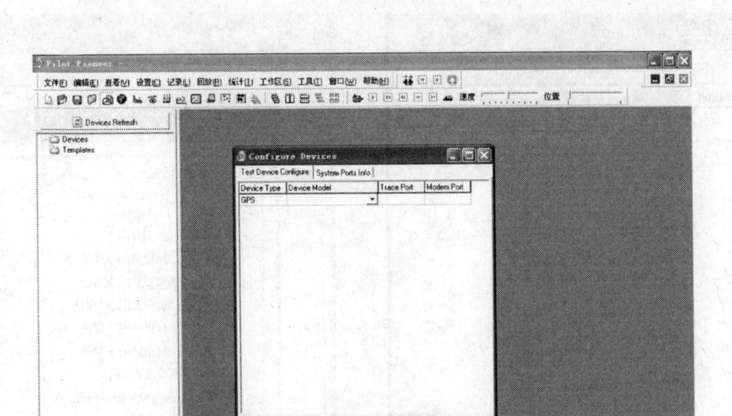

图 5-8 在软件中对测试设备配置

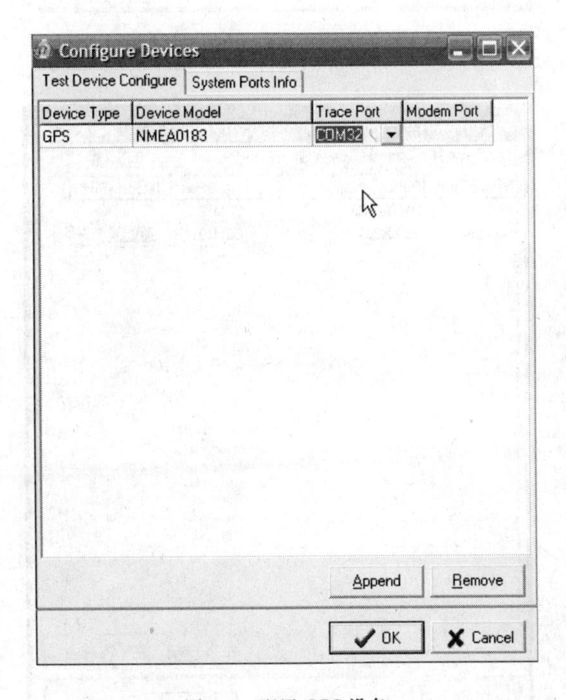

图 5-9 配置 GPS 设备

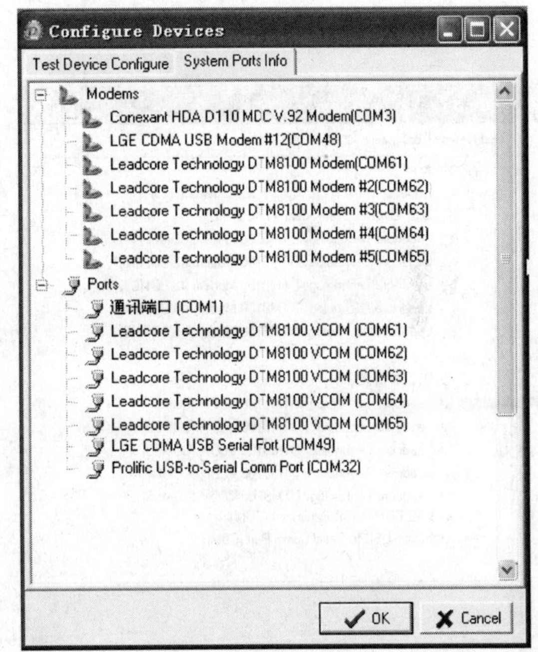

图 5-10 查看 GPS 设备端口

第五步：增加配置设备。单击“Test Device Configure”选项卡的“Append”按钮，新增加一个设备，如图 5-11 所示。

第六步：配置测试手机。在“Device Type”下拉列表框中选择 Handset（手机），在“Device Model”中选择手机类型，如图 5-12 所示。

在“System Ports Info”选项卡中查看手机的 Ports 口和 Modem 端口，如图 5-13 所示。并在“Test DeviceConfigure”选项卡中配置手机相应的端口，如图 5-14 所示。

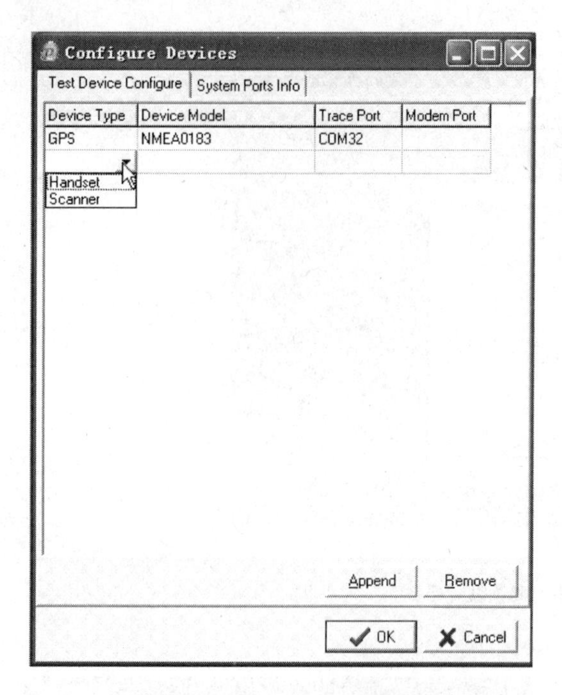

图 5-11　在软件中增加新设备

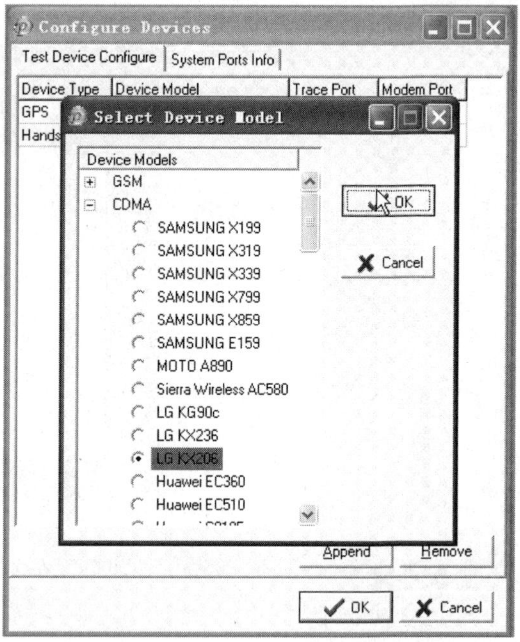

图 5-12　选择手机类型

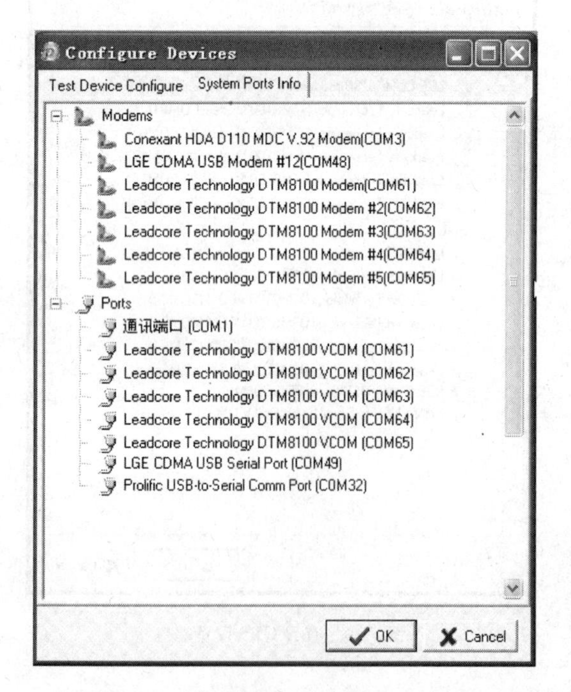

图 5-13　查看手机端口

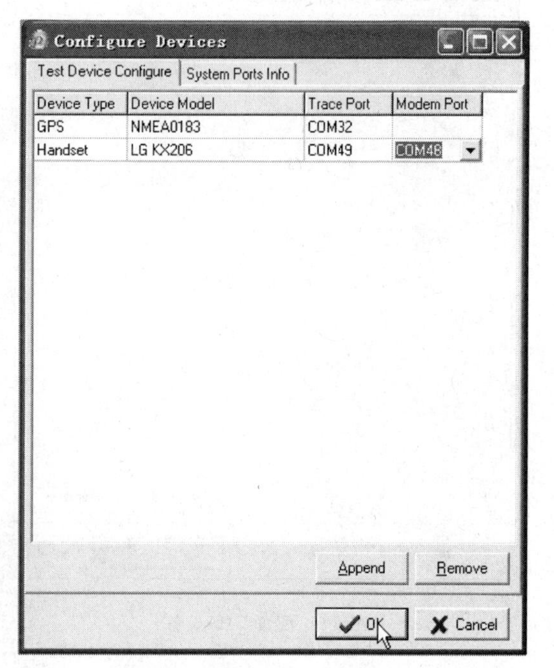

图 5-14　配置测试手机端口

如果有第二部、第三部手机，分别按照上面的操作配置各个手机端口。在有多部手机需要连接的情况下，要一部一部地将手机插到计算机上，插上一部手机配置一部手机的端口。这样可以避免手机太多而端口混乱导致配置出错的情况发生。

3. 配置上传测试模板

第一步：创建测试模板。选择菜单栏“设置”→“测试模板”命令或双击导航栏“设备”面板中的“Templates”，如图 5-15 所示。

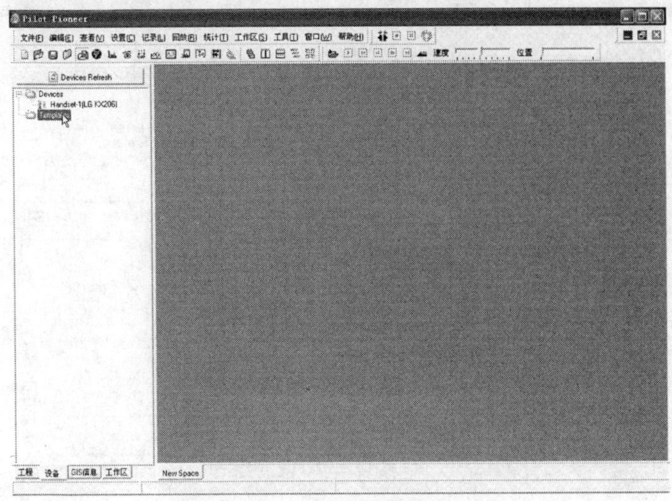

图 5-15　创建测试模板

在弹出的“Template Maintenance”窗口单击“New”按钮，并在随后弹出的“Input Dialog”窗口中输入新建模板的名字之后单击“OK”按钮。建议模板名字用测试业务名字详细命名，对于以后建立更多的模板可以方便区分，如图 5-16 所示。

第二步：配置测试业务类型。在弹出的“Template Configuration：[FTP _ Upload]”窗口中选择“New FTP”并单击“OK”按钮，如图 5-17 所示。

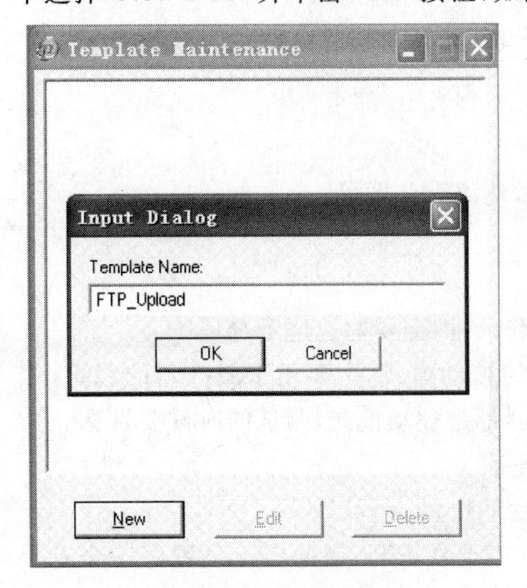

图 5-16　给测试模板命名

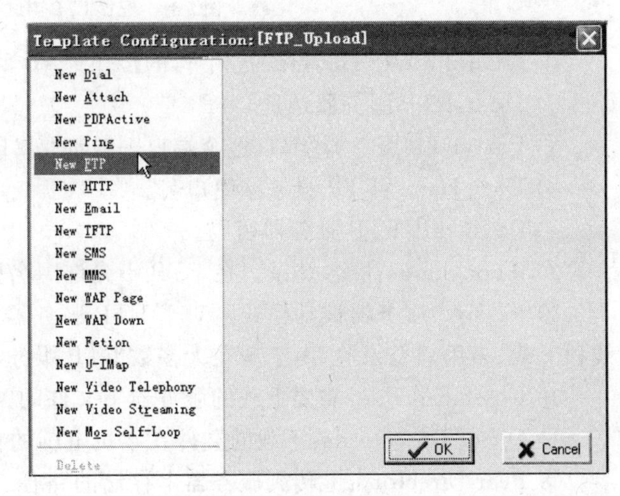

图 5-17　选择测试类型

第三步：配置测试业务参数。在弹出的配置窗口中设置好各项参数后单击“OK”按钮即可完成新模板的创建与配置，如图 5-18 所示。

模板选项说明如下。

① Dial-up：调用的拨号连接名称。

② Traffic Class：测试业务类型，默认 Default 即可。

③ APN：接入点名称（Access Point Name），移动为 cmnet 或 cmwap，联通为 uninet 或 uniwap。

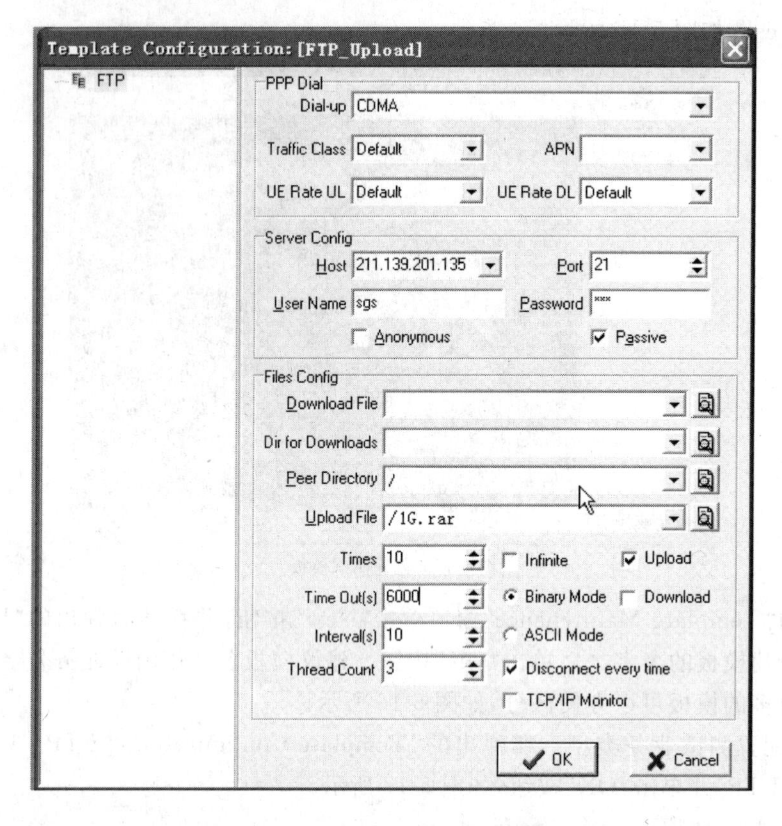

图 5-18 配置 FTP 测试模板参数

④ UE Rate UL/DL:UE 上/下行的传输速率,默认 Default 即可。

⑤ Host:FTP 服务器地址。

⑥ Port:FTP 服务器端口,这个端口一般都是 21,建议默认即可。

⑦ User Name:FTP 服务器用户名。

⑧ Password:FTP 服务器密码。

⑨ Anonymous:匿名登录。在 FTP 不允许匿名登录时,不要勾选这个选项。

⑩ Passive:服务器被动模式。对于 FTP 服务器的被动模式,主要用于服务器的稳定、多线程下载、多用户登录等,由于现在大多数 FTP 服务器都是被动模式,测试的时候要选择。

⑪ Download File:需要下载的服务器上文件的路径。

⑫ Dir of Downloads:下载的文件在本机电脑的存储位置。

⑬ Peer Directory:上传到服务器上存储的路径。需要在 FTP 服务器上设置好一个有上传权限的路径供上传测试使用。这个路径要求是全路径,包括各个子目录路径,而且大小写要严格与服务器对应一致。

⑭ Upload File:需要上传的文件在本地计算机的路径。

⑮ Times:测试次数。

⑯ Infinite:无限循环。勾选了此项之后,Times 选项就不再起作用了。

⑰ Time Out(s):传输文件超时时长。

⑱ Interval(s):正常完成测试时两次测试之间的间隔。

⑲ Thread Counts:下载使用多线程的线程数量,建议使用默认的 3 线程。

⑳ Upload：勾选之后可以做上传测试。

㉑ Download：勾选之后可以做下载测试。

㉒ Binary Mode：服务器传输数据支持二进制模式。现在一般的服务器都是这种二进制模式的格式。

㉓ ASCII Mode：服务器传输数据 ASCII 模式。

㉔ Disconnect Every Time：每次做数据业务是否要断开拨号网络。也就是说做完一次下载后是否要断开拨号连接。

㉕ TCP/IP Monitor：TCP/IP 协议包的收取。如果选择这个设置，会收取下 TCP/IP 层的协议包，但测试数据会增大一些。

4. 保存工程配置

对以上各项参数进行设置之后，最好对以上的配置做保存，方便以后调用本次配置。保存的方法为：在软件图标中单击🖫按钮，如图 5-19 所示。

图 5-19　保存按钮

然后在弹出窗口中选择保存路径并输入文件名称即可，如图 5-20 所示。

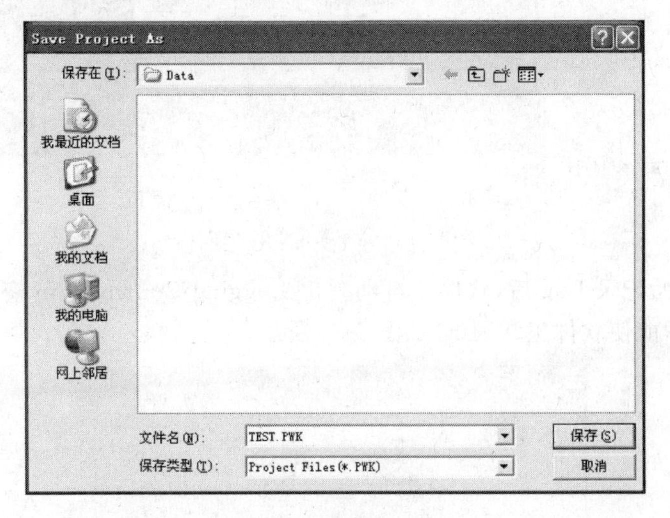

图 5-20　保存路径及文件名

5. 开始测试

前面所有参数都设置好之后，即可以正常测试了。至于地图信息、基站信息等，可以在后续操作中进行配置。

第一步：选择主菜单"记录→连接"或单击工具栏按钮，连接设备，如图 5-21 所示。

图 5-21　连接设备

选择主菜单“记录→开始”或单击工具栏▣按钮，如图 5-22 所示。

图 5-22 开始测试按钮

指定测试数据名称后开始记录，测试数据名称默认采用“日期-时分秒”格式，用户可重新指定，如图 5-23 所示。

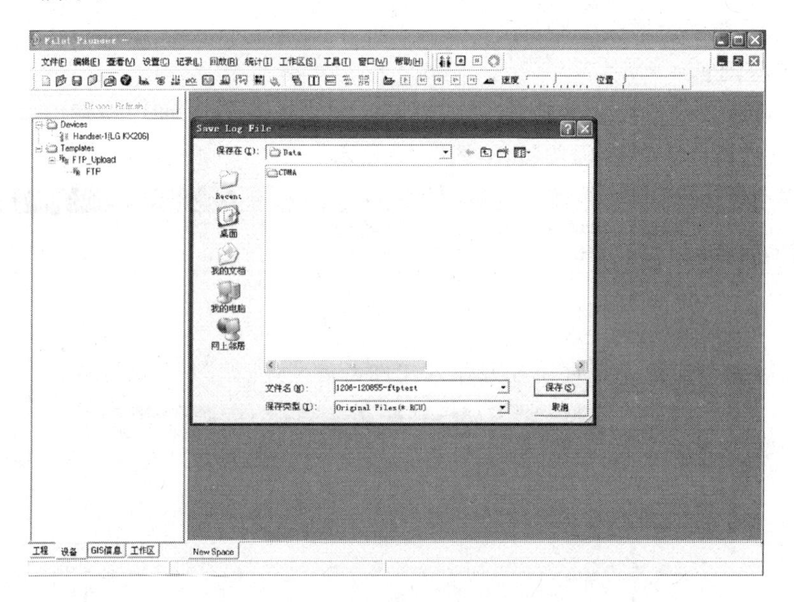

图 5-23 指定测试数据名称

第二步：在开始记录 Log 后，软件会自动弹出 Logging Control Win 窗口，在此模板中需要做进一步设置才能使软件正常测试，如图 5-24 所示。

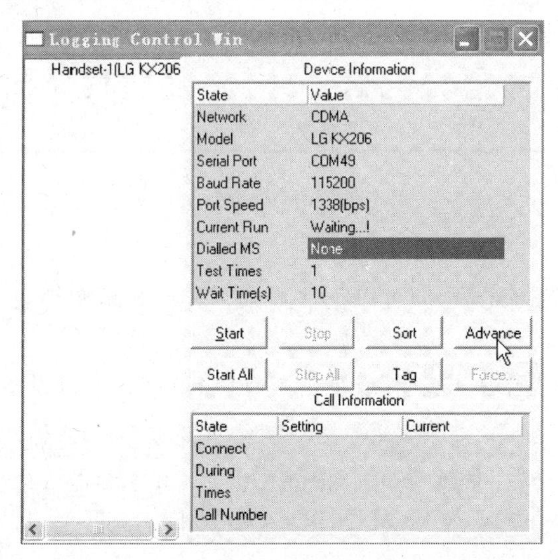

图 5-24 “Logging Control Win”窗口

第三步:单击“Adance”按钮会弹出如图 5-25 所示窗口,在左侧窗口中勾选“FTP _ Upload” 模板。

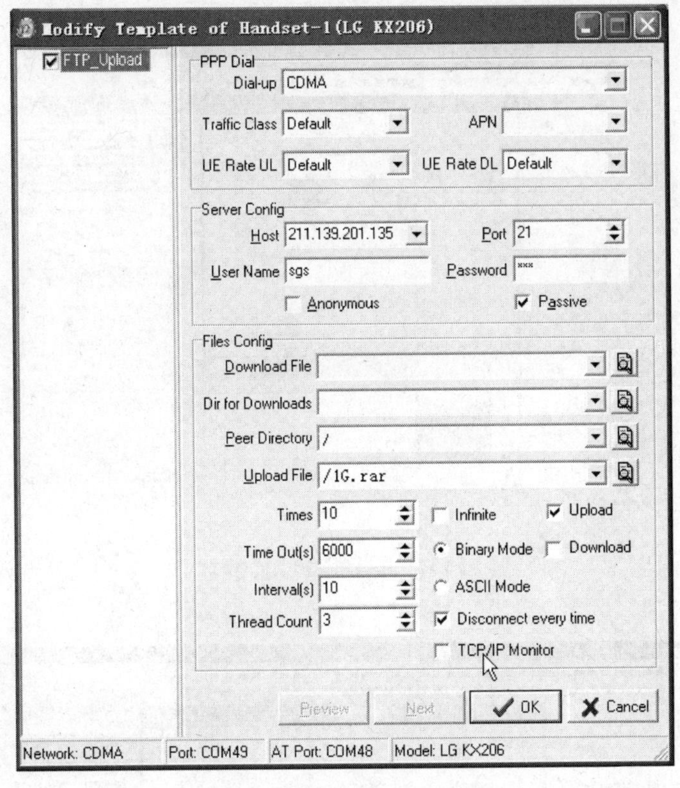

图 5-25 “FTP _ Upload” 模板

完成各项参数设置后在“Logging Control Win”窗口中单击“Start”按钮,启动 Log 记录,如图 5-26 所示。

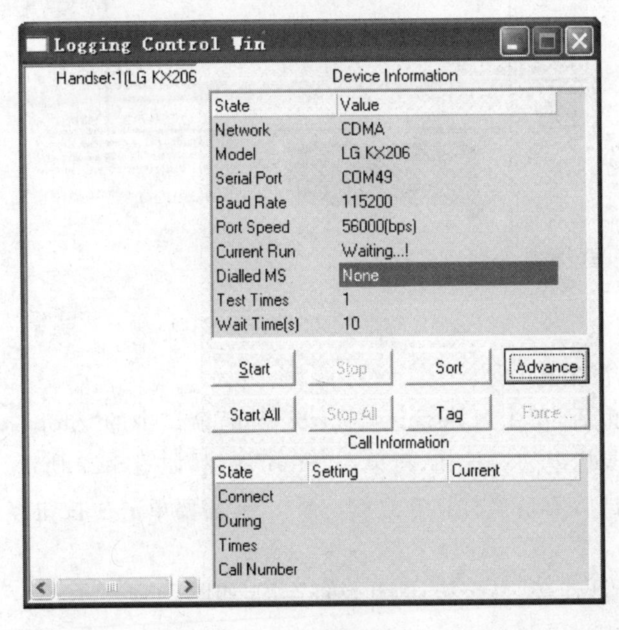

图 5-26 开始测试

将导航栏工程面板中当前测试数据名下的相应窗口拖入工作区，即可分类显示相关测试信息，如图 5-27 和图 5-28 所示。

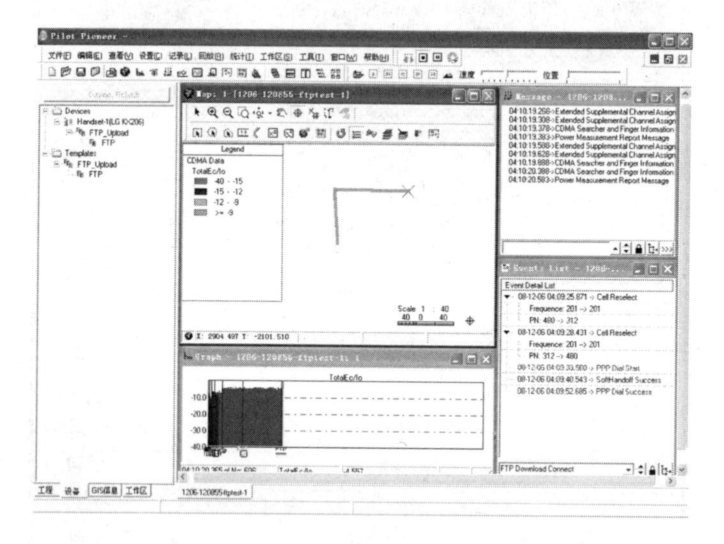

图 5-27　显示相关测试信息(1)

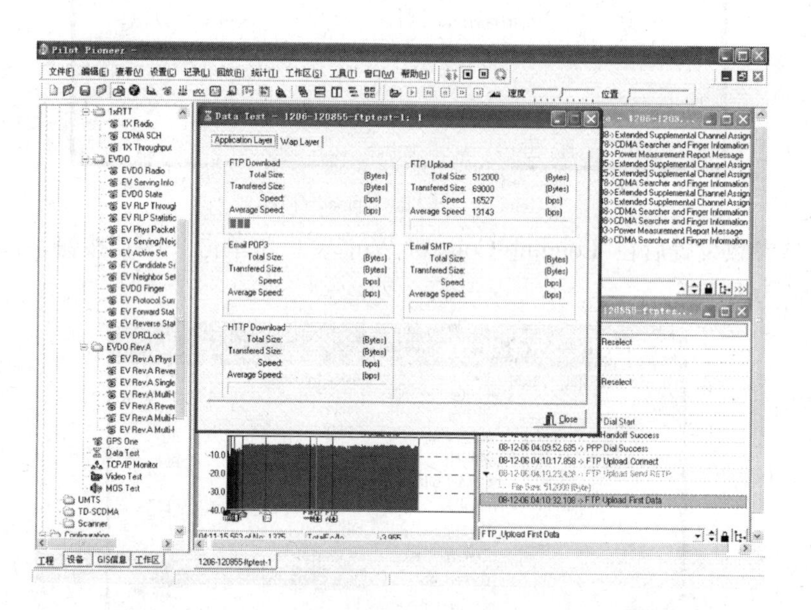

图 5-28　显示相关测试信息(2)

6. 结束测试/保存测试

第一步：通话结束后，单击“Logging Control Win”窗口中的“Stop”按钮终止对测试计划的调用；或者单击工具栏上的按钮，再单击“Stop”按钮，如图 5-29 所示。

第二步：停止测试后 Log 文件还在继续记录 Log，需要单击按钮停止记录 Log 文件，如图 5-30 所示。

第三步：单击“断开连接”按钮，断开设备连接，如图 5-31 所示。

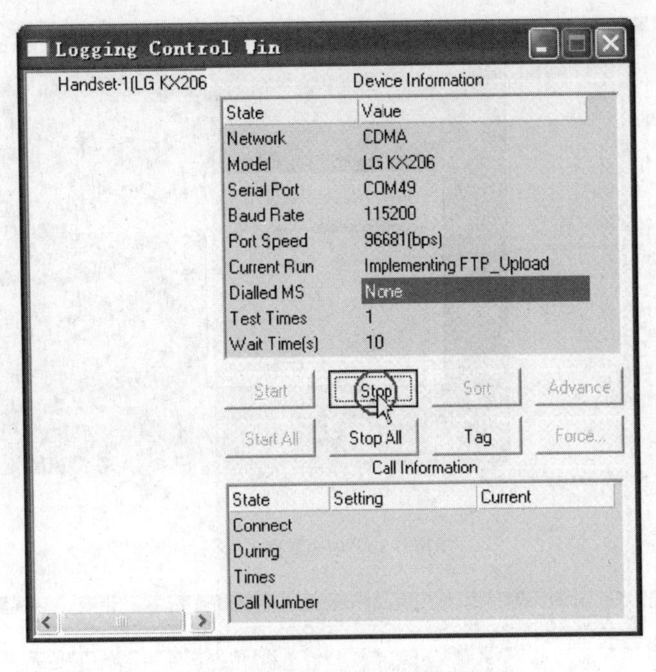

图 5-29 “Logging Control Win”窗口

图 5-30 停止记录 Log 文件

图 5-31 断开设备连接

5.1.3 FTP 数据业务下载测试

1. 创建测试工程

第一步：运行软件，创建测试工程，如图 5-32 所示。

第二步：设置“创建新工程”数据保存路径及主要工程参数，如图 5-33 所示。

设置主要工程测试参数如下。

① Path of LogData：原始数据保存路径。

② Release LogData Interval(Min)：测试中内存数据释放时间。

③ GUI Refresh Interval(ms)：Graph 窗口刷新间隔。

④ Message Filter Interval(ms)：解码信令时间间隔。

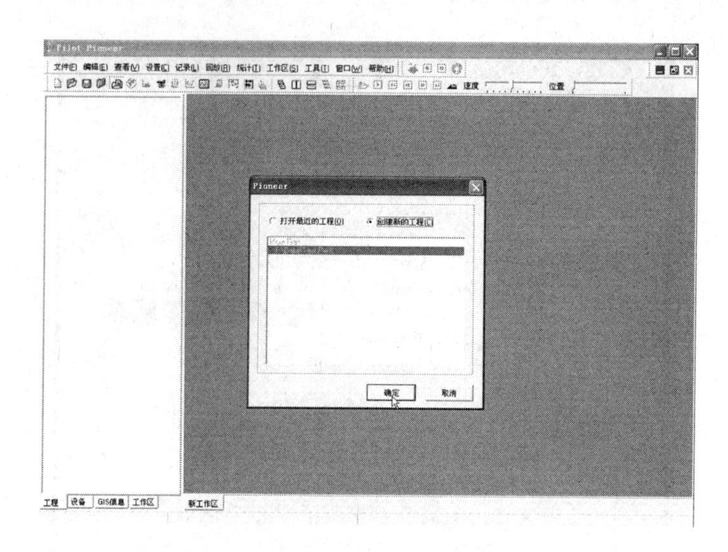

图 5-32　创建测试工程

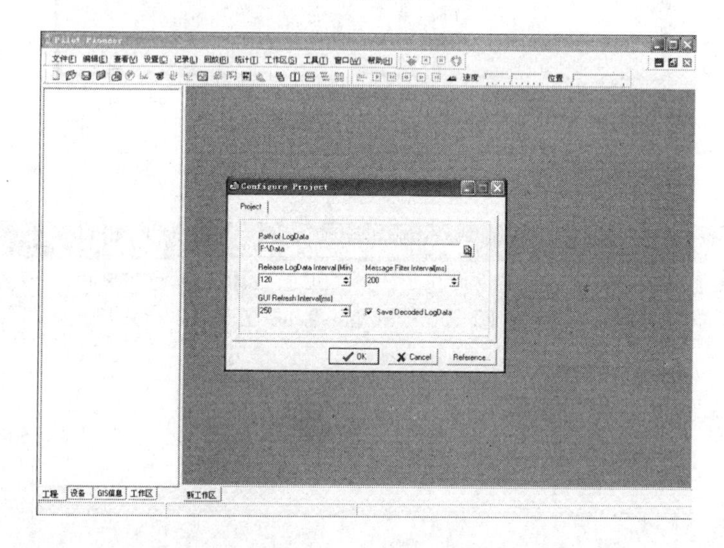

图 5-33　设置工程参数

⑤ Save Decoded LogData：是否实时保存解码数据在计算机硬盘上。

本软件对于原始测试数据有一个很大比例的压缩，压缩比大概是 1∶6 左右。压缩后的数据(Log 文件)的扩展名是“. RCU”，比如：“0208-120544UMTS 互拨 DT. RCU”。前台软件还有一个解码的数据，数据扩展名是 . WHL，如“0208-120544UMTS 互拨 DT-1. WHL”。我们最需要保存的是原始的压缩格式的数据，也就是后缀是“. RCU”格式的数据。这个数据的存储位置就在工程设置的这个“Path of Data”下面的目录中，设置之后就不能再随意改动了。

“Release LogData Interval(Min)”具体表现在于地图窗口的路径显示时长。例如，软件默认设置的是 30min，在测试进行了 1h 的时候，只能在地图窗口看到 30min 内的数据，30min 之前的数据就消失了。但这并不代表数据消失了，只是在地图窗口没有了显示而已。在后台回放的时候路径还是可以正常显示的。

其他设置可以按照默认设置。

第三步：设置 Reference 高级参数选项，“Reference Option”窗口提供了 3 个选项卡，即

"General"、"InLogging"和"TCP/IP",可参考前面"创建测试工程"内容。

2. 测试设备与软件的连接

在使用 Pionner 软件进行测试时,通常使用测试手机进行测试,但有时也用测试卡代替手机进行测试,使用手机或测试卡测试的软件配置步骤大致相同。

第一步:确定硬件连接正常。在配置设备之前,请确保各个硬件设备的驱动已经正确安装,并且各个需要使用的硬件设备已经连接到电脑的正确端口上,而且请确保各设备已经正常且没有端口冲突。

第二步:确定测试设备数据端口。先插上一个测试数据设备,确定 Trace 和 Modem 口号,如图 5-34 所示。

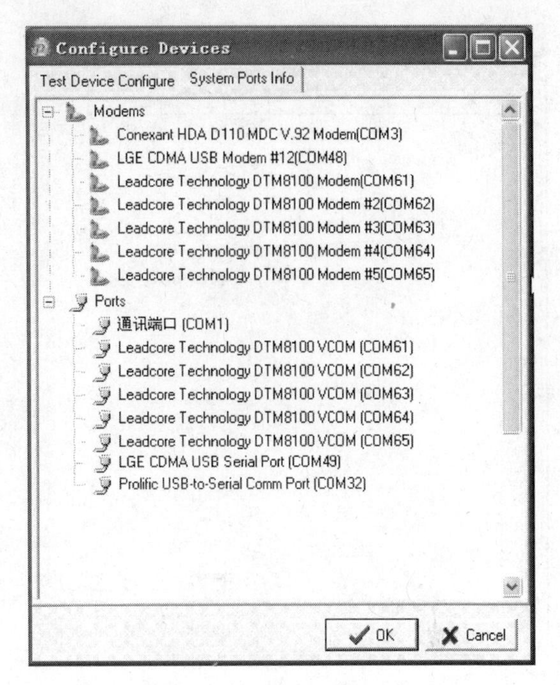

图 5-34 确定测试设备数据端口

第三步:在 Pilot Pioneer 软件中配置设备。双击导航栏中"设备"面板中的"Devices",或在菜单栏中选择"设置"→"设备",对测试设备进行配置,如图 5-35 所示。

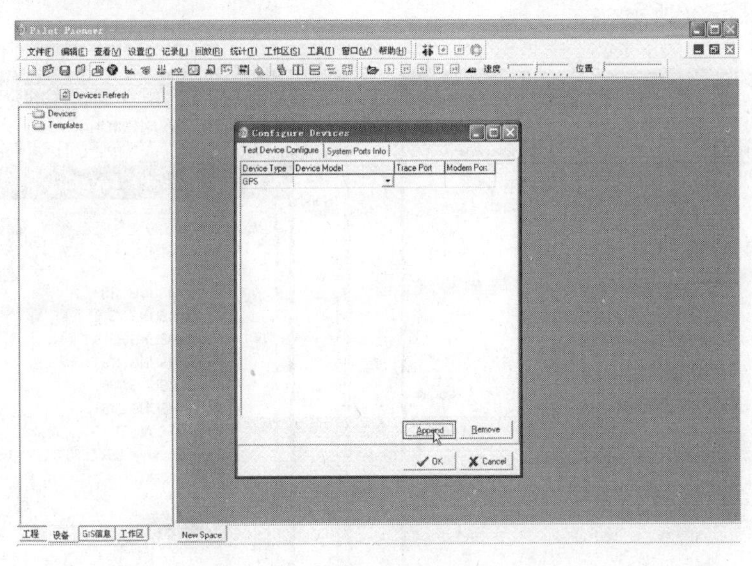

图 5-35 在 Pilot Pioneer 软件中配置设备

第四步:配置 GPS。如果测试中需要 GPS,则选择"Device Type→GPS→NMEA 0183"。在后面的"Trace Port"中选择 GPS 的端口(GPS 设备不需要配置"Modem Port)。如图 5-36 所示。GPS 的端口可以在 ConfigureDevice 的"SystemPortsInfo"选项卡中查到,如图 5-37 所示。

第五步:增加配置设备。单击"Test Device Configure"选项卡的"Append"按钮,可以新增加一个设备,如图 5-38 所示。

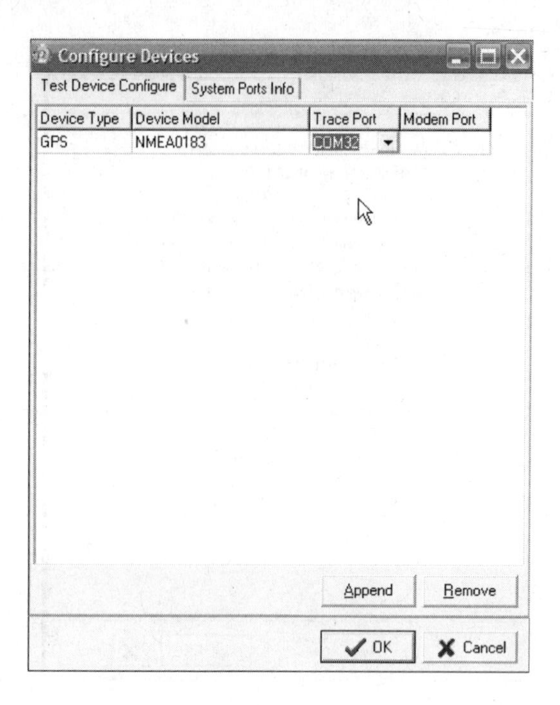

图 5-36 配置 GPS

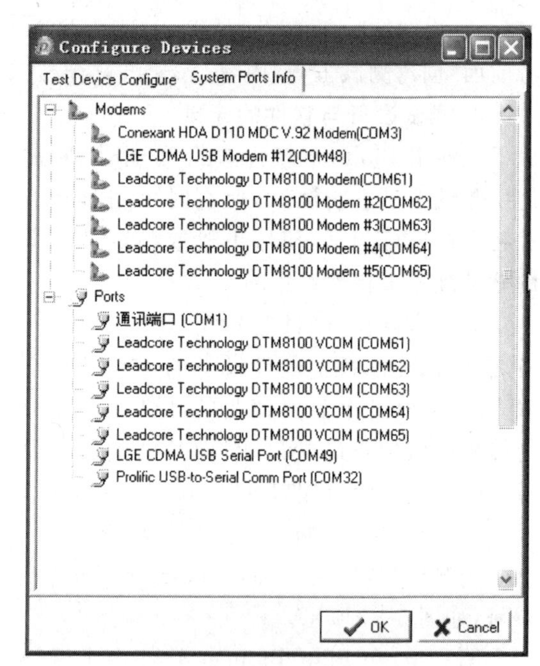

图 5-37 查找 GPS

第六步：配置测试手机。在下拉菜单中选择“Handset”(手机)，在“Device Model”中选择手机类型，如图 5-39 所示。

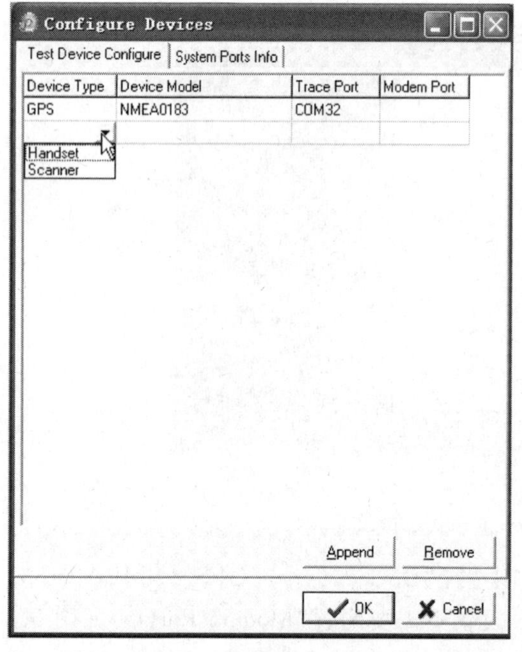

图 5-38 在软件中增加新设备

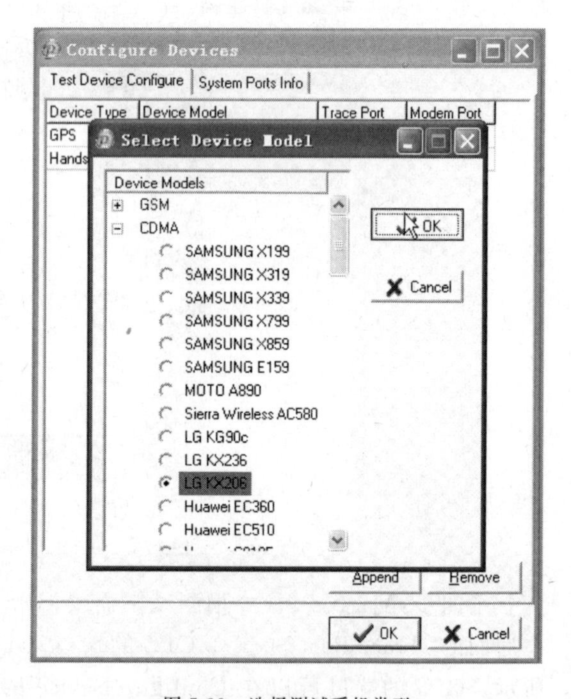

图 5-39 选择测试手机类型

再在“System Ports Info”选项卡中查看手机的 Ports 口和 Modem 端口，如图 5-40 所示。并在“Test Device Configure”选项卡中配置手机相应的端口，如图 5-41 所示。

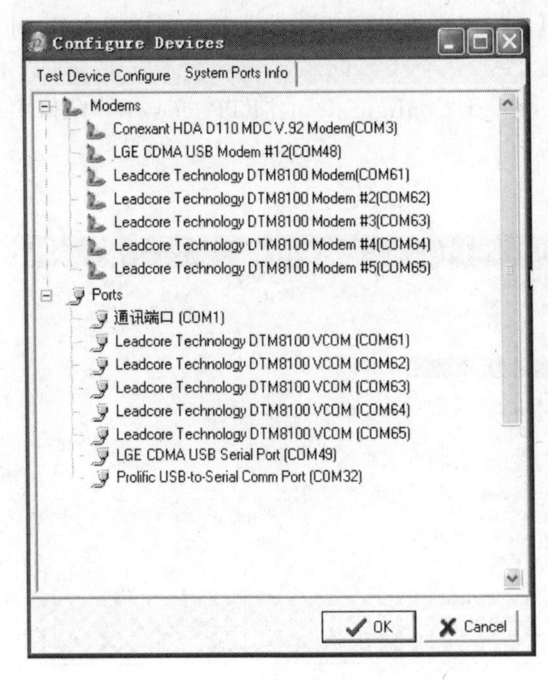

图 5-40 Configure Device 选项卡中查看手机端口号

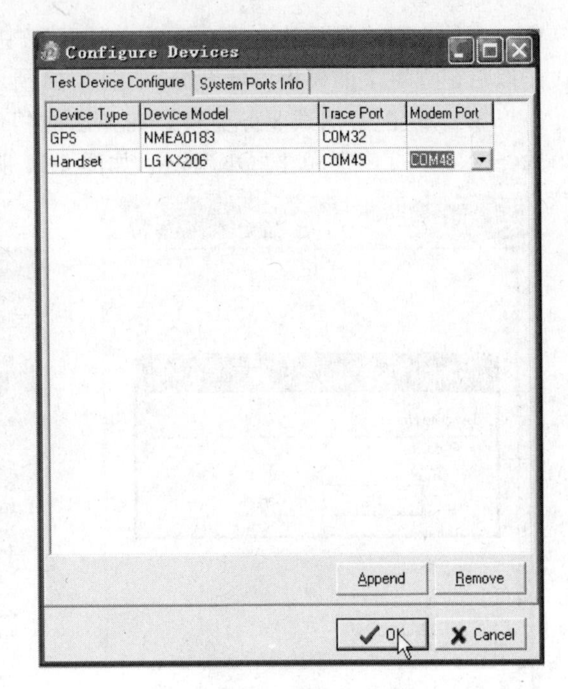

图 5-41 查看手机端口

如果有第二部、第三部手机，分别按照上面的操作配置各部手机端口。在有多部手机需要连接的情况下，要一部一部手机插到计算机上，插上一部手机配置一部手机的端口。这样可以避免手机太多而端口混乱导致配置出错的情况发生。

3. 配置下载测试测试模板

第一步：创建测试模板。选择菜单栏上的“设置”→“测试模板”命令或双击导航栏“设备”中的“Templates”，如图 5-42 所示。

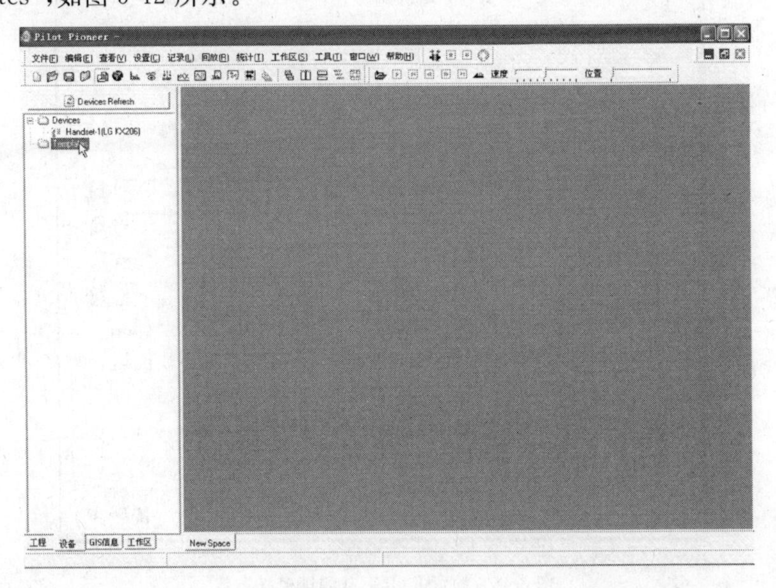

图 5-42 创建测试模板

在弹出的“Template Maintenance”窗口单击“New”按钮，并在随后弹出的“Input Dialog”

窗口中输入新建模板的名字之后单击“OK”按钮。建议模板名字用测试业务名字详细命名，对于以后建立更多的模板方便区分，如图 5-43 所示。

第二步：配置测试业务类型。在弹出的“Template Configuration：[FTP _ down]”窗口中选择“New FTP”并单击“OK”按钮，如图 5-44 所示。

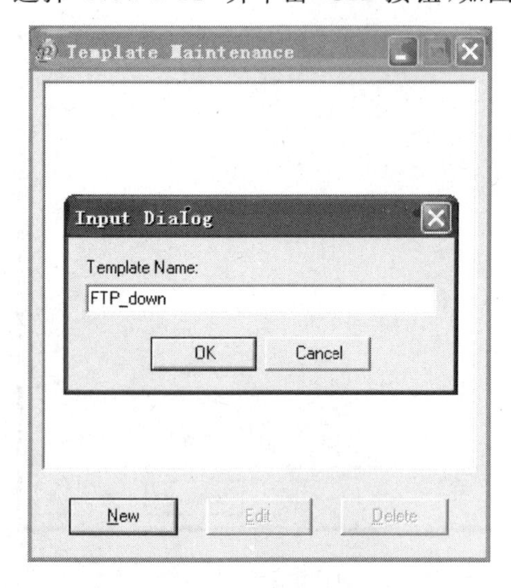

图 5-43 给测试模板命名

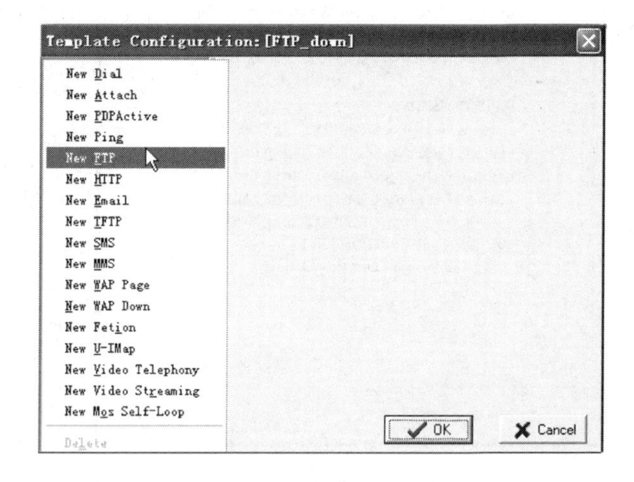

图 5-44 选择测试类型

第三步：配置测试业务参数。模板参数设置完成后单击“OK”按钮即可，如图 5-45 所示。

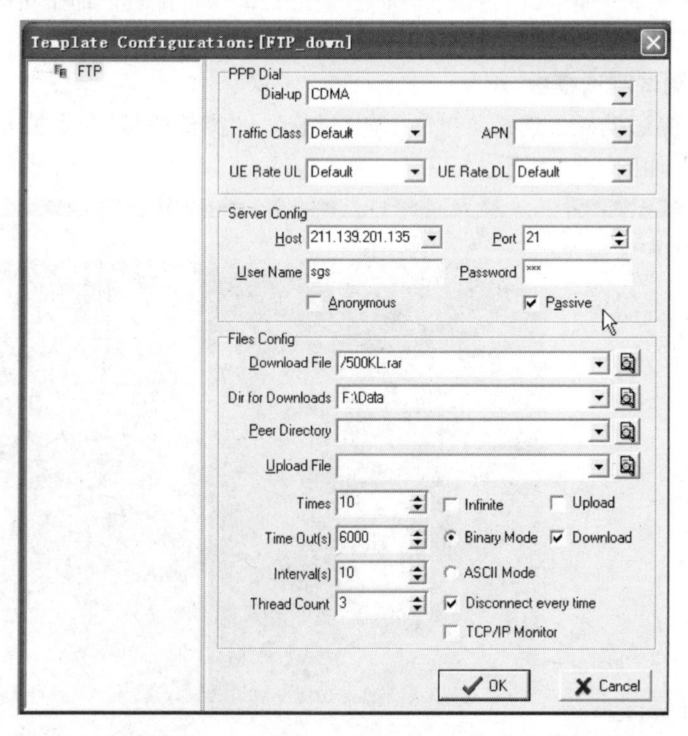

图 5-45 配置 FTP 下载测试模板参数

模板选项说明如下。

① Dial-up：调用的拨号连接名称。

② Traffic Class：测试业务类型，默认 Default 即可。

③ APN：接入点名称（Access Point Name），移动为 cmnet 或 cmwap，联通为 uninet 或 uniwap。

④ UE Rate UL/DL：UE 上/下行的传输速率，默认 Default 即可。

⑤ Host：FTP 服务器地址。

⑥ Port：FTP 服务器端口，这个端口一般都是 21，建议默认即可。

⑦ User Name：FTP 服务器用户名。

⑧ Password：FTP 服务器密码。

⑨ Anonymous：匿名登陆。在 FTP 不允许匿名登录时，不要勾选这个选项。

⑩ Passive：服务器被动模式。对于 FTP 服务器的被动模式，主要用于服务器的稳定、多线程下载、多用户登录等，由于现在大多数 FTP 服务器都是被动模式，测试的时候要选择。

⑪ Download File：需要下载的服务器上文件的路径。

⑫ Dir of Downloads：下载的文件在本机电脑的存储位置。

⑬ Peer Directory：上传到服务器上存储的路径。需要在 FTP 服务器上设置好一个有上传权限的路径供上传测试使用。这个路径要求是全路径，包括各个子目录路径，而且大小写要严格与服务器对应一致。

⑭ Upload File：需要上传的文件在本地电脑的路径。

⑮ Times：测试次数。

⑯ Infinite：无限循环。勾选了此项之后，Times 选项就不再起作用了。

⑰ Time Out(s)：传输文件超时时长。

⑱ Interval(s)：正常完成测试时两次测试之间的间隔。

⑲ Thread Counts：下载使用多线程的线程数量，建议使用默认的 3 线程。

⑳ Upload：勾选之后可以做上传测试。

㉑ Download：勾选之后可以做下载测试。

㉒ Binary Mode：服务器传输数据支持二进制模式。现在一般的服务器都是这种二进制模式的格式。

㉓ ASCII Mode：服务器传输数据 ASCII 模式。

㉔ Disconnect Every Time：每次做数据业务是否要断开拨号网络。也就是说做完一次下载后是否要断开拨号连接。

㉕ TCP/IP Monitor：TCP/IP 协议包的收取。如果选择这个设置，会收取下 TCP/IP 层的协议包，但测试数据会增大一些。

4. 保存工程配置

在完成以上各项参数设置之后，最好对以上的配置进行保存，以方便以后调用本次配置。保存的方法为：在软件图标中单击“🖫”按钮，在弹出窗口中选择保存路径并输入文件名称即可，如图 5-46 和图 5-47 所示。

图 5-46　保存按钮

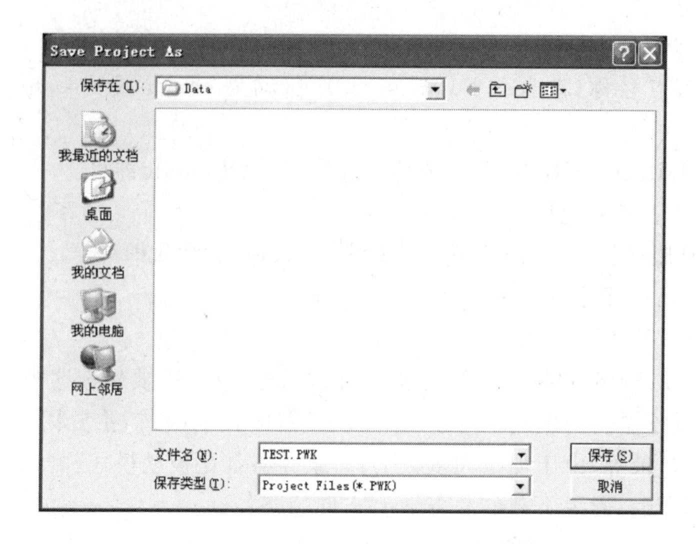

图 5-47　保存路径和文件名称

5. 开始测试

前面所有参数都设置完成之后，即可以正常测试了。至于地图信息、基站信息等，可以在后面进行配置。

第一步：选择主菜单“记录→连接”命令或单击工具栏按钮，连接设备，如图 5-48 所示。

图 5-48　连接设备

选择主菜单“记录→开始”命令或单击工具栏按钮，弹出文件保存窗口，指定测试数据名称后开始记录，如图 5-49 所示。

图 5-49　保存数据

测试数据名称默认采用“日期-时分秒”格式，用户可重新指定。

第二步：在开始记录 Log 后，软件会自动弹出“Logging Control Win”窗口，在此模板中需要做进一步设置才能使软件正常测试，如图 5-50 所示。

第三步：单击“Adance”按钮弹出如图 5-51 所示窗口，勾选“FTP _ down”复选框。

各项参数设置完成后在“Logging Control Win”窗口中单击“Start”按钮，启动 Log 记录，如图 5-52 所示。

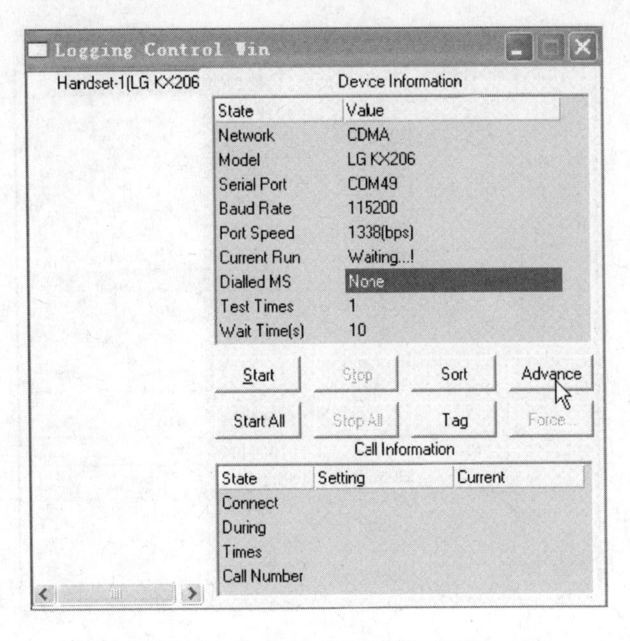

图 5-50 Logging Control Win 窗口

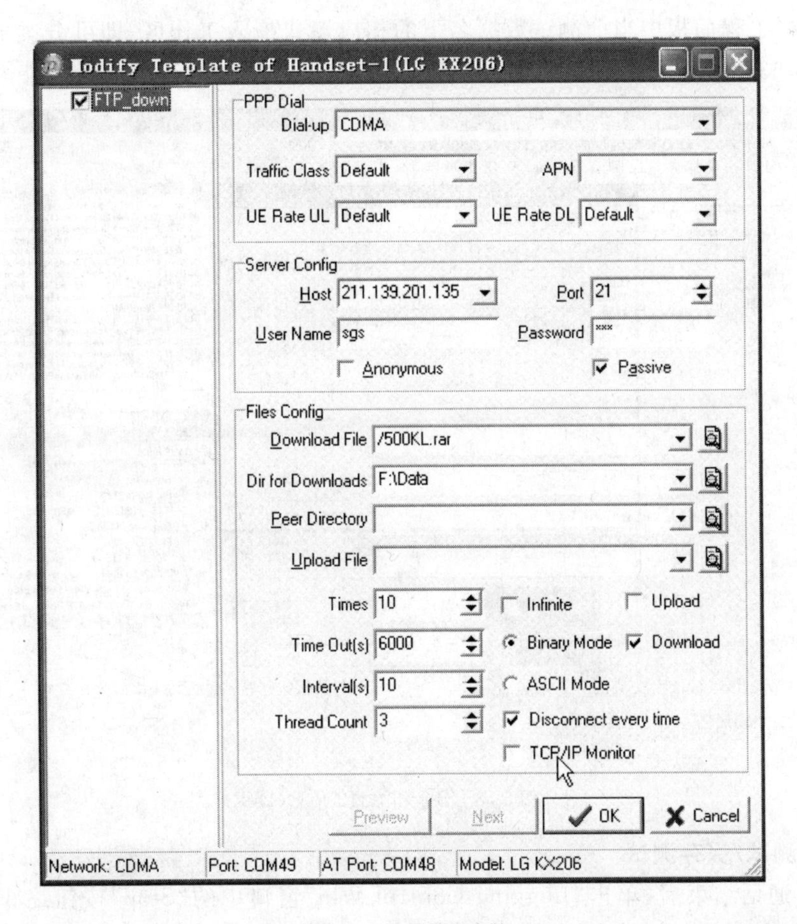

图 5-51 配置模板参数

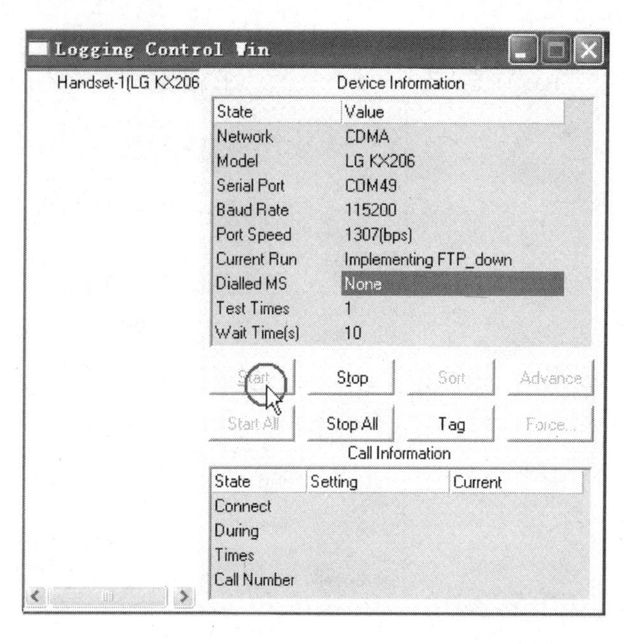

图 5-52　开始测试

将导航栏工程面板中当前测试数据名下的相应窗口拖入工作区，即可分类显示相关测试信息，如图 5-53 和图 5-54 所示。

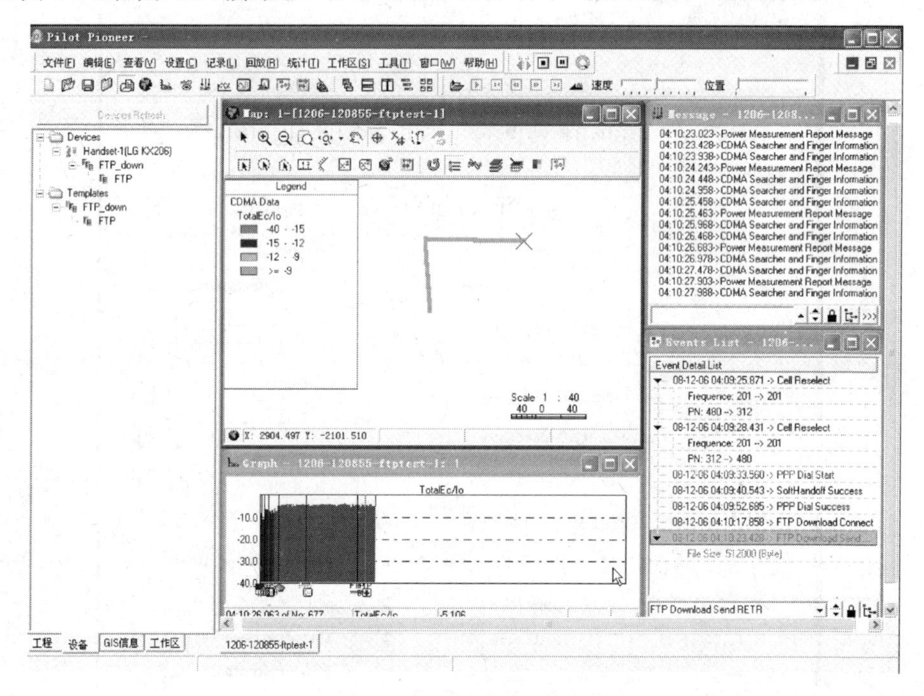

图 5-53　显示相关测试信息(1)

6. 结束测试/保存测试

第一步：通话结束后，单击“Logging Control Win”窗口中的“Stop”按钮终止对测试计划的调用；或者单击工具栏上的“◎”按钮，再单击“Stop”按钮，如图 5-55 所示。

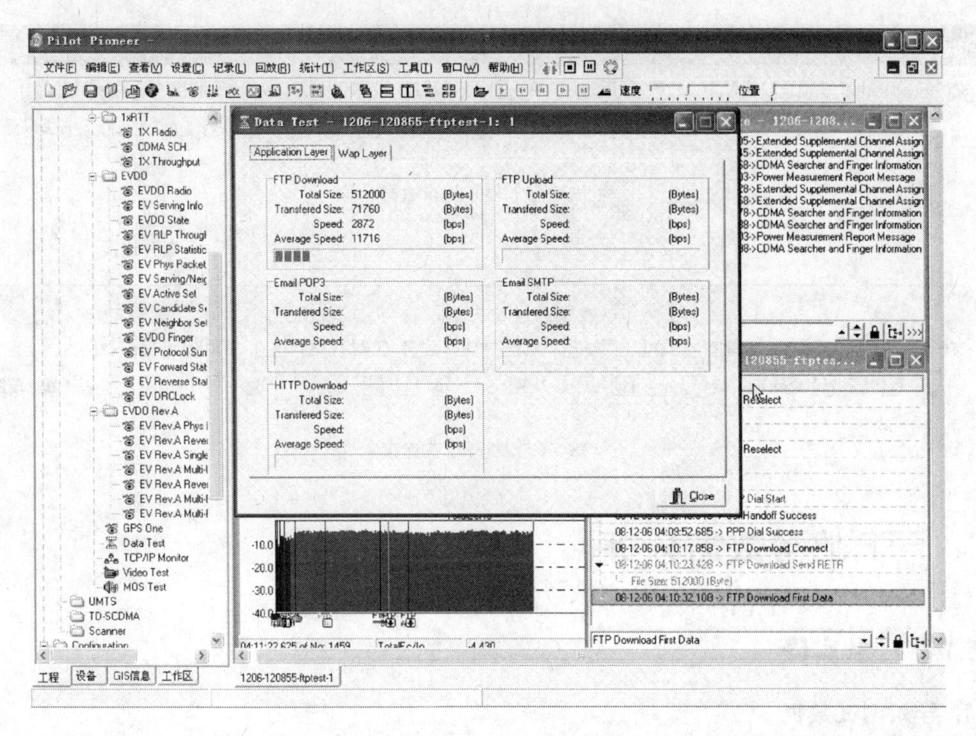

图 5-54 显示相关测试信息(2)

第二步:停止测试后 Log 文件还在继续记录 Log,需要单击"▣"按钮停止记录 Log 文件,如图 5-56 所示。

第三步:最后单击"▣"按钮,断开设备连接,如图 5-57 所示。

5.1.4 任务总结

本节着重讲述了 FTP 业务的测试方法及在模板里各个参数的设置与调整。系统 TCP/IP 参数的设置必须按要求输入,否则无法上传和下载数据。

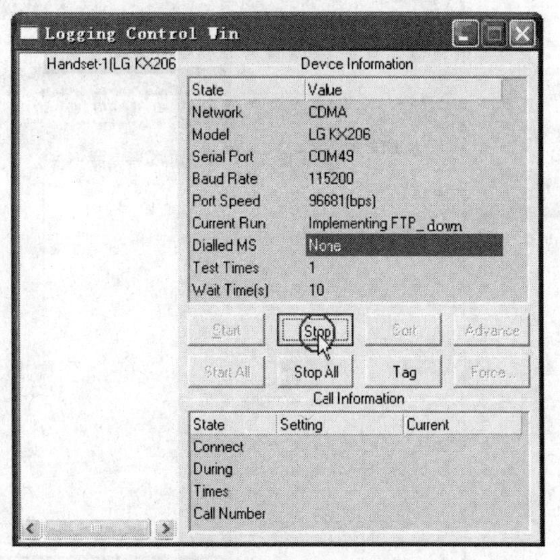

图 5-55 "Logging Control Win"窗口

5.1.5 习题

1. 简述在鼎利软件里有哪些可以设置主要工程测试参数。
2. 简述测试卡的配置步骤。
3. 简述配置上传测试模板步骤。
4. 简述配置下载测试模板步骤。

图 5-56　停止记录数据

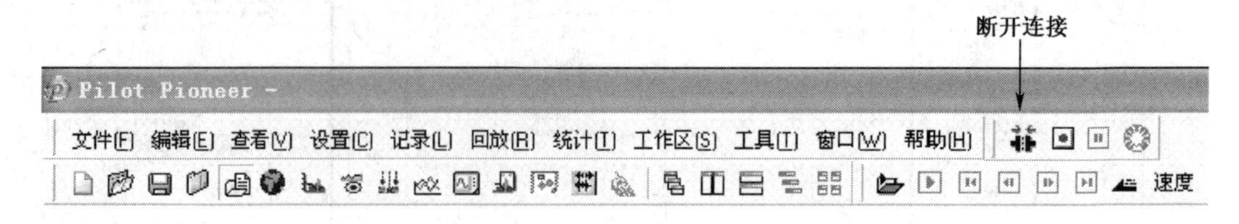

图 5-57　断开设备连接

5.2　FTP 业务数据分析

5.2.1　任务实施

1. 导入测试数据

第一步：在导航栏“Project”卷展栏右键单击 DownLink Data Files，弹出窗口如图 5-58 所示。

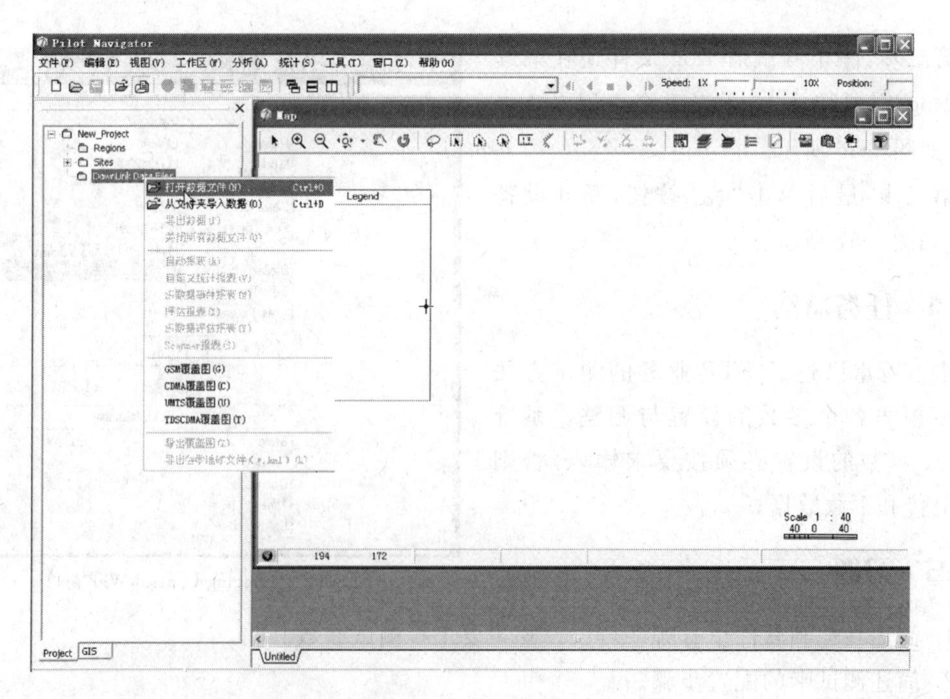

图 5-58　弹出窗口

第二步：在弹出数据导入窗口，并选择数据存储路径，在硬盘中选择要分析的测试数据将测试数据导入，如图 5-59 所示。

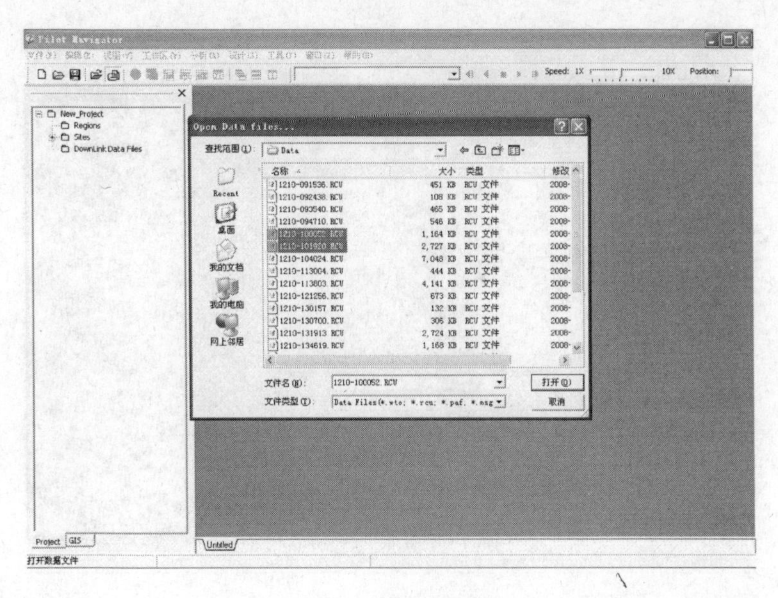

图 5-59 选择导入数据

第三步:则在“Piot Navigator”窗口的左侧栏中将显示导入数据信息,如图 5-60 所示。

图 5-60 “Piot Navigator”窗口

2. 数据解码

测试数据导入后需要进行解压解码,以便显示测试数据里的参数、事件等。

在菜单栏“统计”菜单下选择自动报表,选择多个文件进行解码,同时获得相关统计报表,如图 5-61 所示。

选中“自动报表”后,弹出“Automatic Report”窗口,在该窗口中选择“DINGLI _ CDMACQT”后,弹出“Data Selected”窗口。点选数据名称如“CDMA3 _ 1210-100052”的数据,然后单击鼠标右键弹出菜单,选择“Check All”,如图 5-62 所示。

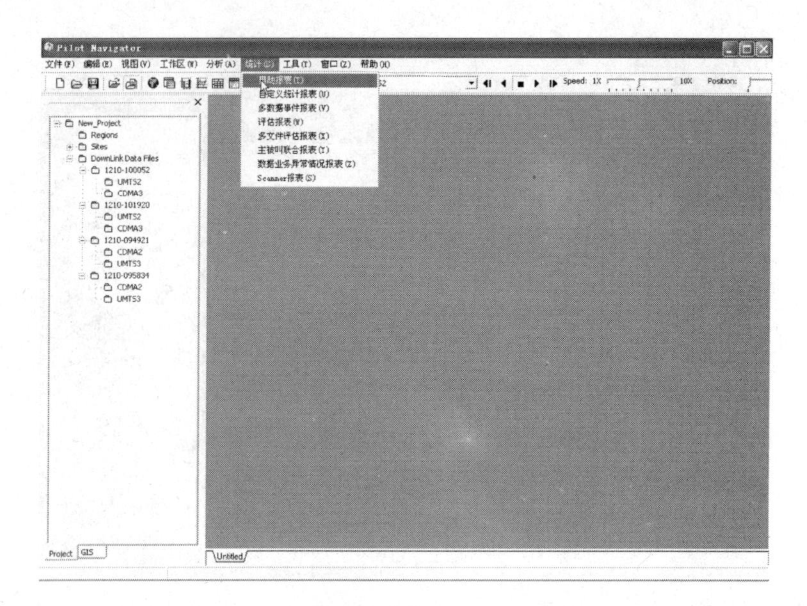

图 5-61　“统计”菜单

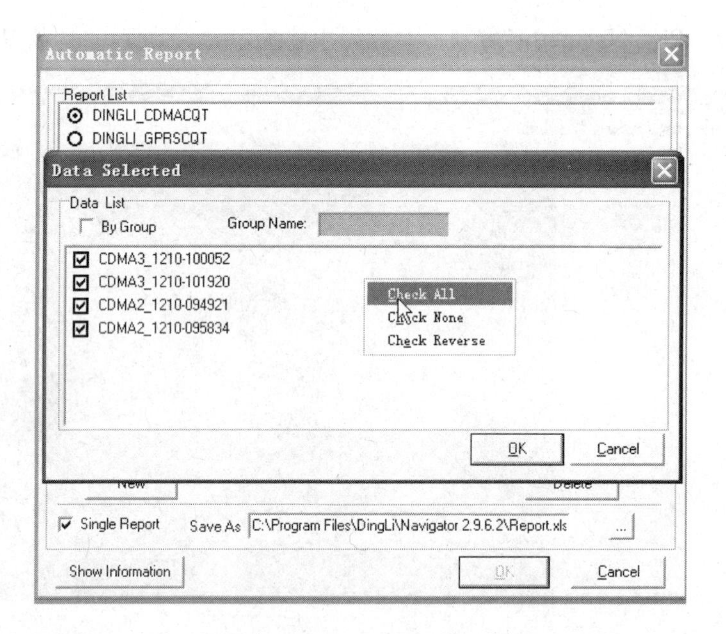

图 5-62　“Automatic Report”窗口

单击“OK”按钮，开始数据解码，如图 5-63 所示。

解码完成后，在“Pilot Navigator”导航树窗口中右键单击“DownLink Data Files”，在弹出菜单中选择“CDMA 覆盖图”命令，弹出“Coverage Map Settings”窗口，如图 5-64 所示，通过该窗口可查看如 Total E_c/I_o 等覆盖指标情况。

在“Field name”栏中分别选择“FTP _ Download”或“FTP _ Upload”后单击“OK”按钮，即可以图形方式显示“FTP _ Download”或“FTP _ Upload”的测试情况，如图 5-65 和图 5-66 所示。

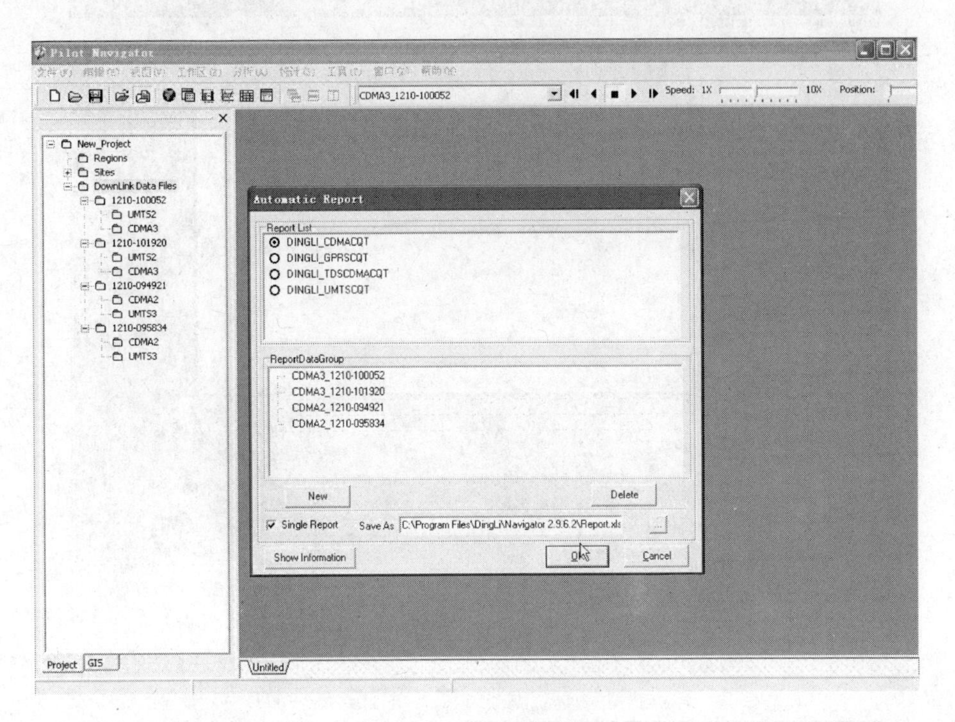

图 5-63 开始数据解码

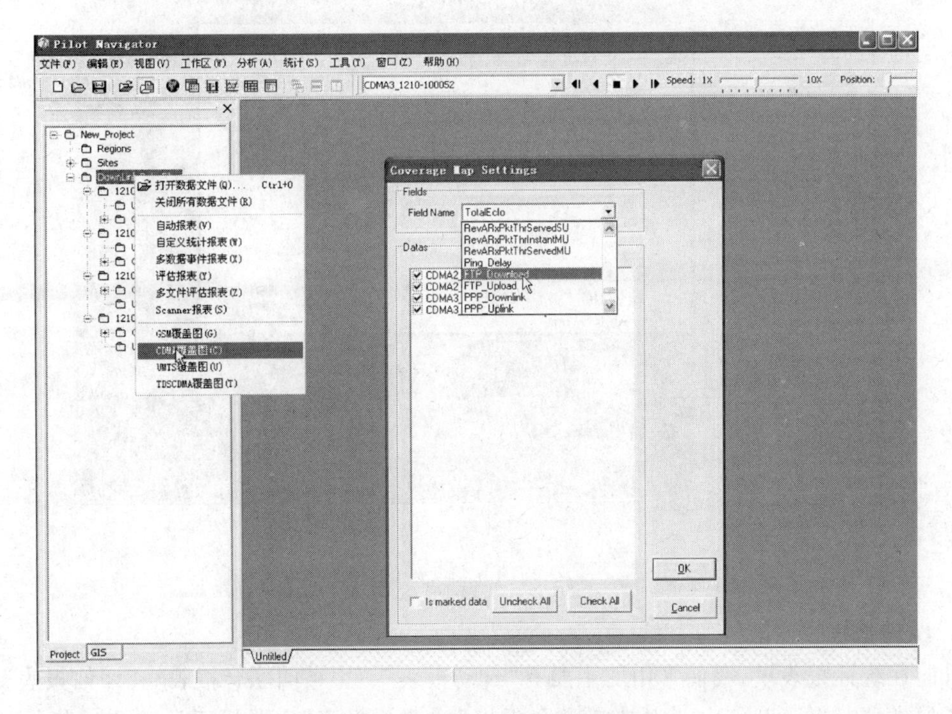

图 5-64 “Coverage Map Settings”窗口

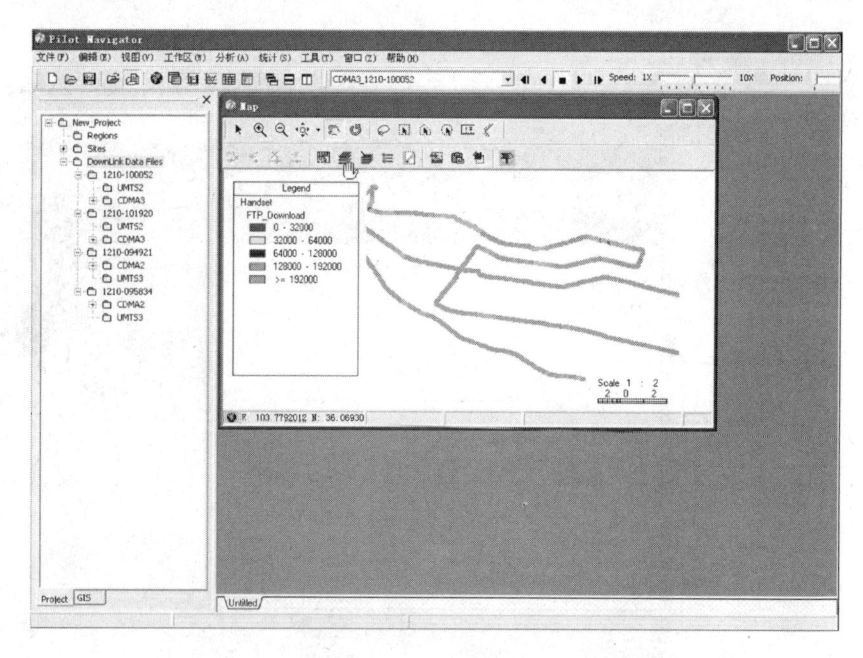

图 5-65 “FTP _ Download”Map 窗口

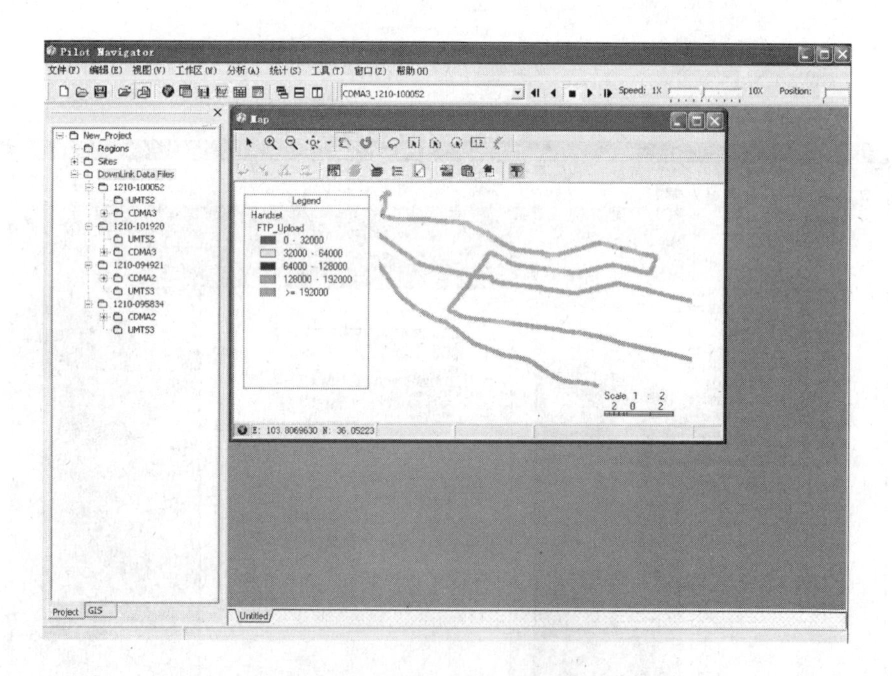

图 5-66 “FTP _ Upload” Map 窗口

3. 统计报表

目前在统计报表里，我们常用的主要有“自动报表”、“主被叫联合报表”、“评估报表”和“数据业务异常情况报表”，其中，“主被叫联合报表”、“评估报表”主要用于话音测试指标统计分析，“数据业务异常情况报表”主要用于数据业务测试指标统计分析。选择多个文件可对测试数据进行解码，同时获得相关统计报表。

第一步：统计报表。在菜单栏选择“统计”→“评估报表”命令如图 5-67 所示。

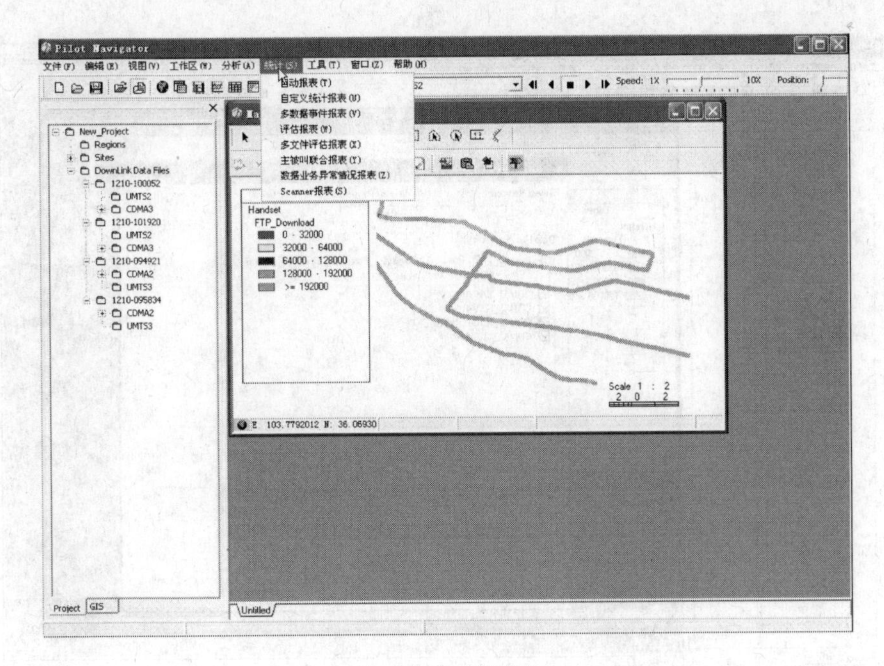

图 5-67 “统计”菜单

在弹出的窗口中的 Network 选项里有 4 种网络模式，分别为 GSM、CDMA、UMTS、TD-SCDMA。选择 CDMA 模式，如图 5-68 所示。

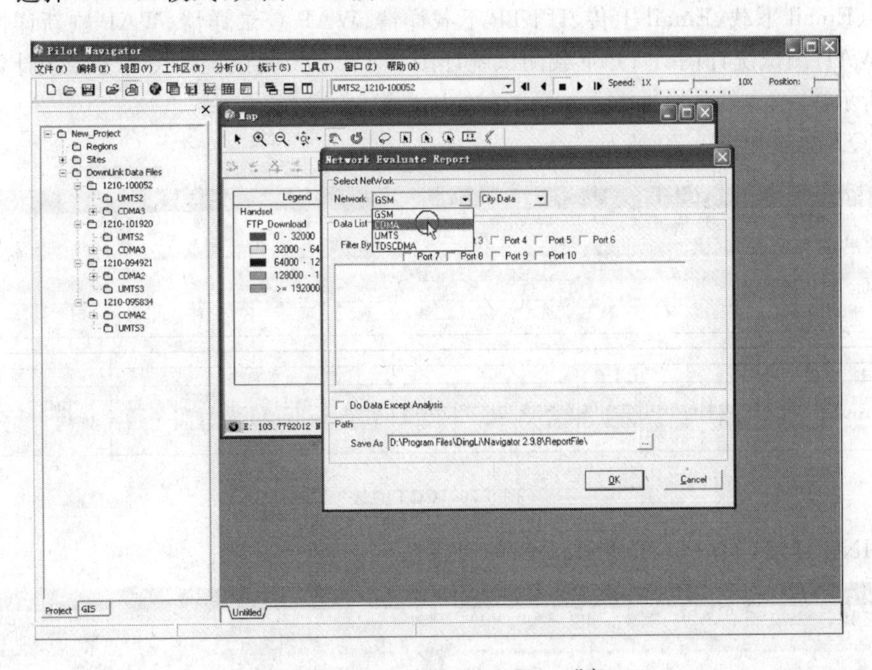

图 5-68 “Network Evaluate Report”窗口

选择 CDMA 模式后，在下面的窗口中出现了 4 个数据，选择其中所有的 4 组数据，再单击“OK”按钮，即可得到统计报表，如图 5-69 所示。

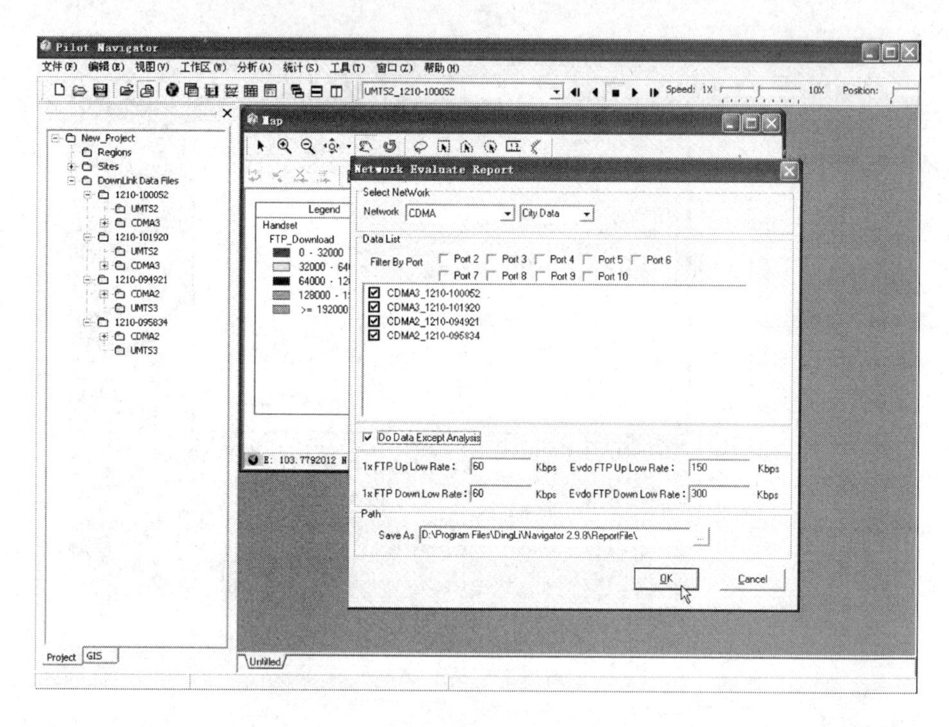

图 5-69 选择报表的数据

第二步：查看报表。报表包含的信息如下：CQT 总表、PING 详情、FTP 下载详情、FTP 上传详情、Email 下载、Email 上传、HTTP 下载详情、WAP 登录详情、WAP 刷新详情、铃声图片下载、WAP 测试统计图、FTP 下载测试统计图、FTP 上传测试统计图等多张统计数据表，如图 5-50 所示。

① CQT 总表如图 5-70 所示。

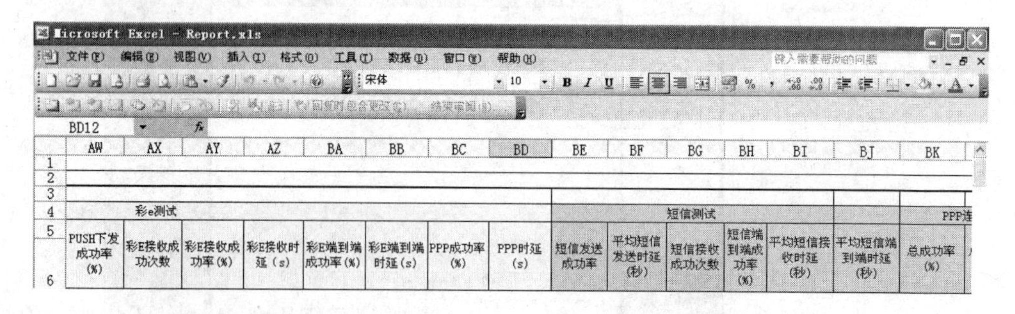

	AW	AX	AY	AZ	BA	BB	BC	BD	BE	BF	BG	BH	BI	BJ	BK
1															
2															
3															
4	彩e测试								短信测试						PPP连
5–6	PUSH下发成功率(%)	彩E接收成功次数	彩E接收成功率(%)	彩E接收时延(s)	彩E端到端成功率(%)	彩E端到端时延(s)	PPP成功率(%)	PPP时延(s)	短信发送成功率	平均短信发送时延(秒)	短信接收成功次数	短信端到端成功率(%)	平均短信接收时延(秒)	平均短信端到端时延(秒)	总成功率(%)

图 5-70 CQT 总表

② PING 详情，如图 5-71 所示。

	A	B	C	D	E	F	G	H	I	J	K	L	M	N	O
1	PING测试详细统计														
2	地点编号	地点名称	尝试次数	成功次数	成功率	平均时延(秒)	最大时延(秒)	最小时延(秒)	PPP连接尝试次数	PPP连接成功次数	PPP时延(秒)	PPP连接成功率(%)	1	2	3
3	总合结果：														

图 5-71 PING 详情

③ FTP 下载详情，如图 5-72 所示。

Microsoft Excel - Report.xls

地点编号	测试地点名称	PHYS_RX (Kbit/S)	PHYS_TX (Kbit/S)	RLP_FT (Kbit/S)	RLP_RT (Kbit/S)	FER统计				备注信息	PPP连接尝试次数	PPP连接成功次数	PPI
						FCH_FER	SCH0_FER	SCH1_FER	DCCH_FER	各次FTP下载速率 (KByte/S)			
总合结果：													
1	CDMA3_1210-100052									527.89;			

图 5-72　FTP 下载详情

④ FTP 上传详情，如图 5-73 所示。

Microsoft Excel - Report.xls

地点编号	测试地点名称	FTP上传尝试次数	FTP上传成功次数	总上传数据量 (KByte)	总上传时间 (秒)	平均上传文件速率 (KByte/S)	PHYS_RX (Kbit/S)	PHYS_TX (Kbit/S)	RLP_FT (Kbit/S)	RLP_RT (Kbit/S)	FER统计		
											FCH_FER	SCH0_FER	SCH
总合结果：		7	7	7168.0	687.348	10.428							

图 5-73　FTP 上传详情

⑤ 功能参数列表，如图 5-74 所示。

Ftp_Download_30s							
序号	范围	采样点	百分比	序号	范围	采样点	百分比
1	< 30000	0	0.00%	9	>= 800000	52	75.36%
2	[30000, 60000)	0	0.00%	10			
3	[60000, 80000)	0	0.00%	11			
4	[80000, 100000)	0	0.00%	12			
5	[100000, 150000)	0	0.00%	13			
6	[150000, 300000)	1	1.45%	14			
7	[300000, 500000)	7	10.14%	15			
8	[500000, 800000)	9	13.04%	16			
总采样点	**69**	**平均值**	**1078899.51**				
最大值	**2058117**	**最小值**	**190419**				

图 5-74　功能参数列表

⑥ PPP 时延异常详情，如图 5-75 所示。

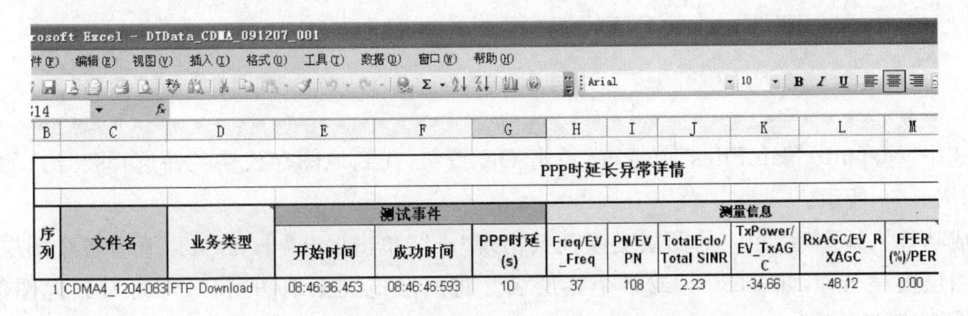

rosoft Excel - DTData_CDMA_091207_001

PPP时延长异常详情

序列	文件名	业务类型	测试事件			测量信息					
			开始时间	成功时间	PPP时延(s)	Freq/EV_Freq	PN/EV PN	TotalEclo/Total SINR	TxPower/EV_TxAGC	RxAGC/EV_RXAGC	FFER(%)/PER
1	CDMA4_1204-083	FTP Download	08:46:36.453	08:46:46.593	10	37	108	2.23	-34.66	-48.12	0.00

图 5-75　PPP 时延长异常情况

⑦ 彩 e 测试详情，如图 5-76 所示。

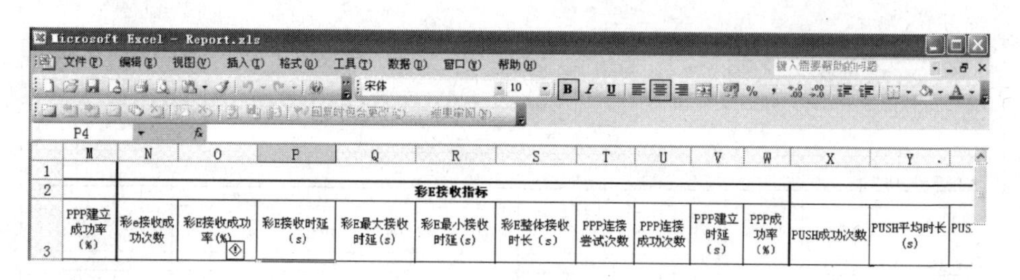

图 5-76　彩 e 测试详情

4. 导入地图

软件菜单栏中，选择“编辑”→“导入地图”命令，然后选择导入地图，如图 5-77 和图 5-78 所示。

图 5-77　导入地图(1)

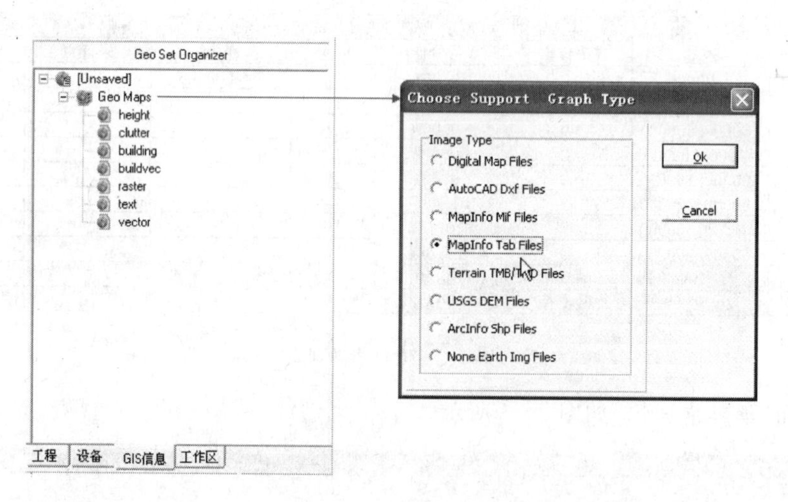

图 5-78　导入地图(2)

选中“Mapinfo Tab Files”单选框，单击 OK 按钮，找到地图存放路径并选择要导入的地图层，如图 5-79 所示。

成功导入地图后，相应的图层类型前会出现“＋”，单击展开“＋”。可以查看各个图层信息选中图层类型名称，如“vector”或单个图层名。将图层拖曳至地图窗口，即可看到地图信息，如图 5-80 所示。

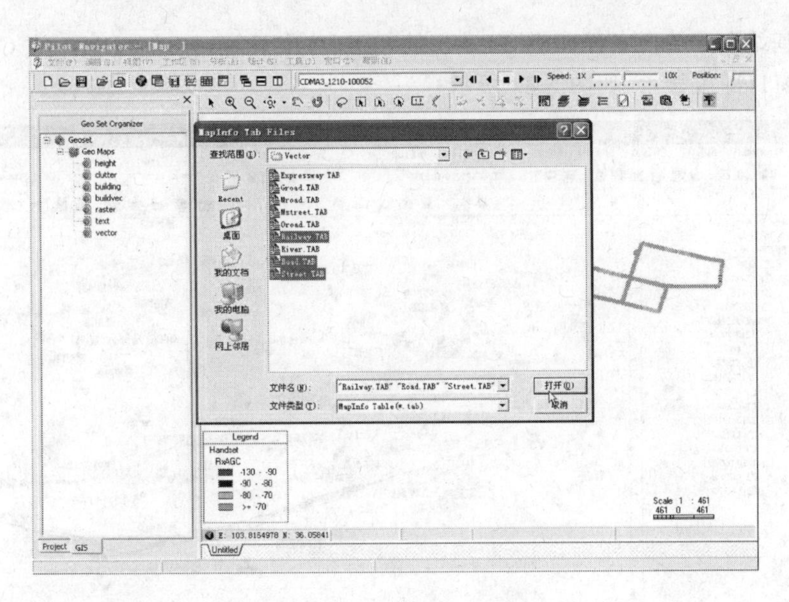

图 5-79 选择要导入的地图

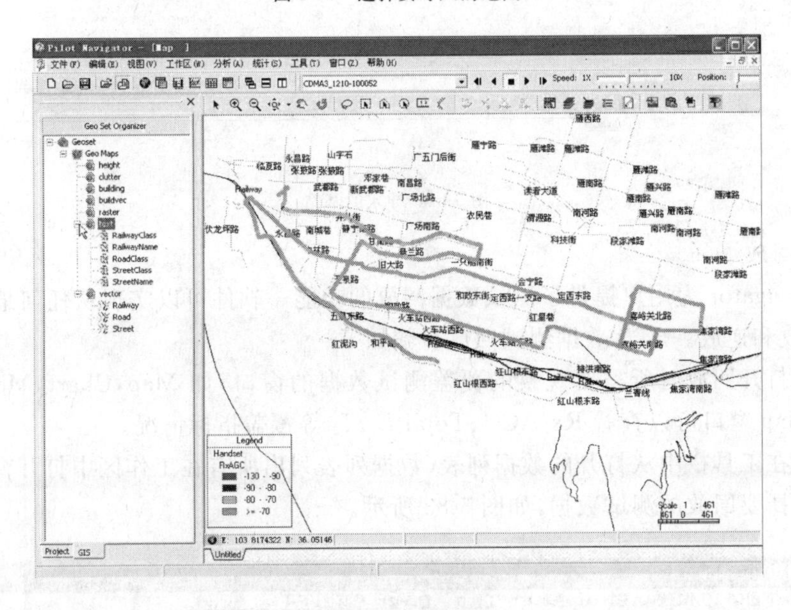

图 5-80 地图信息

5. 导入基站

双击导航栏工程里 Sites 下面的 CDMA 或者右键单击选择“导入”命令或者通过主菜单“编辑→基站数据库→导入”命令来导入 CDMA 基站数据库。如图 5-81 所示。

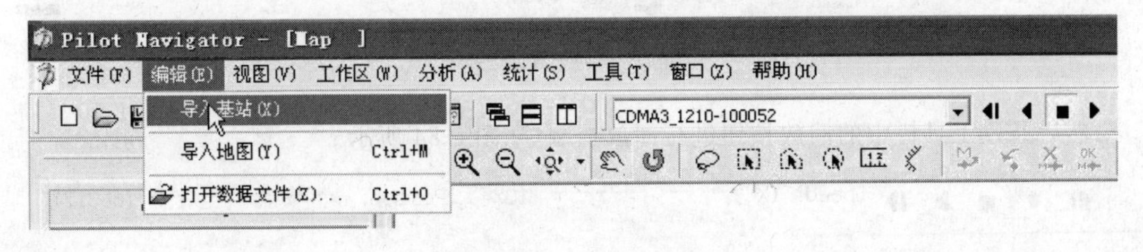

图 5-81 导入 CDMA 基站

导入的基站在导航栏工程面板 Sites 下的 CDMA 中显示，拖动 CDMA 或 CDMA 下的某个站到地图窗口即可显示，如图 5-82 所示。

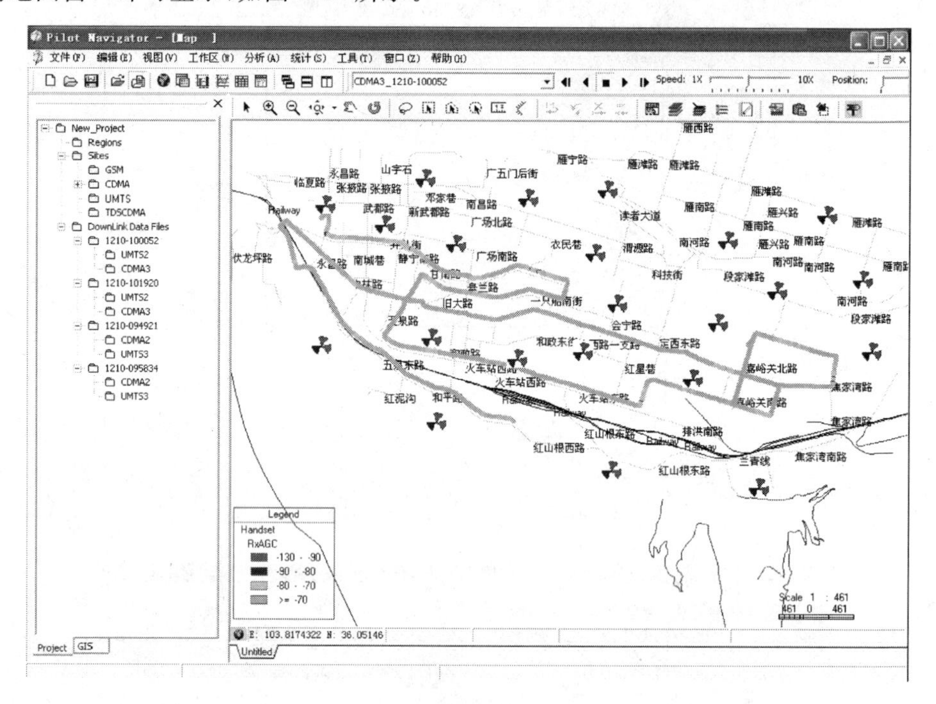

图 5-82 导入的基站

6. 数据回放

Pilot Navigator 为用户提供了测试数据回放的功能。软件可以实现从任何地方开始以任意速度的正放和逆放。FTP 数据测试回放步骤如下。

第一步：打开回放时所需要观察的覆盖测试数据的窗口，如 Map，Chart，Message，Table 窗口，通过 Map 窗口可以查看 Rx ACG、Total E_c/I_o 等覆盖指标情况。

第二步：在工具栏中从打开的数据列表（数据列表列出所有在工作区中打开窗口的测试数据名称）中选择要回放的测试数据，如图 5-83 所示。

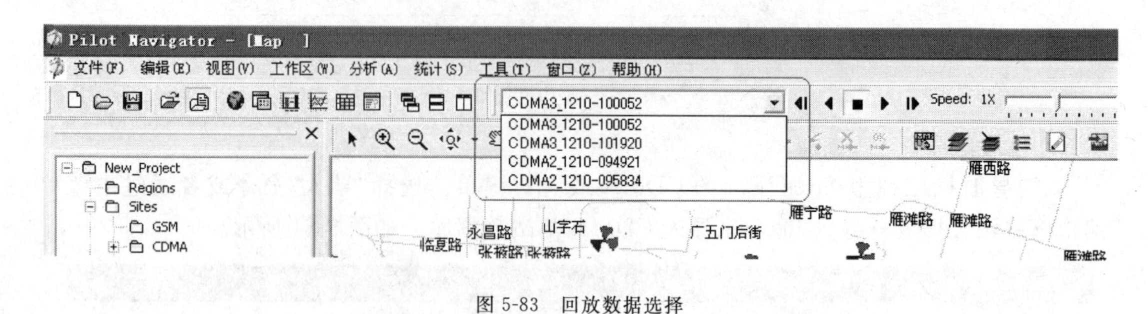

图 5-83 回放数据选择

然后通过工具栏中的回放按钮进行回放控制，如图 5-84 所示。

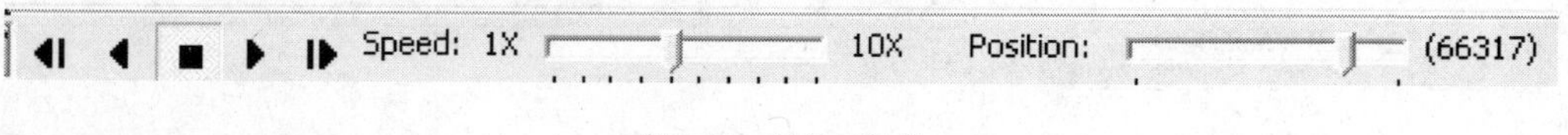

图 5-84 回放工具条

第三步：开始回放。回放过程中可单击任意一个窗口中的回放位置，对回放的位置进行调整。与此同时，该测试数据的其他窗口的回放位置会自动同步调整。各 Workspace 中的窗口可同步回放，如图 5-85 所示。

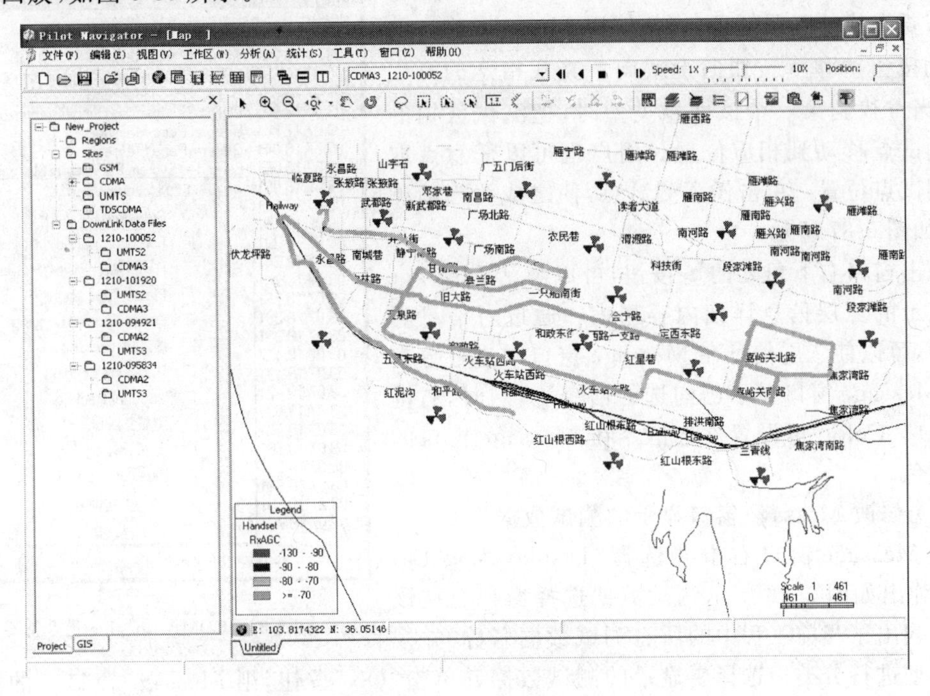

图 5-85　回放测试数据

7. 信令窗口操作

(1) 信令解码

Message 窗口显示指定测试数据完整的解码信息，可以分析三层信息反映的网络问题；自动诊断三层信息流程存在的问题并指出问题位置和原因。每个测试数据都有一个 Message 窗口，将 Message 窗口直接从导航栏中拖曳到工作区中或双击 Message，即可打开该测试数据的 Message 窗口。在 Message 窗口中双击信令，弹出信令解码窗口，显示信令解码信息，如图 5-86 所示。

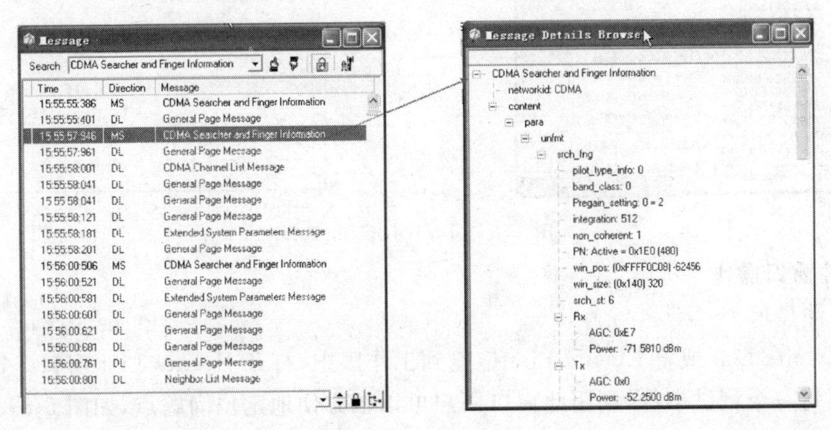

图 5-86　Message 窗口

（2）信令过滤

Message 窗口的下拉列表框显示了当前三层信息的信息类型。用户可以利用该下拉框选择或直接输入需要查找的三层信息名，并使用 Message 窗口的滚动按钮和按钮向上或向下查找指定的三层信息，当查找到第一个该信息类型时，把测试数据的当前测试点移动到相应位置。用户也可以任意点取当前测试点位置。单击任意测试点，使之成为当前测试点，如图 5-87 所示。

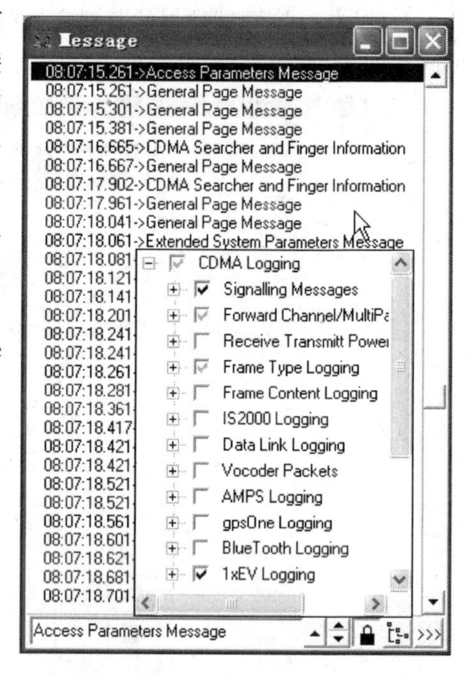

图 5-87　CDMA Logging 信令选择

单击窗口右下角处的按钮，可以激活 Message 窗口显示的三层信息详细内容列表。通过对信息类的选择，可以使三层信息在 Message 窗口中进行分类显示（Message 窗口显示已勾选的信令）。同时，右键激活菜单“Color”可设置被选信令在 Message 窗口的显示颜色。

（3）修改 Message 窗口显示的测试数据

在 Message 窗口右击并选择“Display Log Data”，将弹出如图 5-88 所示测试数据选择窗口。在该窗口中列出了当前工程中的所有测试数据名称，并按网络类型进行分类。选择要显示的测试数据并单击“OK”按钮，则 Message 窗口中的测试数据被修改为该测试数据内容。

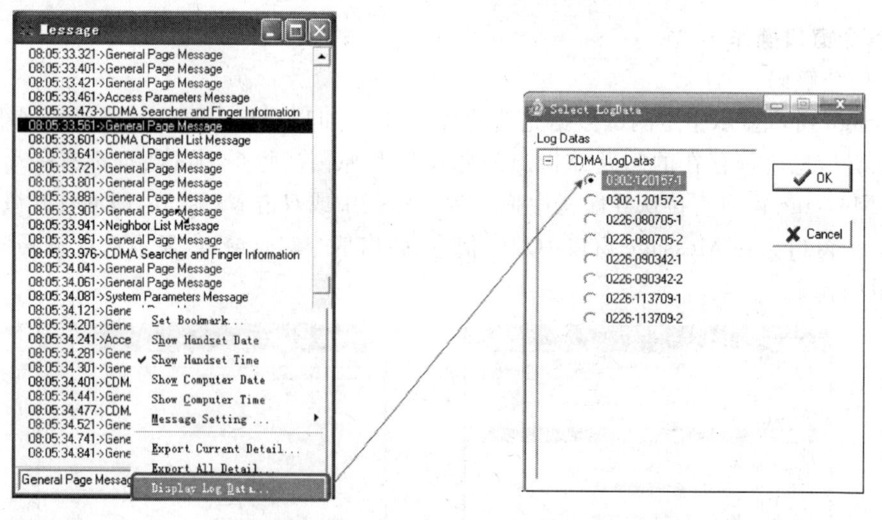

图 5-88　CDMA LogData 选择

8. 事件窗口操作

（1）事件显示

双击 Events List 或将 Events List 拖曳到工作区中，打开 Events List 窗口。Events List 窗口列出了每一个测试事件，利用此窗口用户可以很方便地定位问题点，如图 5-89 所示。

（2）事件查询

用户可以利用该下拉列表框选择或直接输入事件名称，并利用 Events List 窗口的滚动按钮的▲和▼按钮向上或向下查找指定的事件，当查找到第一个该信息类型时，把测试数据的当前测试点移动到相应位置。用户也可以任意点取当前测试点位置。用户也可以利用鼠标点击当前任意测试点，使之成为当前测试点。

单击窗口右下角处的按钮，激活 Events List 窗口显示的列表，如图 5-90 所示。通过对信息类的选择，可以显示或隐藏 PESQ 测试信息。

在 Event Details 窗口中，右键单击 Event 名称，如“FTP Upload Send STOR”，则可在弹出窗口中选择所要查看的信息类型。

也可通过 Event Details 窗口查看事件详细信息。

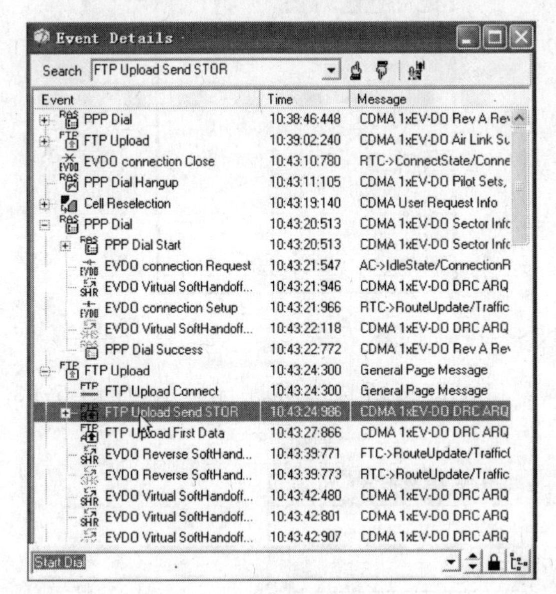

图 5-89 Event Details 窗口

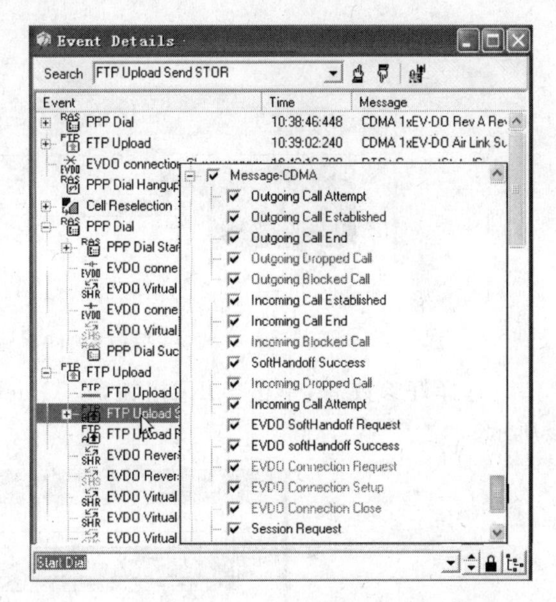

图 5-90 Event Details 窗口

(3) 修改 Events 窗口显示的测试数据

在 Events 窗口右击并选择 Display Log Data 命令，弹出如图 5-91 所示测试数据选择窗口。在该窗口中列出当前工程中的所有测试数据名称，并按网络类型进行分类。选择要显示的测试数据并单击“OK”按钮，则 Events List 窗口中的测试数据被修改为该测试数据内容。

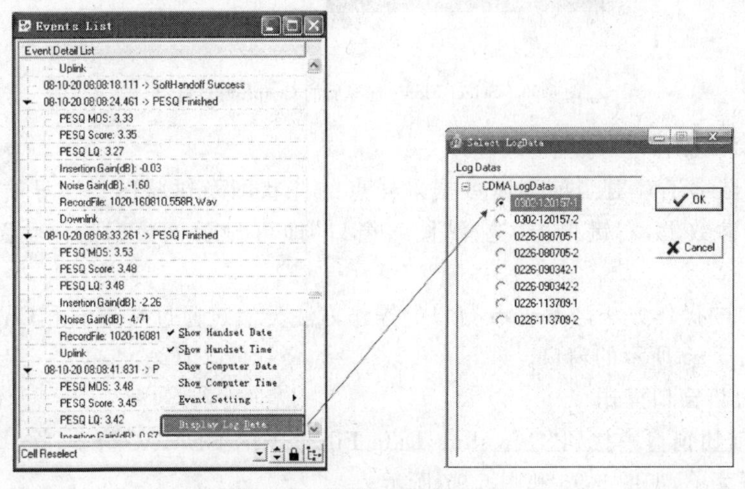

图 5-91 CDMA LogData 选择

9. Graph 窗口操作

在 Graph 窗口中单击鼠标右键，在弹出菜单中单击 Field，则可以选择或取消在 Graph 窗口显示的参数。单击 Field 打开 Select Fields 窗口，按住 Ctrl 键进行选取，可以选择多个参数，Graph 窗口支持多参数显示。双击 Select Fields 窗口上的参数前的色块，可从颜色列表中选择对应参数的显示颜色，如图 5-92 所示。

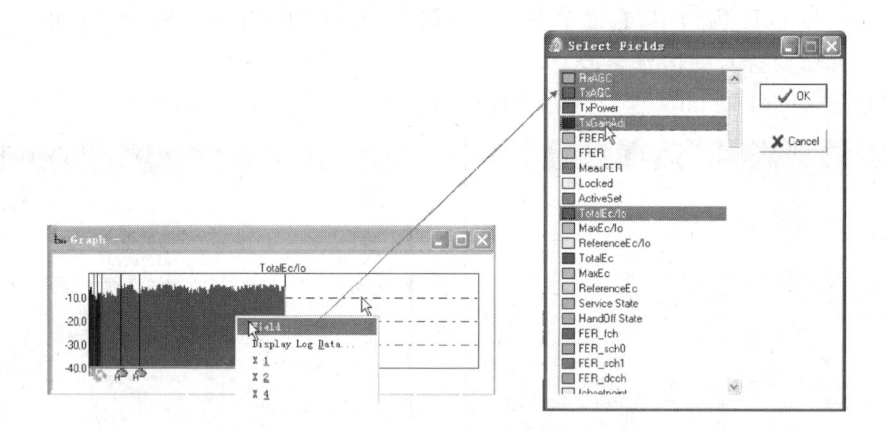

图 5-92　Graph 窗口及 Select Fields 选择

选择好参数后，单击“OK”按钮，在 Graph 窗口中即按所选参数进行显示，如图 5-93 所示。

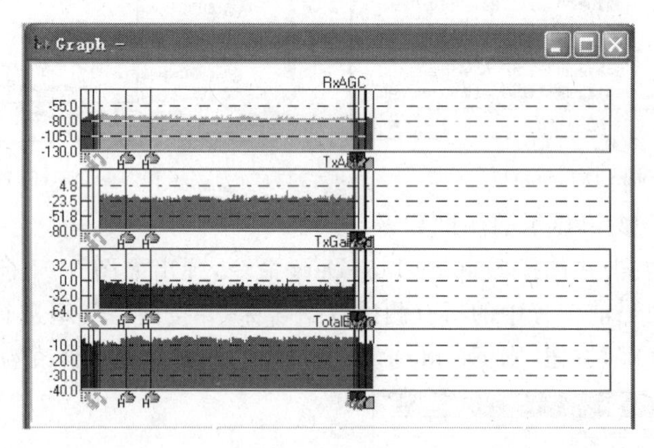

图 5-93　Select Fields 选择后的 Graph 窗口显示

10. 图表窗口操作

图表窗口显示了针对当前测试数据采样点的柱状图及饼状图。在导航栏中的数据端口号下的相应参数上，右键单击，选择“图表窗口”即可显示该数据的柱状图或饼图，如图 5-94 所示。

Chart 窗口的操作方法与 Graph 窗口的操作方法类似。通过右键单击 Chart 的上方波形窗口，弹出如图 5-95 所示的窗口。

11. 数据分析窗口操作

在左侧导航树窗口中找到“Downlink Data Files”下的 CDMA2 分支，在其上单击鼠标右键，将弹出屏幕菜单，如图 5-96 和图 5-97 所示。

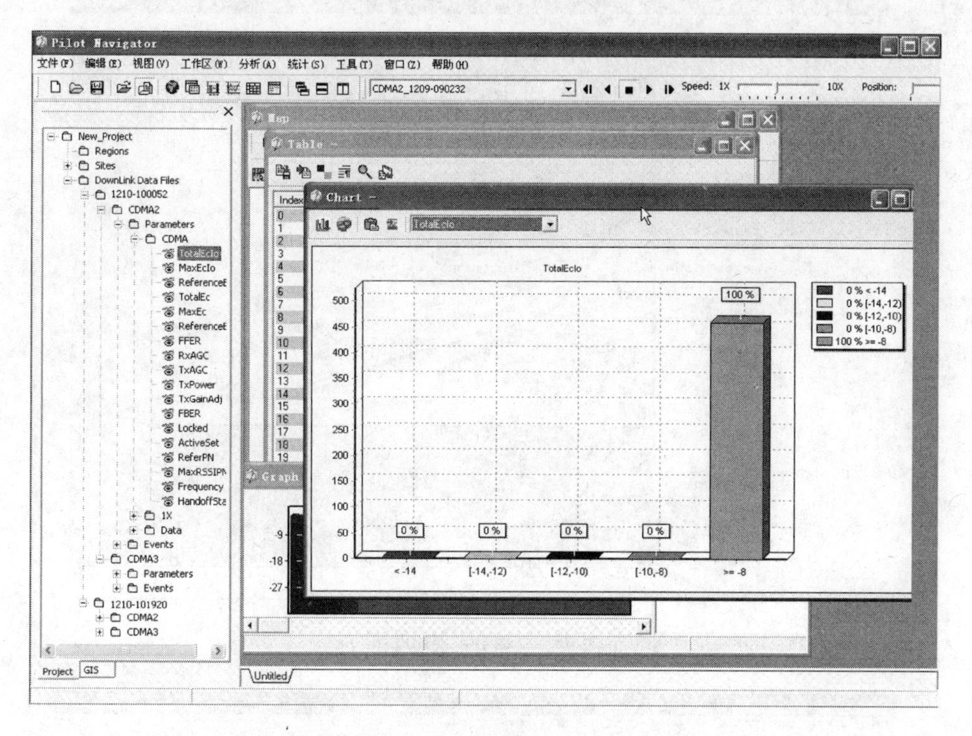

图 5-94 chart 窗口(1)

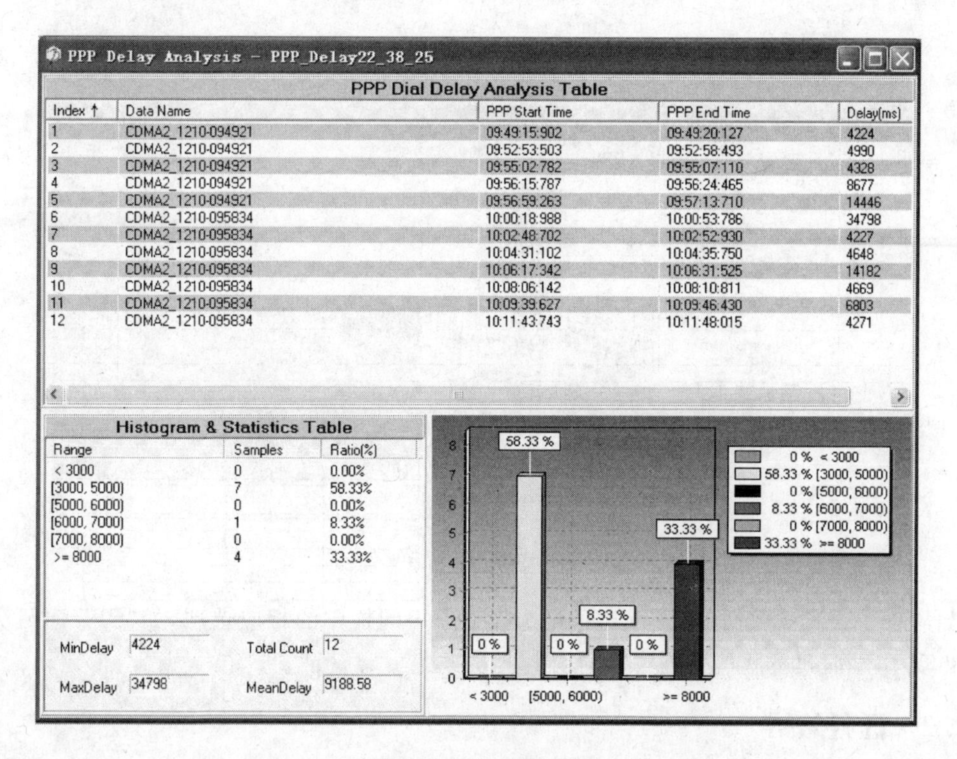

PPP Delay Analysis - PPP_Delay22_38_25

PPP Dial Delay Analysis Table

Index	Data Name	PPP Start Time	PPP End Time	Delay(ms)
1	CDMA2_1210-094921	09:49:15:902	09:49:20:127	4224
2	CDMA2_1210-094921	09:52:53:503	09:52:58:493	4990
3	CDMA2_1210-094921	09:55:02:782	09:55:07:110	4328
4	CDMA2_1210-094921	09:56:15:787	09:56:24:465	8677
5	CDMA2_1210-094921	09:56:59:263	09:57:13:710	14446
6	CDMA2_1210-095834	10:00:18:988	10:00:53:786	34798
7	CDMA2_1210-095834	10:02:48:702	10:02:52:930	4227
8	CDMA2_1210-095834	10:04:31:102	10:04:35:750	4648
9	CDMA2_1210-095834	10:06:17:342	10:06:31:525	14182
10	CDMA2_1210-095834	10:08:06:142	10:08:10:811	4669
11	CDMA2_1210-095834	10:09:39:627	10:09:46:430	6803
12	CDMA2_1210-095834	10:11:43:743	10:11:48:015	4271

Histogram & Statistics Table

Range	Samples	Ratio(%)
< 3000	0	0.00%
[3000, 5000)	7	58.33%
[5000, 6000)	0	0.00%
[6000, 7000)	1	8.33%
[7000, 8000)	0	0.00%
>= 8000	4	33.33%

MinDelay 4224 Total Count 12

MaxDelay 34798 MeanDelay 9188.58

图 5-95 Chart 窗口(2)

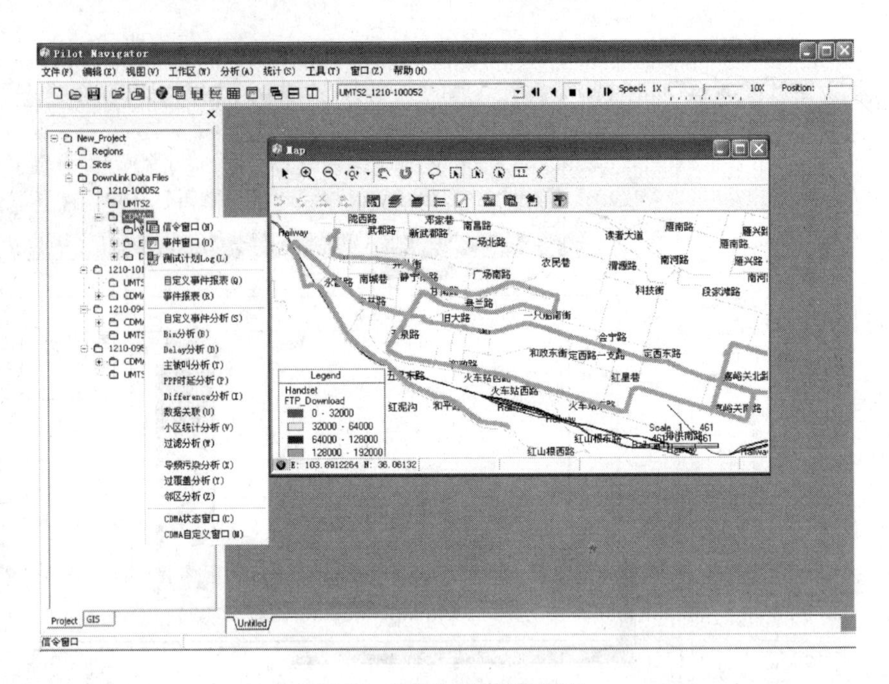

图 5-96 数据分析选项菜单(1)

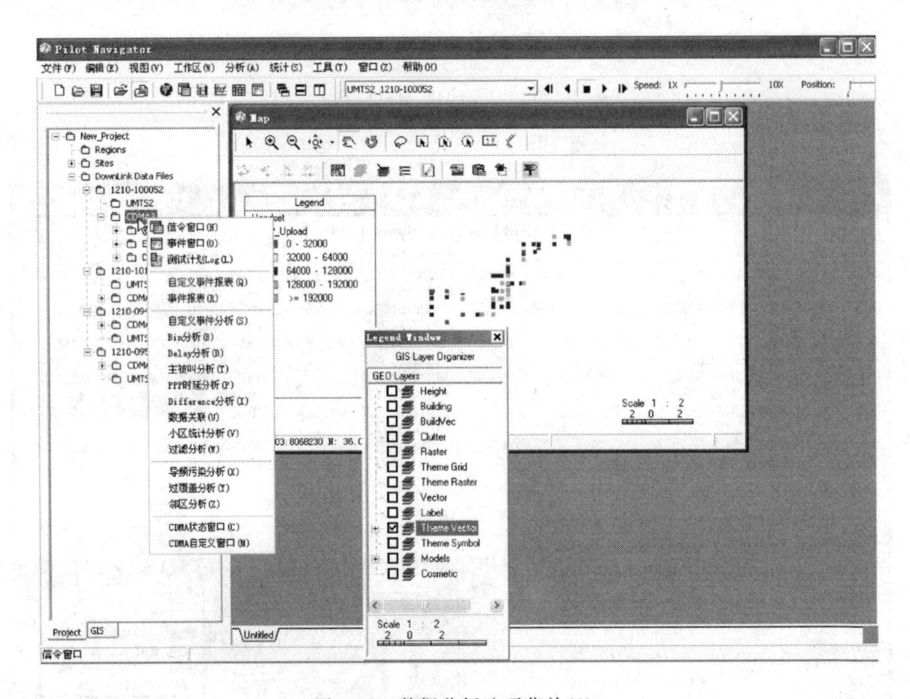

图 5-97 数据分析选项菜单(2)

如需查看各测试数据的分析结果,可选择菜单中间栏中的相应选项,如“PPP 时延分析”,则会出现 PPP 时延分析的查看窗口,如图 5-98 所示。

5.2.2 任务总结

本节讲述了用后台软件分析 FTP 业务上传和下载数据的操作模板配置、测试步骤和数据分析的方法。FTP 数据业务测试是 cdma2000 网络的一个重要的测试项目,需要熟练掌握。

撰写评估报告及优化报告所需的一些 KPI 指标截图，可通过 Map 窗口得到，对 Map 窗口指标的查看也需熟练掌握。

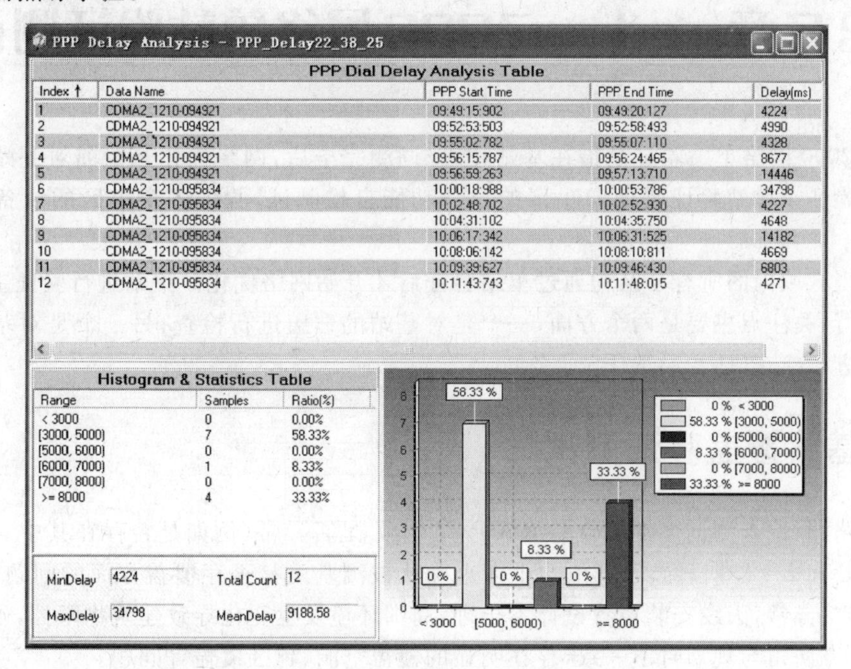

图 5-98 PPP 时延分析的数据窗口

5.2.3 习题

1. 简述 FTP 数据下载分析的过程和关键步骤。
2. 如何使用 Navigator 软件进行 FTP 数据业务统计？
3. Navigator 软件可以通过几种方法可以打开 FTP 的测试数据？

第6章 cdma2000网络单站验证测试

cdma2000 网络单站验证是指在基站建设/调测完毕后，网络优化开始前对基站进行的一种功能性验证。单站验证是面向小区的设备功能自检测试，验证各个小区的设备功能是否正常。

通常当区域内的所有小区均通过单站验证后才开始网络优化。单站进行验证主要通过路测方式进行，关注点主要是两个方面，一个是对基站的覆盖进行检查；另一个是对基站的业务呼叫功能进行检查(话音/VP/PS 业务)。

6.1 基站覆盖验证测试

通过路测，检查测试终端接收的 RSCP 和 E_c/I_o是否异常(例如是否存在其中一个测试小区的 RSCP 和 E_c/I_o 明显差于其他的小区)，确认被测基站是否存在覆盖方面的问题，如功放异常，天馈连接异常，天线安装位置设计不合理，周围环境发生变化导致建筑物阻挡，硬件安装时天线倾角/方向角与规划时不一致，存在明显的覆盖空洞、越区覆盖等问题。

6.1.1 基站覆盖常见问题

导致基站覆盖问题的原因很多，较为常见的问题包括天馈系统驻波比问题、馈线连接问题、天线扇区方位角问题和天线阻挡等。

天馈系统是指基站的天线、射频馈线、避雷器、射频馈线连接头等设备。天馈系统是移动网络中影响无线信号覆盖的关键组成部分，如果基站的天馈系统存在故障或问题会严重影响移动网络的使用情况。

天馈系统存在问题会引起的异常情况包括：手机不能正常切换、基站的无线信号覆盖区域变小、信号存在严重干扰以及手机不能接入系统等。通常在基站开通业务后需要对其天馈系统进行检查，判断出天馈系统是否有问题。

一般可以用 DT 业务在基站周围绕一圈来判断出天馈系统是否有问题。

1. 收发馈线连接错误检查

天馈系统中另一个常见的问题是收发馈线的连接问题，包括天线与馈线的接头处是否密封好，有无进水现象；射频馈线是否有损伤及扭曲影响射频传输；同一扇区的天线馈线是否收发接反；不同扇区的馈线是否连接错误。

2. 天线方位角检查

在网络规划中基站扇区的天线方位角都有明确的定义，但在实际往来建设实施过程中天线的方位角可能与规划的不一致，如原本方位角设计为 60°但实际施工中变为 120°。在基站运行以后可能会对覆盖范围、覆盖区域、话务量吸收等性能指标造成影响。

3. 天馈系统驻波比问题

天馈系统的驻波比反应了无线电波传播损耗的大小，也反应了无线电波被接收机所接收电波好坏程度。驻波比过高会直接影响天线的有效发射功率，降低了覆盖区域，并且会降低了手机的无线接通率、切换成功率，增加系统掉话。驻波比过大会缩小无线覆盖的通信范围，并且反射功率将返回发射机功放部分，容易烧坏功放管，影响通信系统正常工作。

4. 建筑物阻挡问题

基站在规划建设中或在开通运行阶段，基站周边的建筑物环境会发生变化，如新建高楼、新建广告牌等。这些新的建筑物会对基站的无线信号产生很大的阻挡，影响信号正常传输，并且影响基站的覆盖范围，并可能造成信号反射影响其他基站的正常工作。

6.1.2 单站验证测试方法

进行基站覆盖测试验证通常按照下面的测试方法进行。

① 测试时段：每天 7:30～19:30 进行，西藏和新疆向后推迟 2h。

② 测试路线：测试前需要根据待测站点分布和当地情况选择合适的测试路线，测试路线尽量经过基站所有待测主服务小区的覆盖区域，尽可能跑待测基站周围所有主要街道。

③ 测试设备：cdma2000 测试终端（LG206）、鼎立软件 Pilot Pioneer。

④ 拨打方法：用 1 部 cdma2000 终端做主叫或被叫拨打测试。设置拨叫、接听、挂机都采用自动方式，每次通话时长 180s，呼叫间隔 45s。

⑤ FTP 业务：进行 FTP 上传/下载测试，测试文件大小＞8MB。

根据测试软件接收的导频信号得出区域覆盖图，对比各个小区和 E_c/I_o 覆盖分布情况，如图 6-1 所示。

测试说明：测试时需要观察周围建筑物分布情况，特别关注哪些可能对信号造成阻挡的高大建筑物；在分析结果的时候，需要对比各个小区的 RSCP 分布情况和 E_c/I_o 分布情况，如果其中一个待测小区的 RSCP 和 E_c/I_o 明显差于其他的小区，则需要确认该小区是否存异常。对于没有特别说明的情况，需确认是否存在功放异常、天馈连接异常、天线安装位置设计不合理、周围环境发生变化导致建筑物阻挡、硬件安装时天线倾角/方向角与规划时不一致等问题。

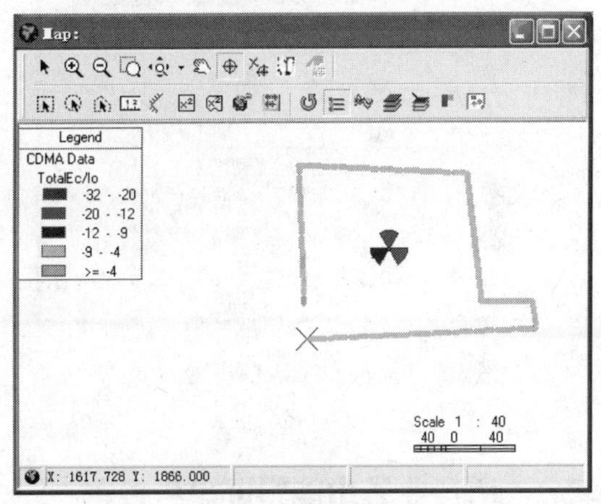

图 6-1 基站覆盖图

6.1.3 任务总结

本节讲述了单站验证中对基站覆盖进行测试的方法、天馈系统的组成、引发基站覆盖问题的常见原因等。这些技术知识对于掌握基站覆盖测试的方法和引起覆盖问题的原因对于网络优化来说尤其重要。

6.1.4 习题

1. 简述单站验证的测试方法。
2. 简述天馈系统驻波比差的原因。
3. 如何通过 RxAGC 和 E_c/I_o 判断基站覆盖异常？

6.2 业务功能验证测试

6.2.1 强制锁网络

在基站验证测试中一般要求对基站的特定问题进行测试分析，如监测基站某个小区的性能和接入情况。在这种情况下就需要在测试过程中对测试环境进行限定，我们称作强制性网络环境设置。在CDMA网络中同一小区会有CDMA和EVDO共存，因此实际测试中会独立检测CDMA或EVDO的网络性能。在Pilot Pioneer软件中Logging Control Win窗口中通过Force按钮实现，如图6-2所示。

单击Force按钮，可在弹出的对话框中实施各种强制操作，如图6-3所示。进入强制网络设置菜单，对网络环境进行限定。

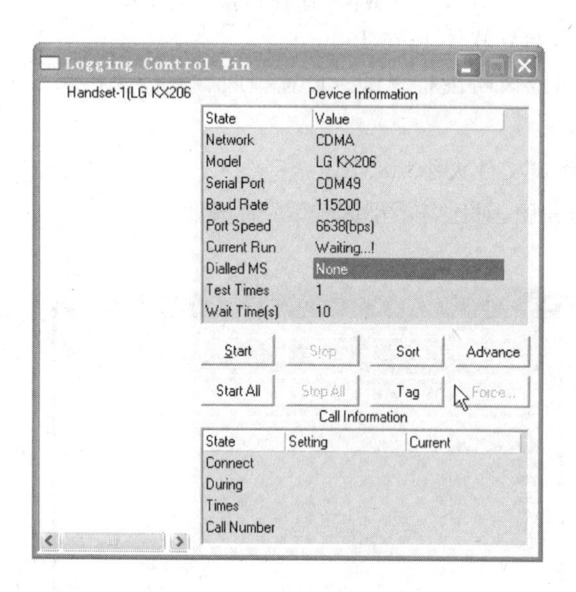

图 6-2 Logging Control Win 窗口

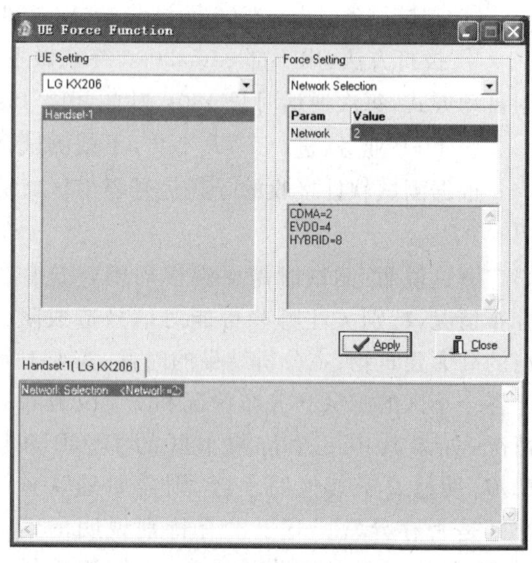

图 6-3 强制网络设置

6.2.2 话音业务功能验证模板设置

在进行业务功能性研制测试中，除了需要对网络环境需要做设定还需要对不同业务的测试设定测试模板。Pilot Pioneer软件中对各种业务的测试模板与前面介绍的基本相同。下面对各种业务的测试模板进行汇总整理。

在进行手机互拨的话音业务功能验证前，先要建立相应的测试模板。话音业务测试模板如图6-4所示。

模板选项说明如下。

① Connect(s)：连接超时时长。如果主叫手机正常起呼，在设置的连接时长内被叫手机没有正常响应，软件会自动挂断此次呼叫而等待下一次呼叫。

② Duration(s)：通话时长，一般指从被叫摘机接听到任一方挂机时间。

③ Interval(s)：两次正常通话间的间隔，即从前次正常通话挂机到下次起呼的间隔。

④ Wait Time(s):测试开始前等待时间。

⑤ Conn by MTC:以被叫手机 Alerting 信令判决接通,仅适用于 CDMA 网络。

⑥ Long Call:长通话,与“Duration”相斥。

⑦ Cycle Mode:循环测试。勾选后测试测试次数 times 不可设置。

⑧ Repeat:非循环模式下拨打测试次数。

⑨ Call Numbers:被叫号码。

⑩ Dial Mode:话音编码速率。

⑪ MOS Process:如果要进行 MOS 测试,请选择此按钮。

⑫ Muilt MOS:多 MOS 测试。

⑬ Play Device:仅在单路 MOS 测试时可选,MOS 放音声卡设备。

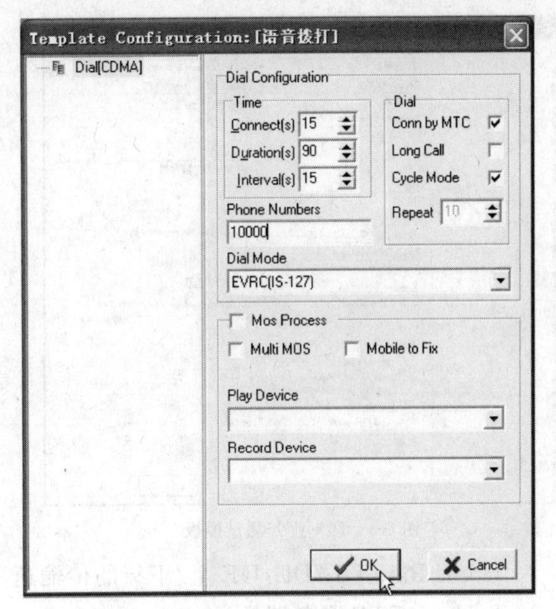

图 6-4 测试模板界面

⑭ Record Device:仅在单路 MOS 测试时可选,MOS 录音声卡设备。需要与 Play Device 交差选择。

6.2.3 数据业务功能验证

数据业务测试一般通过 FTP 的下载和上传测试进行,通过 FTP 测试可以获知网络的下载、上传速率,从而评定网络质量。

1. 彩 e 拨打测试

彩 e 业务测试的模板如图 6-5 所示。模板选项说明如下。

① Send Dial-up:发送手机的拨号连接。

② Receive Dail-up:接收手机的拨号连接。

③ Server Address:服务器的 IP 地址。

④ Port:服务器的端口号。

⑤ Times:发送彩 e 的次数。

⑥ Interval(s):发送短信的间隔时长(秒)。

⑦ Target Phone number:接收端手机号码。

⑧ Accessory File:发送彩 e 的图片。

⑨ Title:彩 e 的标题。

⑩ Content:彩 e 的内容。

2. FTP 数据上传测试

数据上传测试的模板如图 6-6 所示。

模板选项说明如下。

① Dial-up:调用的拨号连接名称。

② Traffic Class:测试业务类型,默认 Default 即可。

③ APN:接入点名称(Access Point Name),移动为 cmnet 或 cmwap,联通为 uninet 或 uniwap。

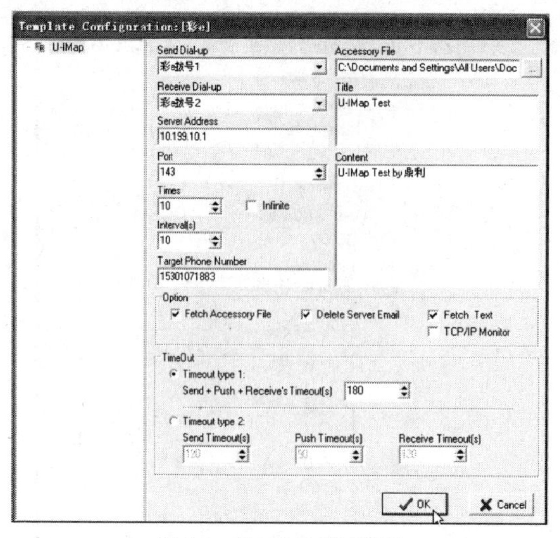

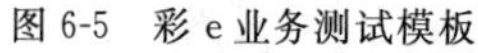
图 6-5　彩 e 业务测试模板

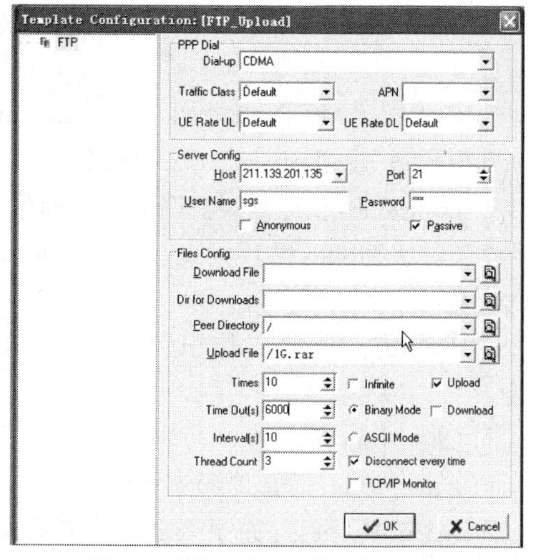

图 6-6　数据上传测试模板参数配置

④ UE Rate UL/DL：UE 上/下行的传输速率，默认 Default 即可。

⑤ Host：FTP 服务器地址。

⑥ Port：FTP 服务器端口，这个端口一般都是 21，建议默认即可。

⑦ User Name：FTP 服务器用户名。

⑧ Password：FTP 服务器密码。

⑨ Anonymous：匿名登录。在 FTP 不允许匿名登录时，不要勾选这个选项。

⑩ Passive：服务器被动模式。对于 FTP 服务器的被动模式，主要用于服务器的稳定、多线程下载、多用户登录等，由于现在大多数 FTP 服务器都是被动模式，测试的时候要选择。

⑪ Download File：需要下载的服务器上文件的路径。

⑫ Dir of Downloads：下载的文件在本地计算机的存储位置。

⑬ Peer Directory：上传到服务器上存储的路径。需要在 FTP 服务器上设置好一个有上传权限的路径供上传测试使用。这个路径要求是全路径，包括各个子目录路径，而且大小写要严格与服务器对应一致。

⑭ Upload File：需要上传的文件在本地电脑的路径。

⑮ Times：测试次数。

⑯ Infinite：无限循环。勾选了此项之后，Times 选项就不再起作用了。

⑰ Time Out(s)：传输文件超时时长。

⑱ Interval(s)：正常完成测试时两次测试之间的间隔。

⑲ Thread Counts：下载使用多线程的线程数量，建议使用默认的 3 线程。

⑳ Upload：勾选之后可以做上传测试。

㉑ Download：勾选之后可以做下载测试。

㉒ Binary Mode：服务器传输数据支持二进制模式。现在一般的服务器都是这种二进制模式的格式。

㉓ ASCII Mode：服务器传输数据 ASCII 模式。

㉔ Disconnect Every Time：每次做数据业务是否要断开拨号网络。也就是说做完一次下载后是否要断开拨号连接。

㉕ TCP/IP Monitor：TCP/IP 协议包的收取。如果选择这个设置，会收取下 TCP/IP 层

的协议包，但测试数据会增大一些。

3. FTP 数据下载测试

数据下载测试的模板与上传测试的模板类似，只需将上传测试中“upload”前面的复选框勾选去掉，改为勾选 download 复选框即可，如图 6-7 所示。

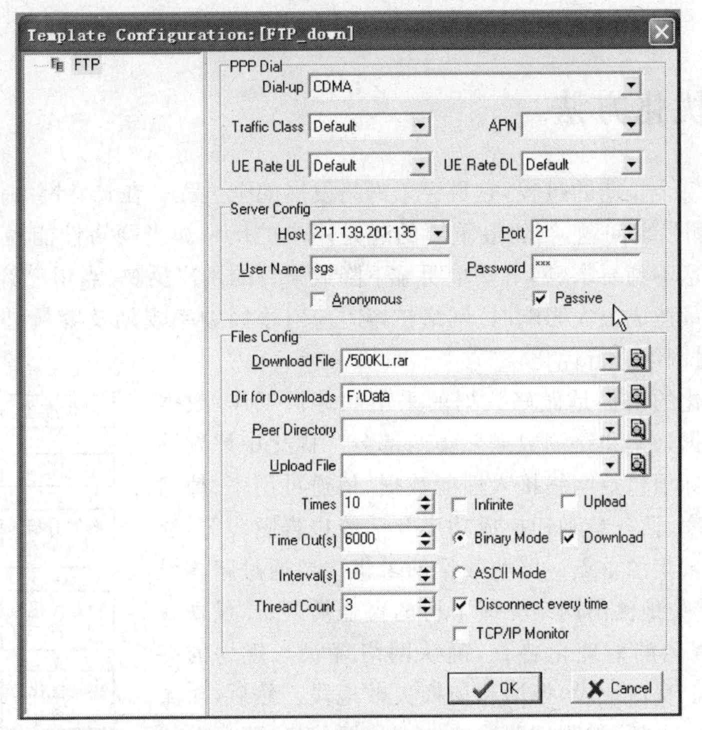

图 6-7　数据下载测试模板参数配置

6.2.4 任务总结

本节讲述了单站验证中对各种业务的验证测试的方法，熟练掌握多种业务功能验证对后期优化非常重要。本节中涉及的 3 种业务测试（话音业务、彩 e 业务和 FTP 业务）都是网络测试和网络优化中经常测试的业务类型。

6.2.5 习题

1. 简述在话音测试模板设置中的几个主要参数及典型值，要求最少说出 5 个参数。
2. 简述业务功能性验证在整个网络建设与优化中的作用。
3. 简述话音业务功能验证的优化思路。
4. 强制锁网有几项选项，分别是什么？

第7章 cdma2000无线网络性能优化测试

7.1 网络优化方法

网络优化是一个长期的过程，它贯穿于网络发展的全过程。在日常网络优化过程中，可以通过OMC和路测发现问题，当然最重要的还是用户的反映。当网络性能经常性的跟踪检查中发现话统指标达不到要求、网络质量明显下降或来自的用户反映、当用户群改变或发生突发事件并对网络质量造成很大影响时、网络扩容时应对小区频率规划及容量进行核查等情形发生时，都要及时对网络进行优化。

进行网络优化的前提是做好数据的采集和分析工作，数据采集包括话统数据采集和路测数据采集两部分。优化中评判网络性能的主要指标项包括网络接入性能数据、信道可用率、掉话率、接通率、拥塞率、话务量和切换成功率及话统报告图表等，这些也是话统数据采集的重点。路测数据的采集主要通过路测设备，定性、定量、定位地测出网络无线下行的覆盖切换、质量现状等，通过对无线资源的地理化普查，确认网络现状与规划的差异，找出网络干扰、盲区地段，掉话和切换失败地段。然后，对路测采集的数据进行分析，如测试路线的地理位置信息、测试路线区域内各个基站的位置及基站间的距离、各频点的场强分布、覆盖情况、接收信号电平和质量、6个邻小区状况、切换情况及layer3消息的解码数据等，找出问题的所在从而制定有效的解决方案。

网络优化的关键是进行网络分析与问题定位，网络问题主要从干扰、掉话、话务均衡和切换4个方面来进行分析，如图7-1所示。

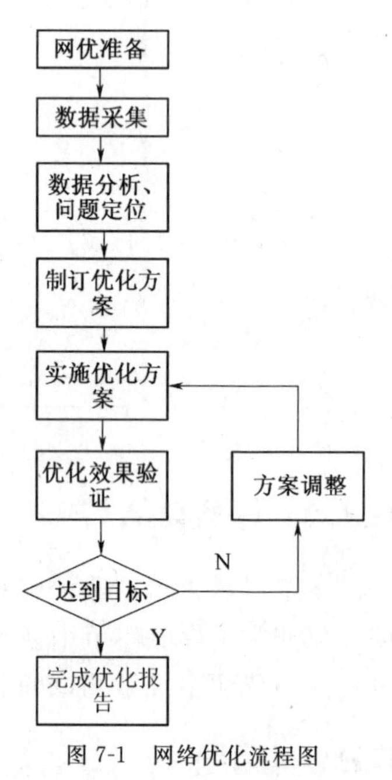

图7-1 网络优化流程图

7.2 覆盖问题优化测试

7.2.1 覆盖问题分析

弱覆盖的原因不仅与系统许多技术指标如系统的频率、灵敏度、功率等有直接的关系，还与工程质量、地理因素、电磁环境等有密切的关系。一般系统的指标相对比较稳定，但如果系统所处的环境比较恶劣、维护不当、工程质量不过关，则可能会造成基站的覆盖范围减小。

网络规划阶段考虑不周全或不完善，导致在基站开通后存在弱覆盖或者覆盖空洞，发射机输出功率减小或接收机的灵敏度降低，天线的方位角发生变化、天线的俯仰角发生变化、天线进水、馈线损耗等对覆盖都会造成影响。综上所述引起弱场覆盖的原因主要有以下几个方面。

① 网络规划考虑不周全或不完善的无线网络结构引起的。

② 由设备导致的。

③ 工程质量造成的。

④ 发射功率配置低,无法满足网络覆盖要求。

⑤ 建筑物等引起的阻挡。

7.2.2 覆盖问题优化步骤

常见的覆盖问题的优化方法包括以下几点。

① 优先通过调整天线方位角和下倾角来改善局部地区覆盖。

② 调整基站发射功率。

③ 调整基站站高。

④ 必要时需要迁站,加站或减站。

由于缺站、扇区接错、功放故障导致站关闭等原因都会导致覆盖差,在室内,由于过大的穿透损耗也会导致覆盖太差。

7.2.3 案例1:覆盖问题

1. 案例描述

测试车辆自西向东行驶,手机在09:48:37:731发生掉话。掉话发生小区PN=369,CID=32526。

2. 案例分析

掉话具体位置如图7-2所示。

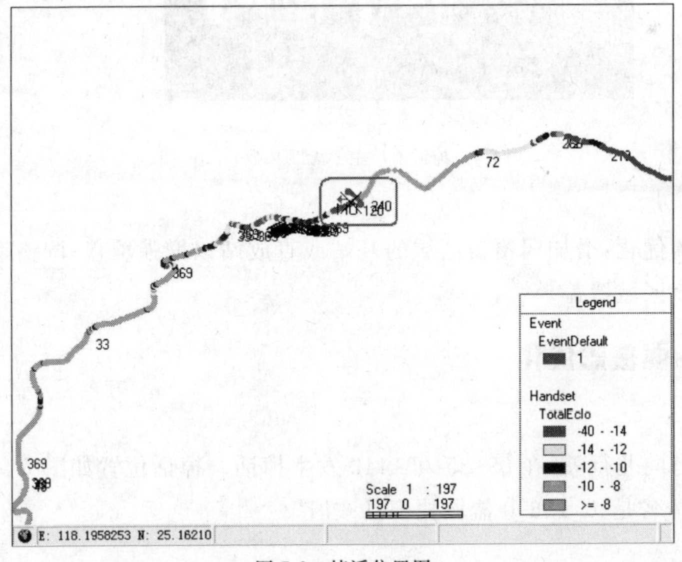

图7-2 掉话位置图

掉话前后主要无线参数路径,如图7-3所示。从图中可以看出,发生掉话前,服务小区的无线信号质量已经有了明显的变坏趋势。在图中也以看出,掉话位置前(图中圈注区域左侧),服务小区的接收电平已经下降到-90dBm以下;手机的发射功率已经上升到15dBm以上;手机的发射功率调整参数(TxGainAdj)已经上升到0dBm以上;手机接收信号的E_c/I_o已经下降到-14dB以下。

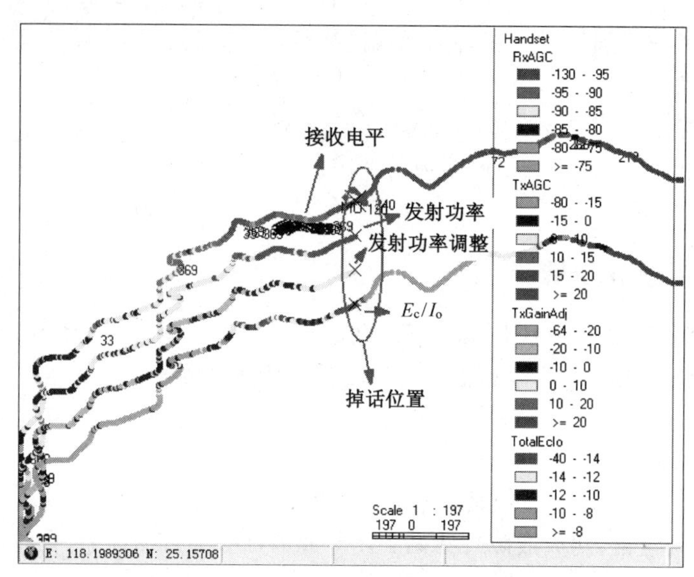

图 7-3 掉话前后主要无线参数路径图

从以上数据可以看出，手机接收信号质量很差，也就是说手机已经处于弱覆盖区域（现在国内对 CDMA 信号弱覆盖的定义是：手机接收电平＜－90dBm& 手机发生功率＞15dBm&E_c/I_o＜－12dBm）。以上 3 个参数中任何一个参数到了规定的门限值，就可以认为测试区域是弱覆盖区域。

从图 7-4 的 Graph 中也可以看出，掉话区域的无线参数指标很差。

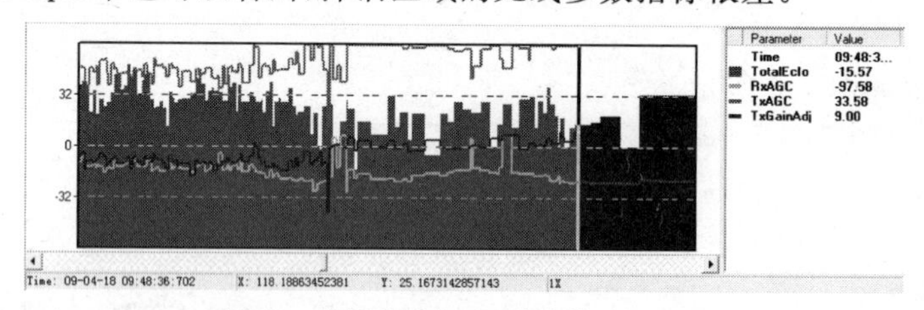

图 7-4 掉话前后主要无线参数 Graph 图

3. 优化建议

对于弱覆盖的优化：增加弱覆盖区域的基站或直放站以增强覆盖；调整附近区域的小区或信号源更多的向该区域覆盖。

7.2.4 案例 2：弱覆盖优化

1. 案例描述

测试车辆自南向北行驶，在 09:25:05:442 发生掉话。掉话位置如图 7-5 所示。发生掉话的小区 PN＝69，站名是“0_136_0 盐城盐都县政府”。

2. 案例分析

从图 7-5 的掉话位置看，掉话区域正好处于一个基站相对较少的区域。从图 7-6 中可以明显看出，掉话当前位置的主服务小区距离较远，主服务小区的信号越过了盐马南路基站。

从图 7-7 的 Graph 图可以看出，在掉话之前的无线信号质量逐渐变坏，主服务小区的 E_c/I_o 逐渐下降，TxPower 逐渐上升，TxGainAdj 也是越来越高。最后造成 E_c/I_o 极差，且反向链路恶化很快，最终导致掉话。

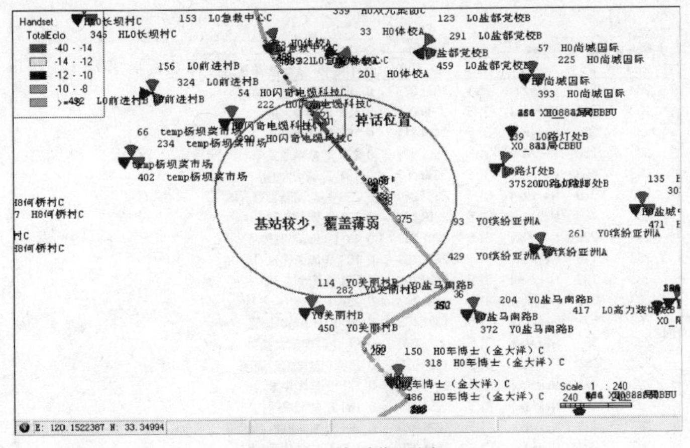

图 7-5　掉话位置图

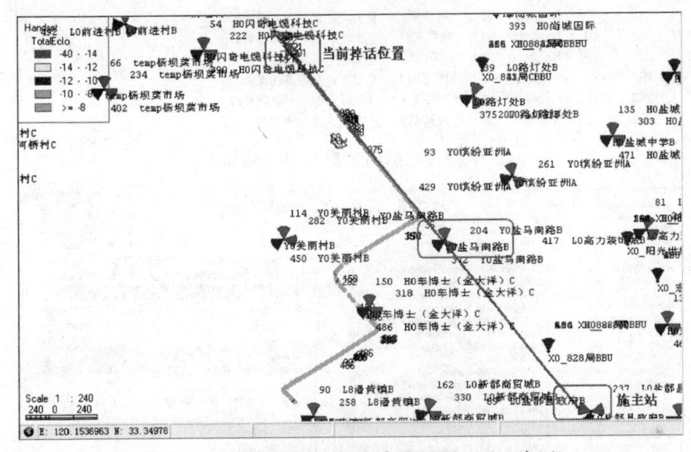

图 7-6　掉话位置与施主站关系(Reference 小区)

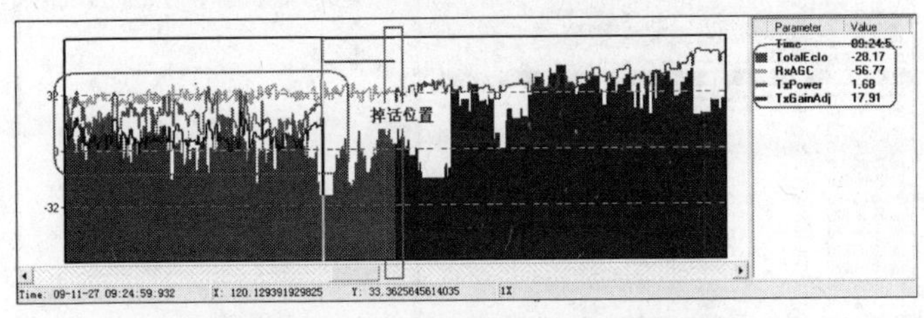

图 7-7　掉话前后服务小区主要参数变化图

另外，从图 7-8 的掉话前的邻小区窗口看，掉话前其他邻小区的信号强度也很差。当前服务小区是盐城盐都县政府，PN＝69。

从图 7-9 可以看出，掉话之后手机还是同步到了 PN＝69，也就是说，本次掉话不是由于邻小区缺失而引起。

基于以上分析，不难看出，引起本次掉话的主要原因是当前测试点的服务小区过远引起，也就是我们经常说的由于某个小区的过覆盖引起的掉话。

为了解决这个问题，一般需要进行以下处理：考虑到掉话位置存在一个覆盖漏洞，显然需要增加基站用于增强覆盖。这是一个常用的解决这种过覆盖的方法，但有时候也要根据投入产出比，比较增加基站后的收入是否可以正常收回。

解决这个问题还有另外一个手段，就是调整过覆盖小区的天线参数，将俯仰角下压或调整服务小区的方位角，使该小区覆盖到该小区更应该覆盖的区域。这里建议调整小区："0_136_0

Freq...	PN	State	Ec/...	Distance	Cell Name
283	69	Active	-17	3051.693	0_136_0_盐城盐都县政府
283	372	Neighbor	-25.5	1541.079	0_165_2_盐城盐马南路
283	117	Neighbor	-31.5	3330.067	0_194_0_瑞华大厦
283	30	Neighbor	-31.5	2414.711	0_102_0_盐城鱼市口
283	258	Neighbor	-31.5	2511.539	0_224_1_盐城潘黄镇
283	453	Neighbor	-31.5	3330.067	0_194_2_瑞华大厦
283	330	Neighbor	-31.5	2605.340	0_236_1_盐城新都商贸城
283	468	Neighbor	-31.5	2918.401	0_184_2_宏都花园
283	225	Neighbor	-31.5	1301.163	0_43_1_temp尚城国际
283	126	Neighbor	-31.5	2677.156	0_189_0_城西建筑
283	132	Neighbor	-31.5	2918.401	0_184_0_宏都花园
283	318	Neighbor	-31.5	1791.447	0_257_1_车博士
283	57	Neighbor	-31.5	1301.163	0_43_0_temp尚城国际
283	96	Neighbor	-31.5	2175.890	0_84_0_新电信大楼1
283	261	Neighbor	-31.5	1525.023	0_259_1_盐城滨纷亚洲
283	471	Neighbor	-31.5	1972.213	0_171_2_盐城中学
283	114	Neighbor	-31.5	1254.417	0_156_0_盐城美丽村
283	429	Neighbor	-31.5	1525.023	0_259_2_盐城滨纷亚洲
283	204	Neighbor	-31.5	1541.079	0_165_1_盐城盐马南路
283	150	Neighbor	-31.5	1791.447	0_257_0_车博士
283	417	Neighbor	-31.5	2421.962	0_127_2_盐城高力装饰城
283	405	Neighbor	-31.5	3051.693	0_136_2_盐城盐都县政府
283	237	Neighbor	-31.5	3051.693	0_136_1_盐城盐都县政府
283	93	Neighbor	-31.5	1525.023	0_259_0_盐城滨纷亚洲
283	162	Neighbor	-31.5	2605.340	0_236_0_盐城新都商贸城
283	282	Neighbor	-31.5	1254.417	0_156_1_盐城美丽村

图 7-8 掉话前后邻小区窗口

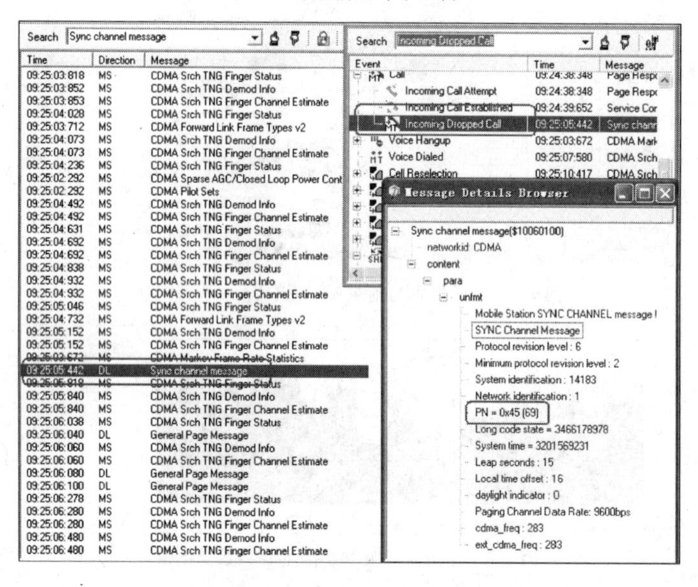

图 7-9 掉话后服务小区 PN=69

盐城盐都县政府”的下倾角，下压1°即可。

另外，为了更好地解决此路段的覆盖问题，分析图 7-10 所示掉话位置附近的各基站位置，应更多地调整一个小区作为此路段的主服务小区，以避免因为调整小区“0_136_0 盐城盐都县政府”的下倾角而导致的弱覆盖区域，这样的弱覆盖区域很容易造成导频污染。这里建议调整“闪奇电缆科技”第二扇区(方向角=150°)的方向角为140°。

3. 优化建议

综上所述，使用调整服务小区“0_136_0 盐城盐都县政府”的天线下倾角，及调整“闪奇电缆科技”第二扇区的方向角，基本可以解决测试路径中的弱覆盖区域。但要根本解决该路段的弱覆盖及可能的导频污染，还是建议增加新的基站用于补充覆盖。

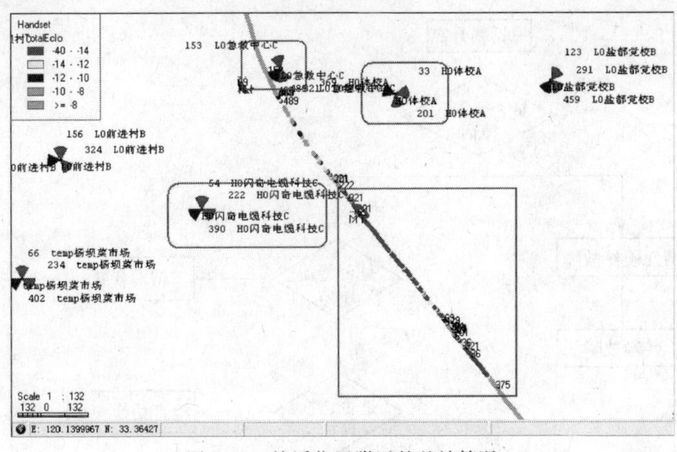

图 7-10 掉话位置附近的基站情况

7.2.5 任务总结

本节讲述网络优化的流程和方法,要了解覆盖问题及其优化方法对实际工作的重要意义。

7.2.6 习题

1. 引起弱场覆盖的原因主要有哪几个方面?
2. 常见覆盖问题的优化方法有哪些?
3. 怎样解决弱覆盖问题?

7.3 掉话问题优化测试

7.3.1 掉话问题分析

掉话产生的原因主要有以下几种。

① 干扰造成的掉话。

② 切换造成的掉话。

③ 覆盖问题造成的掉话。

④ 参数配置错误造成的掉话。

⑤ 基站硬件故障造成的掉话。

⑥ 终端问题造成的掉话。

7.3.2 掉话问题优化流程

掉话问题的分析和优化流程,如图 7-11 所示。

7.3.3 案例 1:缺少邻小区关系

1. 案例描述

测试车辆自东向西行驶,在 13:17:10:490 发生掉话。掉话位置如图 7-12 所示。发生掉话的小区 PN=69,站名是“0_136_0 盐城盐都县政府”。

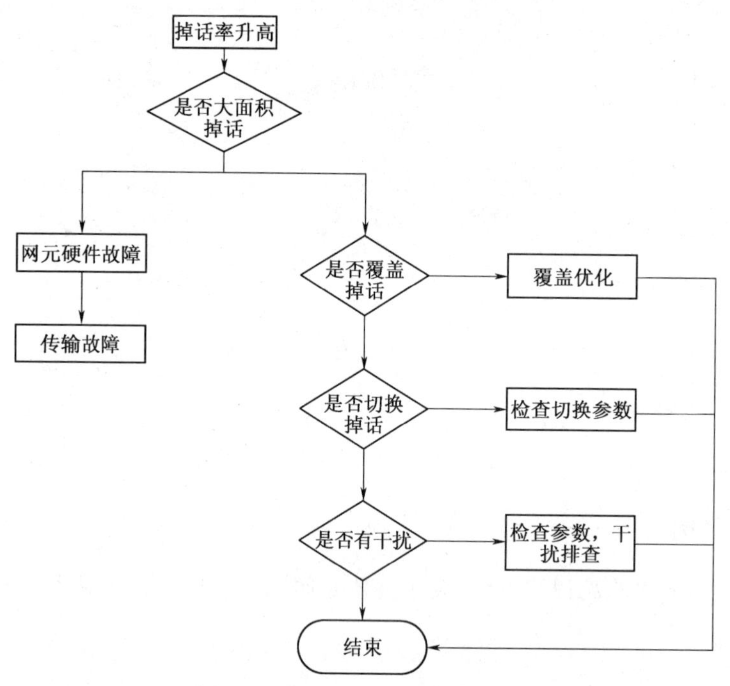

图 7-11　掉话问题的分析和优化流程

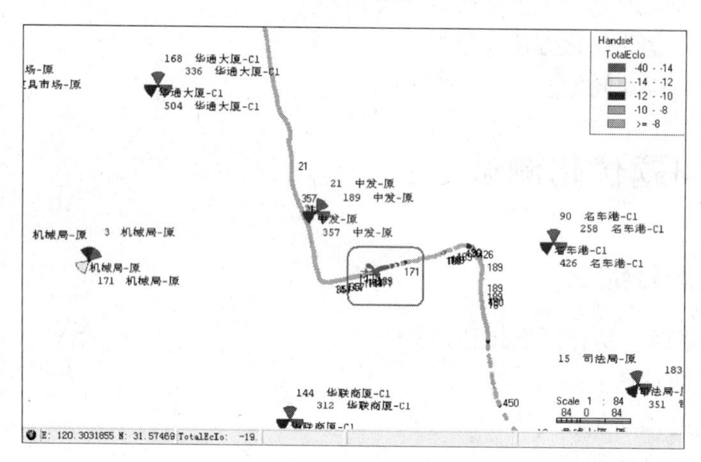

图 7-12　掉话位置图

2. 案例分析

先看本次掉话的主服务小区所在位置，如图 7-13 所示。从图中看出，覆盖该区域的小区是一个距离当前测试点较远的一个山区，而且该小区的天线方向背向于当前测试点。

再看图 7-14 的测试路径的服务小区连线可以看出，在掉话位置附近，只有"机械局"的第二小区能覆盖到掉话位置附近。

综上所述掉话位置主要原因应该是附近基站不能有效覆盖当前掉话区域。从地理位置上理解，在掉话位置附近的基站可能受到较大的阻挡而不能正常覆盖此区域。而为了使"机械局"第二小区更好地服务于当前位置，首先要调整这个小区的天线覆盖方向，这里建议调整方向为 170°，这主要还是考虑到原来机械局第二小区的主服务方向。

覆盖问题可以按照上面的方法解决。但还有一个问题要解决，就是掉话问题。如图 7-15 所示，当前服务小区的 PN＝171。

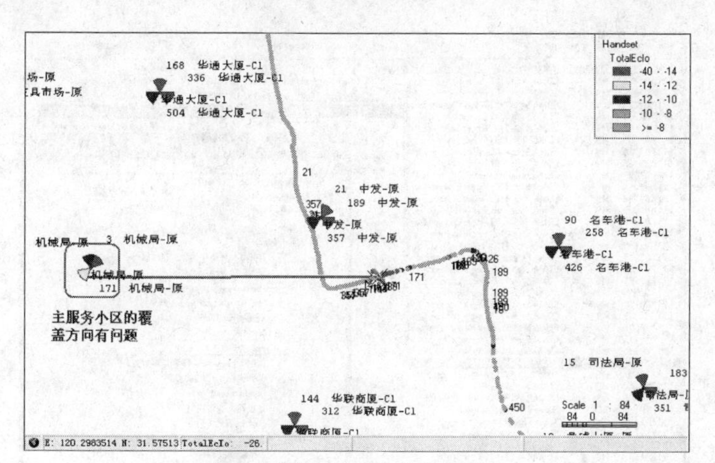

图 7-13　掉话位置主服务小区图

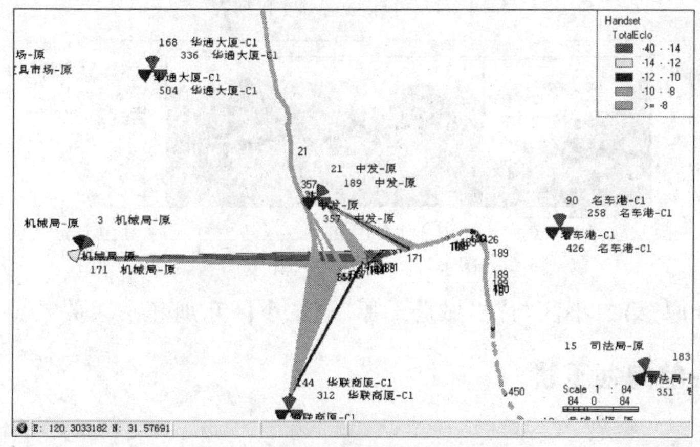

图 7-14　掉话位置服务小区分布图

而掉话之后，手机同步到了 PN＝189，如图 7-16 所示。一般情况下，CDMA 掉话之后，不能同步到原来的服务小区，而且在掉话前的邻小区列表中，也没有同步之后的 PN，这意味着缺少同步之后的该 PN 的邻小区信息。

另外，从图 7-17 的 Graph 中可以看出，掉话之前服务小区的无线质量急剧下降，Total E_c/I_o 已经降到 －20dB 左右，FFER 已经接近 90％，TxGainAdj一直维持在最大值：9.50dB。以上指标意味着当前测试位置的无线信号已经非常差了。而在图 7-15 所示的邻小区列表中，又没有信号质量好的小区。

Grid | Chart

Fre...	PN	State	Ec/Io(...	Distance	Cell Name
201	387	Neighbor	-17	818.631	东林大酒店-原3
201	90	Neighbor	-18	359.004	名车港-C11
201	357	Neighbor	-19.5	197.885	中发-原3
201	**171**	**Active**	**-20.5**	**627.883**	**机械局-原2**
201	354	Neighbor	-25	551.995	鼎球大厦-原3
201	144	Neighbor	-28	420.542	华联商厦-C11
201	3	Neighbor	-29.5	627.883	机械局-原1
201	255	Neighbor	-31.5	2898.780	锡沪路-原2
201	423	Neighbor	-31.5	2898.780	锡沪路-原3
201	462	Neighbor	-31.5	2069.700	新江南-原3
201	348	Neighbor	-31.5	884.399	西水墩-原3
201	168	Neighbor	-31.5	649.215	华通大厦-C11
201	87	Neighbor	-31.5	2898.780	锡沪路-原1
201	504	Neighbor	-31.5	649.215	华通大厦-C13
201	291	Neighbor	-31.5	2160.985	兴竹-原2
201	78	Neighbor	-31.5	1076.731	化轻大厦-C41
201	240	Neighbor	-31.5	990.128	皮具市场-原2
201	318	Neighbor	-31.5	2559.133	荣都精品酒店-原2
201	438	Neighbor	-31.5	3270.889	广瑞饭店-原3
201	339	Neighbor	-31.5	627.883	机械局-原3
201	246	Neighbor	-31.5	1076.731	化轻大厦-C42
201	36	Neighbor	-31.5	1795.639	祥和宾馆-C11
201	93	Neighbor	-31.5	2879.815	社桥-原1
201	261	Neighbor	-31.5	2879.815	社桥-原2
201	180	Neighbor	-31.5	884.399	西水墩-原2
201	327	Neighbor	-31.5	1263.369	北塘区政府-C12
201	174	Neighbor	-31.5	1497.245	兴隆大酒店-原2
201	480	Neighbor	-31.5	420.542	华联商厦-C13
201	72	Neighbor	-31.5	990.128	皮具市场-原1
201	12	Neighbor	-31.5	884.399	西水墩-原1

此邻小区列表中没有PN189

图 7-15　掉话位置邻小区列表

3. 优化方案

综上所述，为了避免测试路径上的掉话，需要做以下处理。

① 调整服务小区“机械局”第二扇区的方向角到 170°。

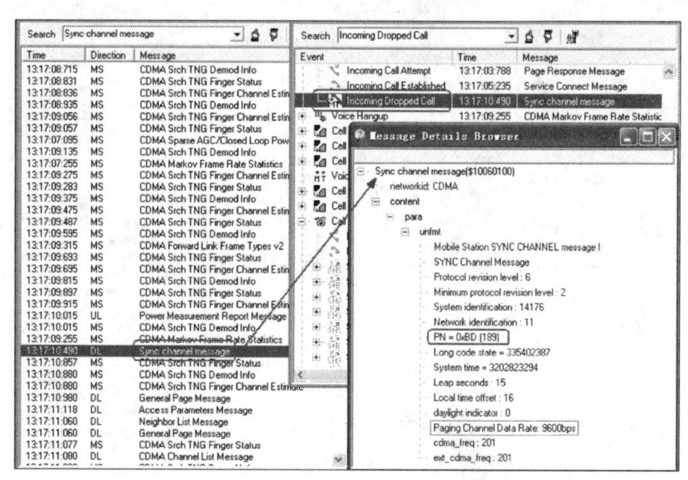

图 7-16　掉话位置邻小区列表

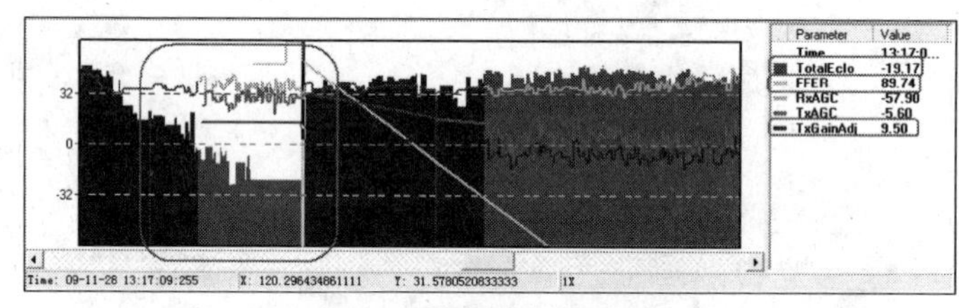

图 7-17　掉话位置 Graph 图

② 将“中发－原”第二小区与“机械局－原”第二小区互加邻小区关系。

7.3.4　案例 2：前向强干扰

1. 案例描述

测试车辆自南向北行驶，手机在 10:33:03:782 发生掉话。掉话发生小区 PN＝300，CID＝33709，如图 7-18 所示。

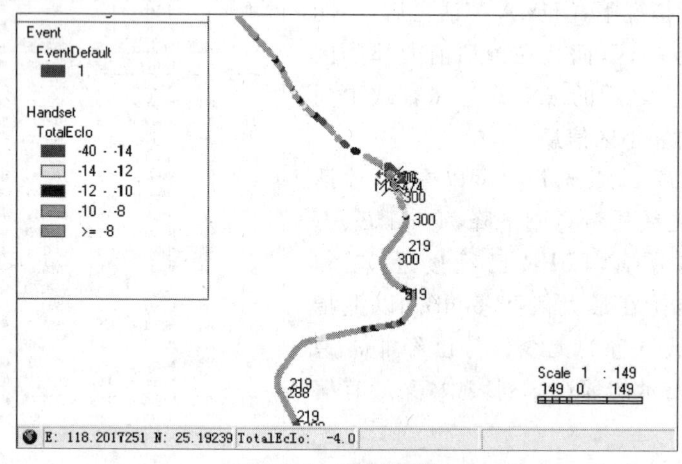

图 7-18　掉话位置图

2. 案例分析

从图 7-19 的 FFER(前向误帧率)与 E_c/I_o 的对比图可以看出，掉话前手机的 FFER 急剧上升，已经达到 50%以上。

从图 7-20 的无线参数 Graph 窗口可以看出，测试手机在掉话之前，手机的接收功率

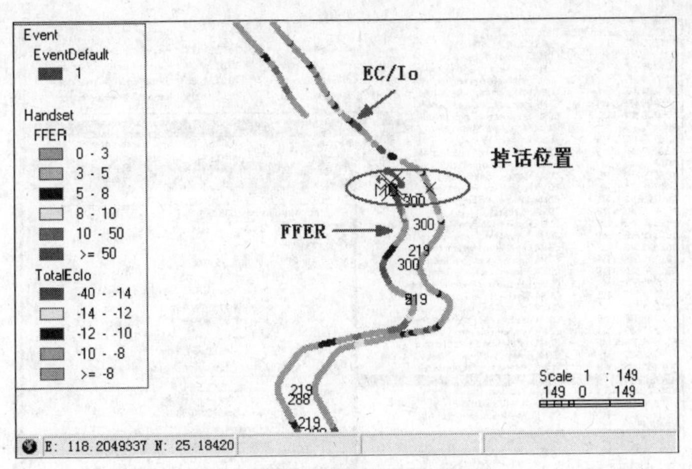

图 7-19　掉话位置 FFER 对比图

在－70dBm左右，发射功率在－40dBm 以下，E_c/I_o 维持在－5dB 左右。说明手机接收信号较好。唯独手机的 FFER 在掉话之前突然升高很高，大约从 5%以下一下升高到接近 100%，直接导致了手机的掉话。

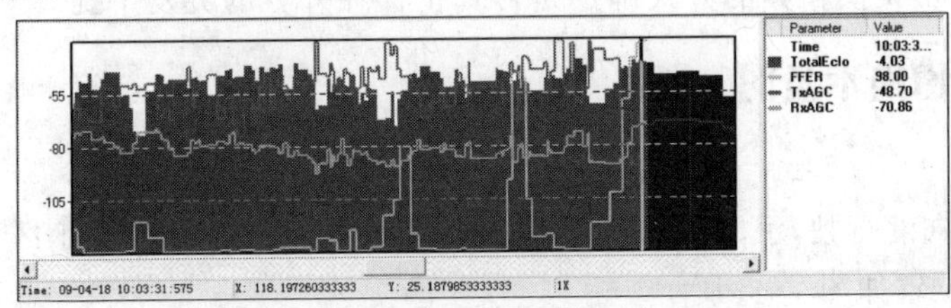

图 7-20　掉话位置无线参数 Graph 图

再从邻小区关系方面看这个问题，如图 7-21 所示，可以看出手机在掉话之前，服务小区集(Active Set)中，有 3 个小区共同服务于当前测试位置。

Freque...	PN	State	Ec/Iol...	Distance	Cell Name
283	474	Active	-6.5		
283	306	Active	-8.5		
283	**300**	**Active**	**-15.5**		
283	21	Neighbor	-24		
283	240	Neighbor	-24.5		
283	369	Neighbor	-24.5		
283	291	Neighbor	-27		
283	255	Neighbor	-27		
283	174	Neighbor	-27.5		
283	63	Neighbor	-27.5		
283	270	Neighbor	-28		
283	288	Neighbor	-31.5		
283	201	Neighbor	-31.5		
283	210	Neighbor	-31.5		
283	9	Neighbor	-31.5		
283	126	Neighbor	-31.5		
283	378	Neighbor	-31.5		
283	66	Neighbor	-31.5		
283	120	Neighbor	-31.5		
283	72	Neighbor	-31.5		

图 7-21　服务小区和邻小区窗口

在从手机掉话后同步到的小区图看，手机掉话后直接同步到了 PN＝474 的小区，也就是前面通话过程中 Active Set 中的一个小区，如图 7-22 所示。

3. 优化方案

综上可以看出，本次掉话不是由于邻小区缺失直接导致 FFER 升高而造成掉话的。接收

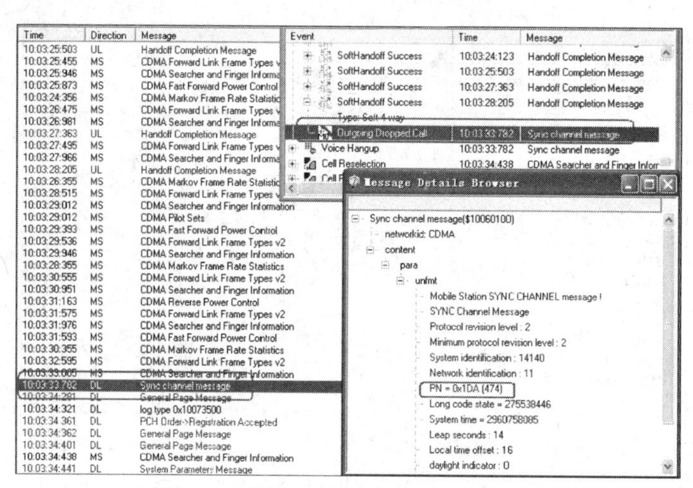

图 7-22　掉话后，手机同步到 PN=474 小区

手机的上行无线指标（手机发射功率、TxGainAdj 等参数）非常好，下行指标（手机接收电平、E_c/I_o 等）较好，只有 FFER 很高。所以，怀疑测试区域可能存在较高的突发干扰情况。这里我们只能采取使用扫频仪扫频的方式确定是否真正存在外界的突发干扰。

7.3.5　案例 3：切换不及时

1. 案例描述

测试车辆自南向北行驶，手机在 10:49:03:428 发生掉话。掉话发生小区 PN=432，CID=37650。掉话具体位置如图 7-23 所示。

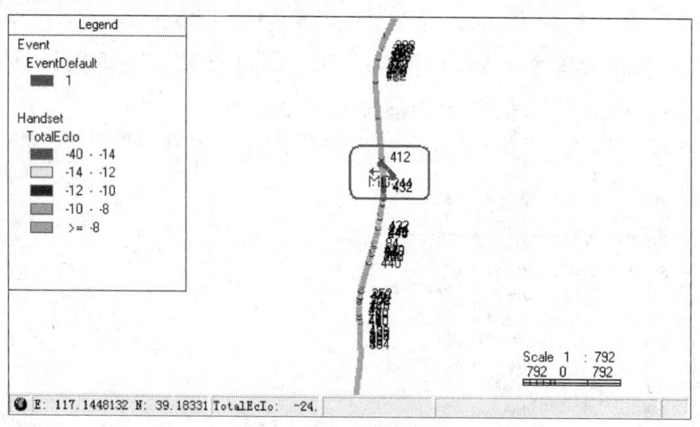

图 7-23　掉话位置图

2. 案例分析

从图 7-24 所示的服务小区信息图可以看出，掉话前服务小区的信号质量急剧下降，主服务小区的 Ec（码片能量）是 99.18dBm，已经很小，而 Rx AGC 是−66.89dBm，也就是说在通话过程中，有用的码片能量已经很小了，不能从整个噪声中提取出来，也就是有用信号已经淹没在噪声当中。这直接导致了手机发射功率上升，手机的发射功率调整值也随之上升。最终导致掉话。

图 7-25 所示的服务小区/邻小区信息图，说明了当前测试路径的覆盖小区极少，一共只有 3 个小区可以被手机搜到。其中，PN=244 小区的 E_c/I_o 已经很好，达到了−4.5dB。但这个小区只能在 Candidate Set 中，不能加大 Active Set。从图 7-24 中可以看出，切换参数：T_ADD=26、T_COMP=5 等设置正常。所以，引起这种切换不及时的原因可能是 Active Set 中

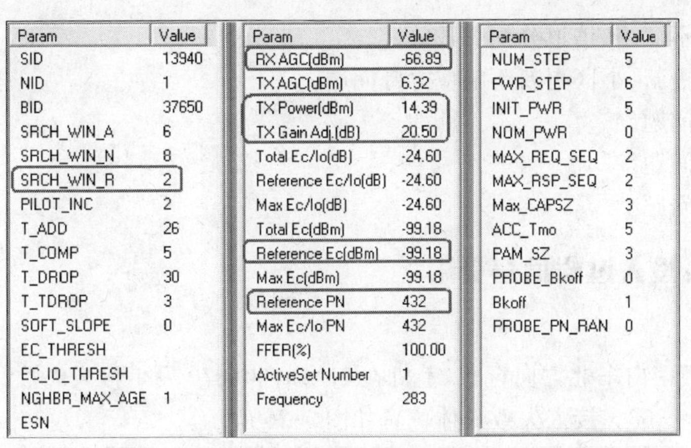

Param	Value
SID	13940
NID	1
BID	37650
SRCH_WIN_A	6
SRCH_WIN_N	8
SRCH_WIN_R	2
PILOT_INC	2
T_ADD	26
T_COMP	5
T_DROP	30
T_TDROP	3
SOFT_SLOPE	0
EC_THRESH	
EC_IO_THRESH	
NGHBR_MAX_AGE	1
ESN	

Param	Value
RX AGC(dBm)	-66.89
TX AGC(dBm)	6.32
TX Power(dBm)	14.39
TX Gain Adj.(dB)	20.50
Total Ec/Io(dB)	-24.60
Reference Ec/Io(dB)	-24.60
Max Ec/Io(dB)	-24.60
Total Ec(dBm)	-99.18
Reference Ec(dBm)	-99.18
Max Ec(dBm)	-99.18
Reference PN	432
Max Ec/Io PN	432
FFER(%)	100.00
ActiveSet Number	1
Frequency	283

Param	Value
NUM_STEP	5
PWR_STEP	6
INIT_PWR	5
NOM_PWR	0
MAX_REQ_SEQ	2
MAX_RSP_SEQ	2
Max_CAPSZ	3
ACC_Tmo	5
PAM_SZ	3
PROBE_Bkoff	0
Bkoff	1
PROBE_PN_RAN	0

图 7-24　服务小区信息图

的服务小区信号太差,Candidate Set 中的小区已经不能通过信令确认而加入到 Active Set 中,最终造成掉话。

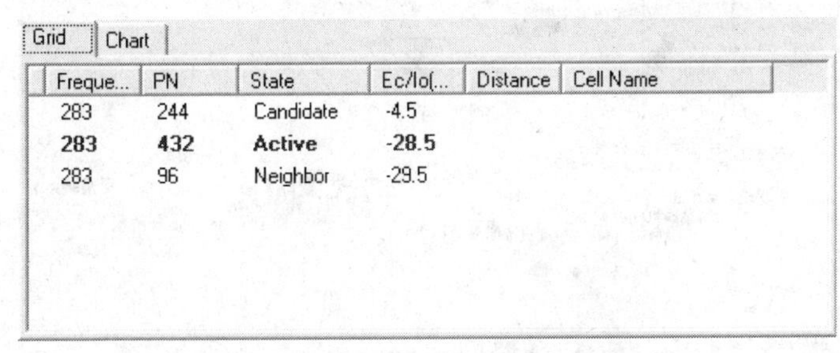

Freque...	PN	State	Ec/Io(...	Distance	Cell Name
283	244	Candidate	-4.5		
283	**432**	**Active**	**-28.5**		
283	96	Neighbor	-29.5		

图 7-25　服务小区/邻小区信息图

3. 优化方案

综上所述,本次掉话主要原因还是服务小区信号质量下降,而好的小区又不能及时切换到 Active Set 导致。另外,SRCH_WIN_R 设置为"2",不是很合理,一般市区在 10 左右,郊区在 13 左右,主要为了增加手机的搜索多径信号的范围。也有可能本次掉话与此设置有关,虽然不是明显的直接关系,但不能排除间接影响到手机的通话状态。

7.3.6 任务总结

了解本节内容中描述导致掉话的问题及做出合理的解决方法。

7.3.7 习题

1. 简述在优化测试中遇到掉话问题需要分析哪些原因。
2. 简述掉话问题的优化步骤。
3. 说出最少 3 项导致掉话的原因。

7.4 接入失败问题优化测试

7.4.1 接入失败问题分析

产生手机接入失败的原因主要有以下几种。

① 链路资源不可用、信道分配失败等。

② 被叫位置更新、小区更新不响应寻呼问题。

③ 信号覆盖问题。

④ 导频污染问题。

⑤ 上行干扰问题。

7.4.2 案例1：接入过程信号受阻

1. 案例描述

测试车辆自西南向东北方向行驶，手机在10:19:00:870发生接入失败。接入失败发生小区PN=345，CID=363。接入失败具体位置如图7-26所示。

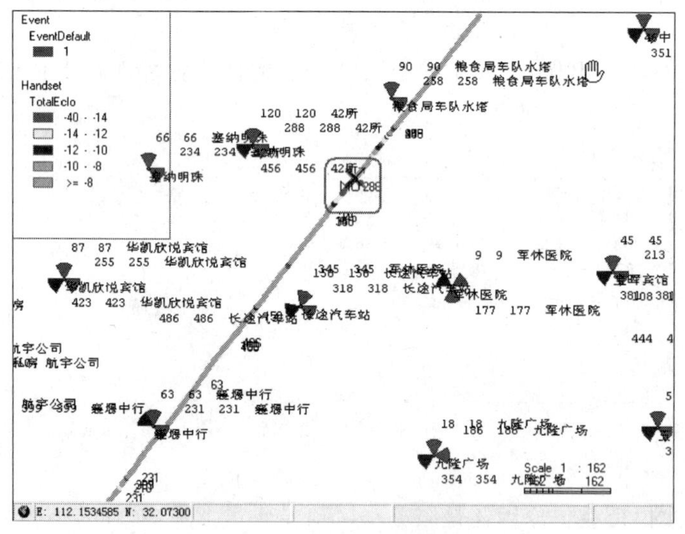

图7-26　接入失败位置图

2. 案例分析

从图7-26所示的接入失败位置图可以看出，在接入失败发生前，测试手机的接收信号E_c/I_o已经变得很差，在-14dB以下。从图7-27所示的服务小区信息窗口可以看出，服务小区信号质量已经很差，很难再维系此次接入过程，最终系统放弃了本次呼叫。

Param	Value
RX AGC(dBm)	-67.91
TX AGC(dBm)	10.91
TX Power(dBm)	10.91
TX Gain Adj.(dB)	16.00
Total Ec/Io(dB)	-21.59
Reference Ec/Io(dB)	-21.59
Max Ec/Io(dB)	-21.59
Total Ec(dBm)	-89.50
Reference Ec(dBm)	-89.50
Max Ec(dBm)	-89.50
Reference PN	345
Max Ec/Io PN	345
FFER(%)	
ActiveSet Number	1
Frequency	283

Param	Value
SID	13893
NID	0
BID	363
SRCH_WIN_A	7
SRCH_WIN_N	7
SRCH_WIN_R	7
PILOT_INC	3
T_ADD	26
T_COMP	5
T_DROP	30
T_TDROP	3
SOFT_SLOPE	0
EC_THRESH	
EC_IO_THRESH	
NGHBR_MAX_AGE	0
ESN	8C5...

Param	Value
PWR_REP_THRESH	2
PWR_REP_FRAMES	57
PWR_THRESH_ENABLE	5
PWR_CONTROL_STEP	0
PWR_PERIOD_ENABLE	True
PWR_REP_DELAY	False

Param	Value
NUM_STEP	4
PWR_STEP	4
INIT_PWR	0
NOM_PWR	0
MAX_REQ_SEQ	2
MAX_RSP_SEQ	2
Max_CAPSZ	3
ACC_Tmo	2
PAM_SZ	2
PROBE_Bkoff	0
Bkoff	0
PROBE_PN_RAN	4

图7-27　服务小区信息

接入释放后，手机同步到了PN=288的小区，如图7-28所示。

而从图7-29所示的接入过程中的服务小区和邻小区信息可以看出，PN=288的小区已经在当前接入状态的服务小区列表中。也就是PN288已经是PN345的邻小区了。但两者的信号都不强。

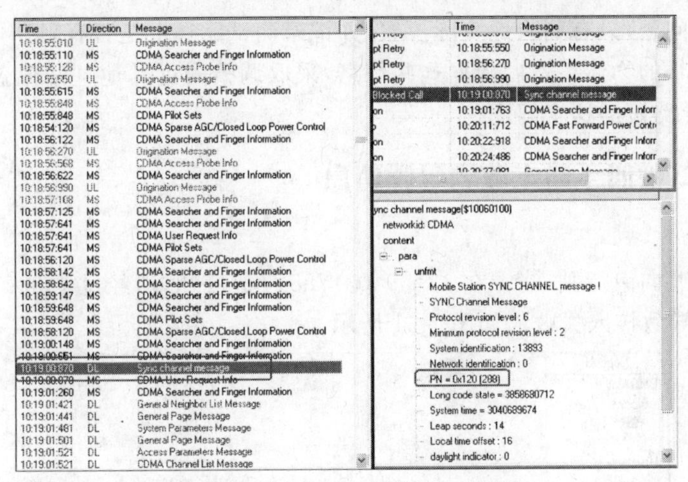

图 7-28 接入失败后，同步信令解码图

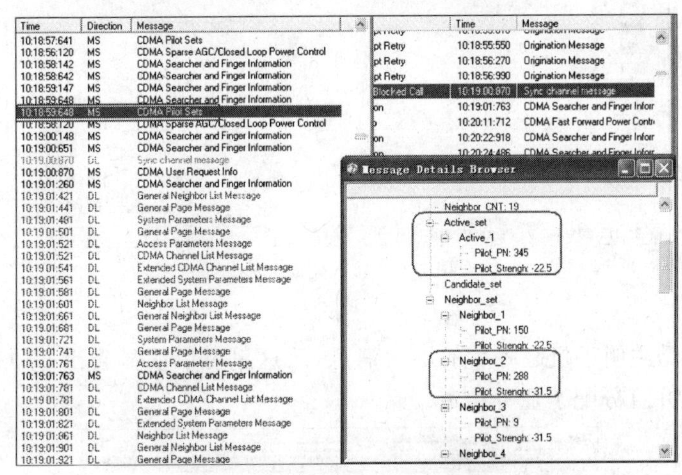

图 7-29 Pilot Sets 信令解码图

但从图 7-30 所示的接入失败后的小区信息中可以看出，PN288 在被同步后，信号质量非常好，$E_c/I_o > -3\text{dB}$。

Param	Value
RX AGC(dBm)	-76.25
TX AGC(dBm)	
TX Power(dBm)	
TX Gain Adj.(dB)	
Total Ec/Io(dB)	-2.61
Reference Ec/Io(dB)	-2.61
Max Ec/Io(dB)	-3.96
Total Ec(dBm)	-78.86
Reference Ec(dBm)	-78.86
Max Ec(dBm)	-80.20
Reference PN	288
Max Ec/Io PN	288
FFER(%)	
ActiveSet Number	1
Frequency	283

Param	Value
SID	13893
NID	0
BID	719
SRCH_WIN_A	7
SRCH_WIN_N	9
SRCH_WIN_R	9
PILOT_INC	3
T_ADD	26
T_COMP	5
T_DROP	30
T_TDROP	3
SOFT_SLOPE	0
EC_THRESH	
EC_IO_THRESH	
NGHBR_MAX_AGE	0
ESN	8C5...

Param	Value
PWR_REP_THRESH	2
PWR_REP_FRAMES	57
PWR_THRESH_ENABLE	5
PWR_CONTROL_STEP	0
PWR_PERIOD_ENABLE	True
PWR_REP_DELAY	False

Param	Value
NUM_STEP	4
PWR_STEP	4
INIT_PWR	0
NOM_PWR	0
MAX_REQ_SEQ	2
MAX_RSP_SEQ	2
Max_CAPSZ	3
ACC_Tmo	2
PAM_SZ	2
PROBE_Bkoff	0
Bkoff	0
PROBE_PN_RAN	4

图 7-30 接入失败后的小区信息图

3. 优化方案

综上，可以看出，手机在接入时，选择的服务小区不好，PN345 在接入初始时就比较差，而接入失败之后出现的好的小区，在接入过程中并没有表现出较好的状态。所以，这里怀疑，在手机接入的路径上，有可能存在较大的快衰落，而影响了两个小区：PN345 和 PN288 的信号强度或信号质量。

要解决这个问题，只有到当地实际考察，并记录测试路径上是否有阻挡，如高楼、大树或其他有可能阻挡信号的物体。然后依据这些信息，采取调整附近其他基站覆盖方向或天线下倾角等措施，解决此路段的这个问题。

7.4.3 案例2：被叫手机未收到寻呼消息

1. 案例描述

测试车辆自北向南行驶，终端在18:59:03:788发起呼叫，但经过了33s仍未接入网络，最终呼叫20s超时导致接入失败。如图7-31所示。

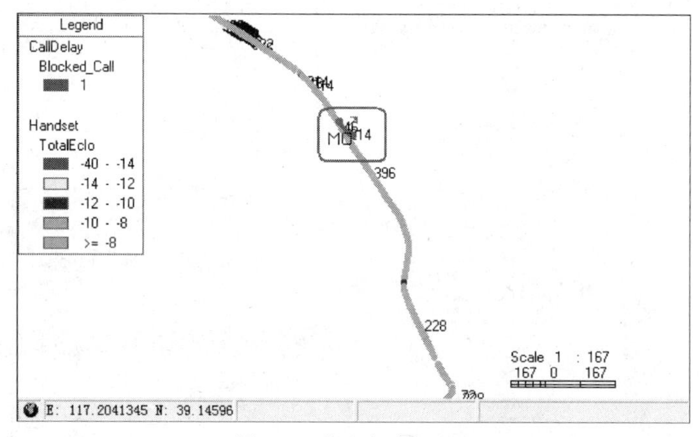

图7-31 接入失败位置图

2. 案例分析

图7-32所示是主叫手机起呼后的层三消息，从这里可以明显看出，系统已经接受了主叫手机的起呼请求，并且分配了业务信道。

Time	Direction	Message
18:59:05:646	DL	Service Connect Message
18:59:05:648	MS	CDMA Service Configuration
18:59:05:655	UL	Service Connect Completion Message
18:59:05:726	DL	FTC Order->Base Station Acknowledgement
18:59:05:735	UL	RTC Order->Mobile Station Acknowledgement
18:59:05:406	MS	CDMA Forward Link Frame Types v2
18:59:05:786	DL	FTC Order->Base Station Acknowledgement
18:59:05:826	DL	Universal Handoff Direction Message
18:59:05:828	MS	CDMA Active Set Info
18:59:05:835	UL	RTC Order->Mobile Station Acknowledgement
18:59:05:395	MS	CDMA Reverse Power Control
18:59:05:875	UL	Handoff Completion Message
18:59:05:595	MS	CDMA Reverse Link Frame Types v2
18:59:06:006	DL	FTC Order->Base Station Acknowledgement
18:59:06:046	DL	Extended Neighbor List Update Message
18:59:06:046	MS	CDMA Pilot Sets
18:59:06:095	UL	Pilot Strength Measurement Message
18:59:06:142	MS	CDMA Searcher and Finger Information
18:59:06:175	UL	RTC Order->Mobile Station Acknowledgement
18:59:06:226	DL	FTC Order->Base Station Acknowledgement
18:59:06:366	DL	Universal Handoff Direction Message
18:59:06:368	MS	CDMA Active Set Info
18:59:06:375	UL	RTC Order->Mobile Station Acknowledgement
18:59:06:415	UL	Handoff Completion Message
18:59:04:500	MS	CDMA Sparse AGC/Closed Loop Power Control
18:59:06:065	MS	CDMA Fast Forward Power Control
18:59:06:546	DL	FTC Order->Base Station Acknowledgement
18:59:06:606	DL	Extended Neighbor List Update Message
18:59:06:662	MS	CDMA Searcher and Finger Information
18:59:06:715	UL	RTC Order->Mobile Station Acknowledgement
18:59:06:426	MS	CDMA Forward Link Frame Types v2
18:59:06:315	MS	CDMA Reverse Power Control
18:59:06:615	MS	CDMA Reverse Link Frame Types v2

图7-32 主叫手机接入时层三消息图

查看本次接入失败事件详细信息，发现被叫手机在主叫手机起呼后，一直处于Idle（空闲）

状态，在这段时间内，被叫手机只做了几次 Idle 下的切换，并没有收到系统下发的 Paging 信息，最终导致被叫的无响应而未接通，如图 7-33 所示。

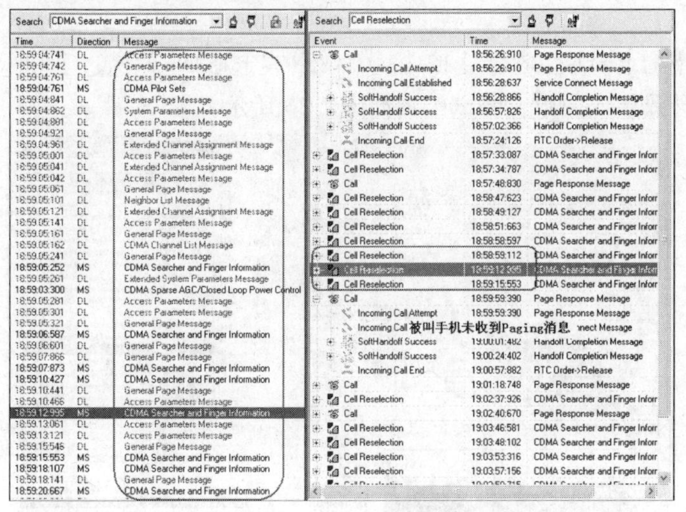

图 7-33　被叫手机信息图

再看主叫手机在起呼时的无线状态，如图 7-34 所示。从图中可以看出，主叫手机在起呼过程中，无线质量一直很好，只有 FFER 稍差，但不影响主叫手机正常接入系统。

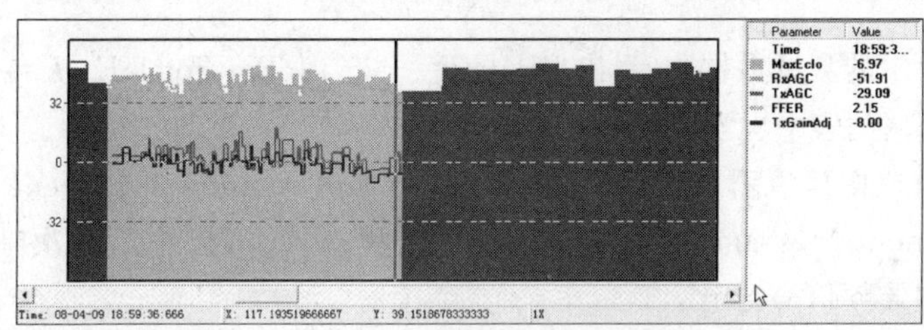

图 7-34　主叫手机 Graph 图

被叫手机的无线状态，如图 7-35 所示。从图中也可以看出，被叫手机在 Idle 状态的信号质量良好。

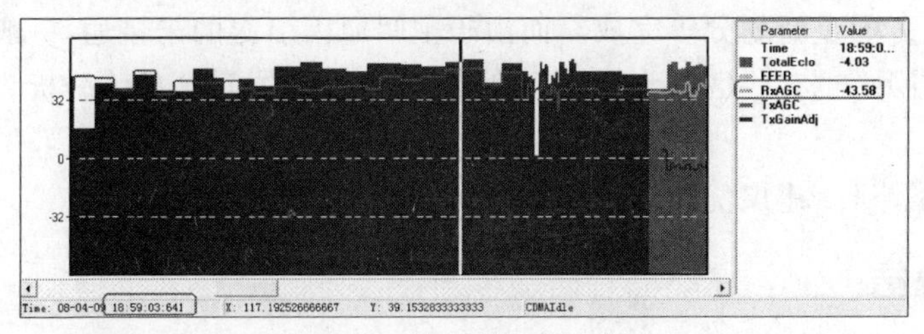

图 7-35　被叫手机 Graph 图

3. 优化方案

由以上分析和图示可以看出，发生未接通的过程中，主、被叫手机的无线质量良好，但被叫手机没有收到系统下发的 Paging 消息。分析其中的主要原因，可能是：

① 系统没有下发 Paging 消息；

② 系统下发的 Paging 消息在空口丢失。

鉴于此，需要对系统下发消息做跟踪，统计下发 Paging 消息的丢失情况，最后根据情况调整交换侧或 BSC 的参数设置，尽量将 Paging 消息丢失率降到最低。

7.4.4 案例3:起呼时延超时呼叫

1. 案例描述

测试车辆自南向北行驶,终端在12:03:04:828发起呼叫,但经过了38s仍未接入网络,最终呼叫20s超时导致接入失败。测试配置如图7-36所示。

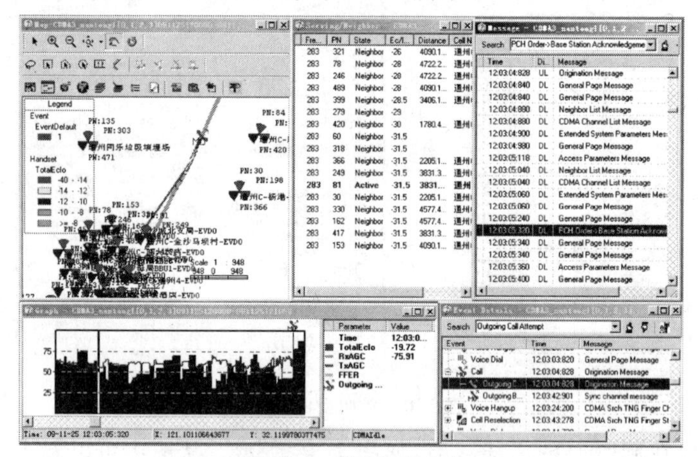

图7-36 测试配置图

2. 案例分析

从如图7-36所示的测试数据中,看出RxAGC=-75.91dBm、Total E_c/I_o=-19.72dB,信号质量比较差,并且在邻区列表中也没有信号好的小区。

从Message窗口中可以看出,网络下发Base station Acknowledgement后,没有收到下发的channel assignment Message,存在很强的前向干扰;因此可以推断此次呼叫失败主要是由于该区域没有强主导频信号导致。

此种未接通事件在CDMA网络中比较普遍,主要和测试规范的设置有关。一般测试CDMA网络的语音通话时,设置接入时长在15s到20s左右,由于被叫有可能正处在某位置区边缘而引起的收不到系统的寻呼消息的情况也比较多,处理此类未接通主要通过优化寻呼信道的寻呼次数、位置区的重新划分等完成。而由于主叫原因引起的未接通,一般是由于主叫的接入信道质量恶化导致,也有些区域为导频污染引起,需要具体问题具体分析。

3. 优化方案

就本次未接通事件,建议优化邻区列表和切换关系。

7.4.5 任务总结

本节讲述了接入失败优化测试的分析问题及步骤,其中案例1与案例2很好地阐述了接入失败的两个原因。

7.4.6 习题

1. 简述产生接入失败问题的原因有哪些。
2. 简述接入问题分析步骤。

附录 A 英文缩略语解释

• DT(Drive Test):驱车覆盖测试,简称路测。

• CQT(Call Quality Test):呼叫质量拨打测试,指在固定的地点进行网络拨打测试。

• MOS(Mean Opinion Score):平均意见值,用来衡量通信系统语音质量的指标。

• PESQ(Perceptual evaluation of speech quality):主观语音质量评估。

• FTP(File Transfer Protocol):文件传输协议。

• BID(Base Stations Identification):基站 ID。

• SID(System Identification Number):系统识别码。

• NID(Network Identification Number):网络识别码。

• PN(Pseudo－random Noise):伪随机序列,又称导频。

• GIS(Geographic Information System):地理信息系统。

• NMEA(National Marine Electronics Association):为所有的 GPS 接收机和最通用的数据输出格式,同时它也被用于与 GPS 接收机接口的大多数的软件包里。

• HTTP(Hyper Text Transfer Protocol):超文本传输协议。

• WAP(Wireless Application Protocol):无线应用协议。

• PPP(Point to Point Protocol):点对点协议。

• OMC(Operations & Maintenance Center): 操作维护中心。

• MCC(Mobile Country Code):移动国家码。

• MNC(Mobile Network Code):移动网号码。

• MSIN(Mobile Subscriber Identification Number):移动台识别码。

• MSI(International Mobile Subscriber Identity):国际移动用户识别码。

• RxAGC:手机接收功率,指在所有前向信道接收到的功率。

• TxAGC:手机的发射功率。

• E_c:码片能量,当前接收到的有用信号的能量,一般是针对导频信道而言。

• E_c/I_o:每码片能量与干扰功率谱密度之比。

• FFER:前向误帧率,反映了通话质量的好坏。

• ActiveSet Number:当前激活集中的小区个数;

• WIN_A:属于切换类参数,用来设定 Active Set 和 Candidate Set 的搜索窗口长度。

• WIN_N:属于切换类参数,用来设定 Neighbor Set 的搜索窗口长度。

• WIN_R:属于切换类参数,用来设定 Remain Set 的搜索窗口长度。

• Pilot Inc:导频 PN 序列偏移的指数增量,即相邻两个导频相位偏置之差。

• T_Add:属于切换类参数,导频可用门限,控制将导频由相邻集加到候选集。

• T_Comp:属于切换类参数,导频比较差值门限。

• T_Drop:属于切换类参数,导频最低可用门限。

• T_TDrop:属于切换类参数,导频去掉定时器长度。

• Rx_PHYS_Rate :下行的物理层吞吐量。

- Tx_PHYS_Rate ：上行的物理层吞吐量。
- Rx_RLP_Thr ：下行 RLP 层吞吐量。
- Tx_RLP_Thr ：上行的 RLP 层吞吐量。
- FTP Download：下行应用层吞吐量。
- FTP Upload：上行的应用层吞吐量。
- RLP_Err_Rate ：RLP 传输错误占 RLP 传输总数的比率，衡量下行链路传输质量。
- RLP_RTX_Rate：RLP 重新传输占 RLP 传输总数的比率，衡量上行链路传输质量。

附录B 网络优化设备介绍

・GPS天线:GPS天线用来记录网络测试过程中测试终端的位置,并配合GIS电子地图的使用可以标识出当前位置的周边情况,如基站位置、建筑物位置等无线环境,配合进行网络性能分析。

・MOS盒:cdma2000 MOS盒可以连接2部测试手机。其中一部测试手机做主叫,另一部测试手机做被叫。MOS盒对主叫手机发送的语音呼叫信号和被叫手机接收的语音信号进行比较,检测信号是否失真。

・车载逆变器:当无线网络测试通常在室外进行,可以为测试设备(计算机、测试终端、MOS等)提供外接车载电源。

・测试手机:cdma2000移动测试终端不仅具备普通cdma2000手机的语音/数据功能,还具备cdma2000信令输出、记录功能。

・扫频仪:实时采集各种无线测量数据,应用于基站勘察、网络测试、传播模型矫正及性能优化。

・指南针:测量天馈系统中天线的方位角。

・倾角测量仪:用于测量天线的机械倾角。

・天馈测试仪:主要测试基站的天馈线系统,常用于网络优化和天馈系统维护。

附录 C 网络评估报告

概述

为了评估某市市区现网情况，优化小组对某市市区进行了 MOS 话音测试以及数据业务测试。为了客观、公正地评价目前 CDMA 网络的无线性能质量，进一步了解 CDMA 网络和用户使用感受，并为制定切实可行的网络优化提出方案，本优化小组对本市的 CDMA 网络的测试结果进行了评估并撰写了本网络评估报告。通过本网络评估报告可以对网络性能有一个客观、全面的了解。

某市市区测试评估

1. 某市市区语音测试

为了评估某市市区 CDMA 网络的网络性能，本优化小组对某市市区进行了 CDMA 话音拨打测试，具体测试情况如下。

(1) 语音测试指标

CDMA 语音拨打测试的测试指标如下附表 1 所示。

附表 1　语音测试统计指标

网络	覆盖率(%)	接通率(%)	掉话率(%)	呼叫时延(S)	MOS 值
cdma2000	91.93%	99.15%	0.23%	4.872	3.01

(2) Total E_c/I_o 测试统计

Total E_c/I_o 测试统计数据如附图 1 和附表 2 所示。

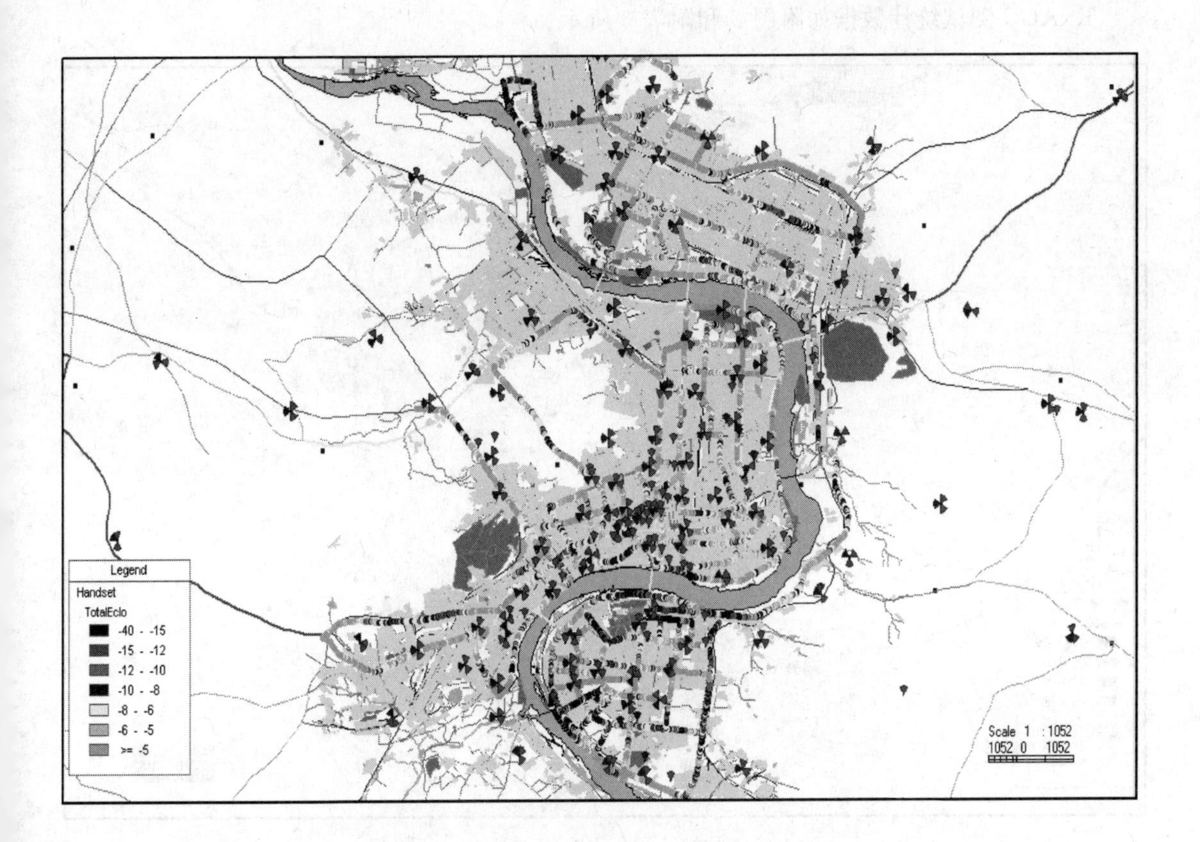

附图 1 Total E_c/I_o 覆盖图

附表 2 **Total E_c/I_o 测试统计表**

Total E_c/I_o				
顺序(Order)	范围(Range)	采样点(Samples)	概率密度(PDF)	累积分布(CDF)
1	<−15.00	4377	4.53%	4.53%
2	[−15.00,−12.00)	3289	3.40%	7.93%
3	[−12.00,−10.00)	4154	4.30%	12.23%
4	[−10.00,−8.00)	9612	9.95%	22.18%
5	[−8.00,−6.00)	21919	22.69%	44.87%
6	[−6.00,−5.00)	17078	17.68%	62.54%
7	≥−5.00	36190	37.46%	100.00%
Total	96619		Average	−6.68
Maximum	−1.57		Minimum	−24.6

(3)RxAGC 测试统计

RxAGC 测试统计数据如附图 2 和附表 3 所示。

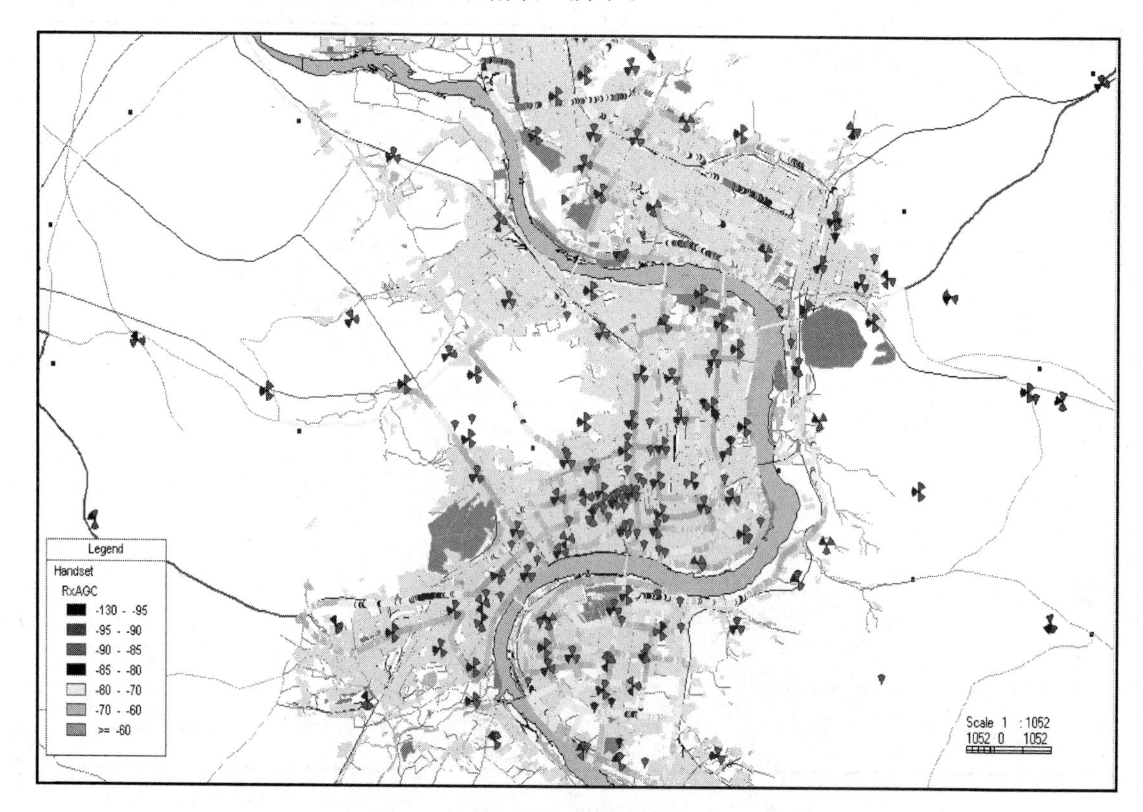

附图 2　RxAGC 覆盖图

附表 3　**RxAGC 测试统计表**

顺序(Order)	范围(Range)	采样点(Samples)	概率密度(PDF)	累积分布(CDF)
1	<−95.00	9	0.01%	0.01%
2	[−95.00,−90.00)	263	0.16%	0.16%
3	[−90.00,−85.00)	707	0.42%	0.58%
4	[−85.00,−80.00)	4701	2.79%	3.37%
5	[−80.00,−70.00)	54225	32.19%	35.57%
6	[−70.00,−60.00)	64818	38.48%	74.05%
7	≥−60.00	43704	25.95%	100.00%
Total	168427		Average	−65.94
Maximum	−32.91		Minimum	−97.25

(4)TxAGC 测试统计

TxAGC 测试统计数据如附图 3 和附表 4 所示。

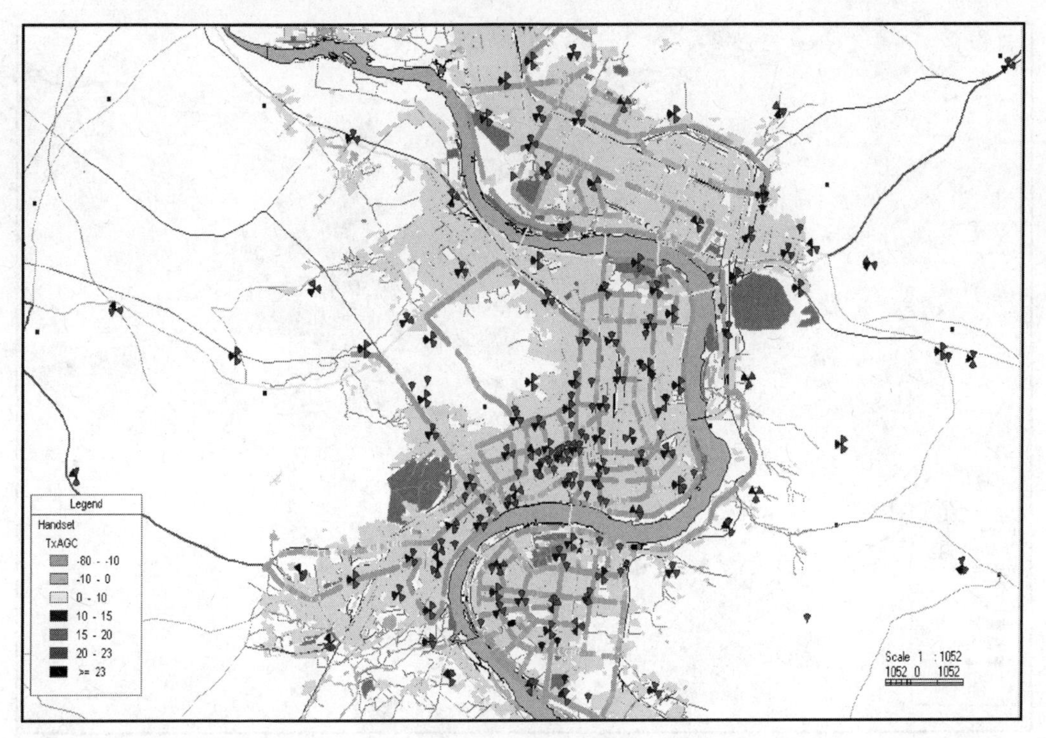

附图 3 TxAGC 覆盖图

附表 4 **TxAGC 测试统计表**

TxAGC				
顺序(Order)	范围(Range)	采样点(Samples)	概率密度(PDF)	累积分布(CDF)
1	<−10.00	129568	81.75%	81.75%
2	[−10.00,0.00)	22848	14.42%	96.17%
3	[0.00,10.00)	5063	3.19%	99.36%
4	[10.00,15.00)	543	0.34%	99.71%
5	[15.00,20.00)	213	0.13%	99.84%
6	[20.00,23.00)	78	0.05%	99.89%
7	≥23.00	175	0.11%	100.00%
Total	158488		Average	−20.8
Maximum	25.08		Minimum	−51.92

(5)FFER 测试统计

FFER 测试统计数据如附图 4 和附表 5 所示。

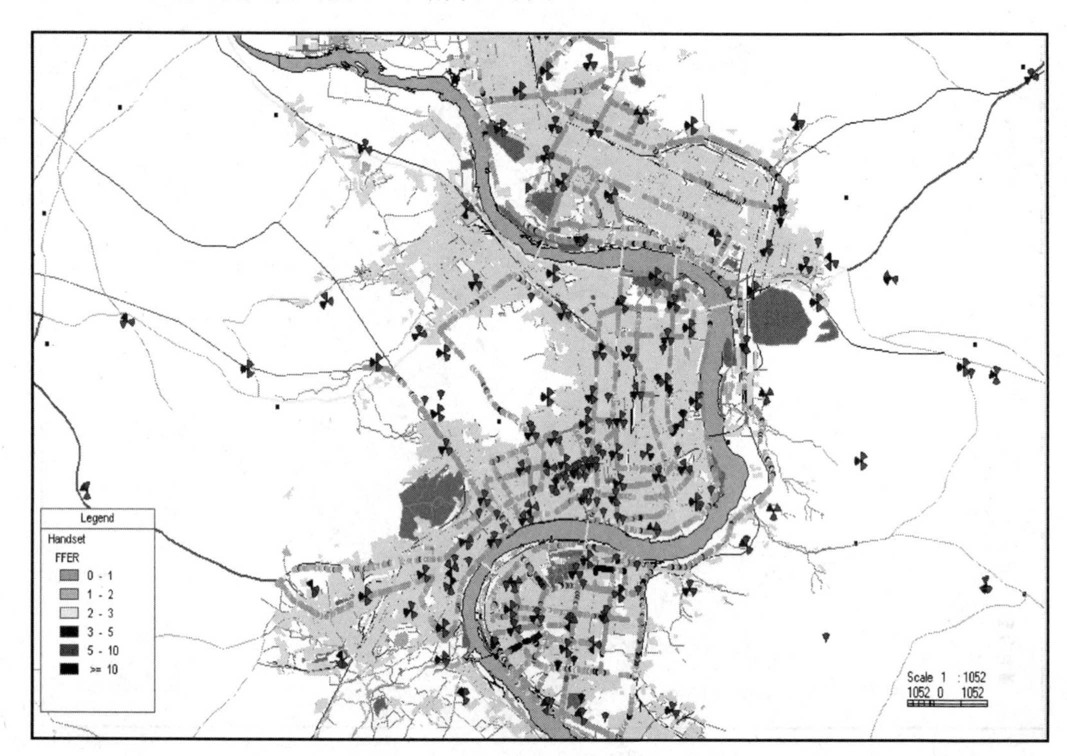

附图 4　FFER 覆盖图

附表 5　**FFER 测试统计表**

FFER				
顺序(Order)	范围(Range)	采样点(Samples)	概率密度(PDF)	累积分布(CDF)
1	<1.00	14410	64.74%	64.74%
2	[1.00,2.00)	4523	20.32%	85.06%
3	[2.00,3.00)	1798	8.08%	93.14%
4	[3.00,5.00)	822	3.69%	96.83%
5	[5.00,10.00)	204	0.92%	97.75%
6	≥10.00	501	2.25%	100.00%
Total	22258		Average	1.74
Maximum	100		Minimum	0

(6)ActiveSet 测试统计

ActiveSet 测试统计数据如附图 5 和附表 6 所示。

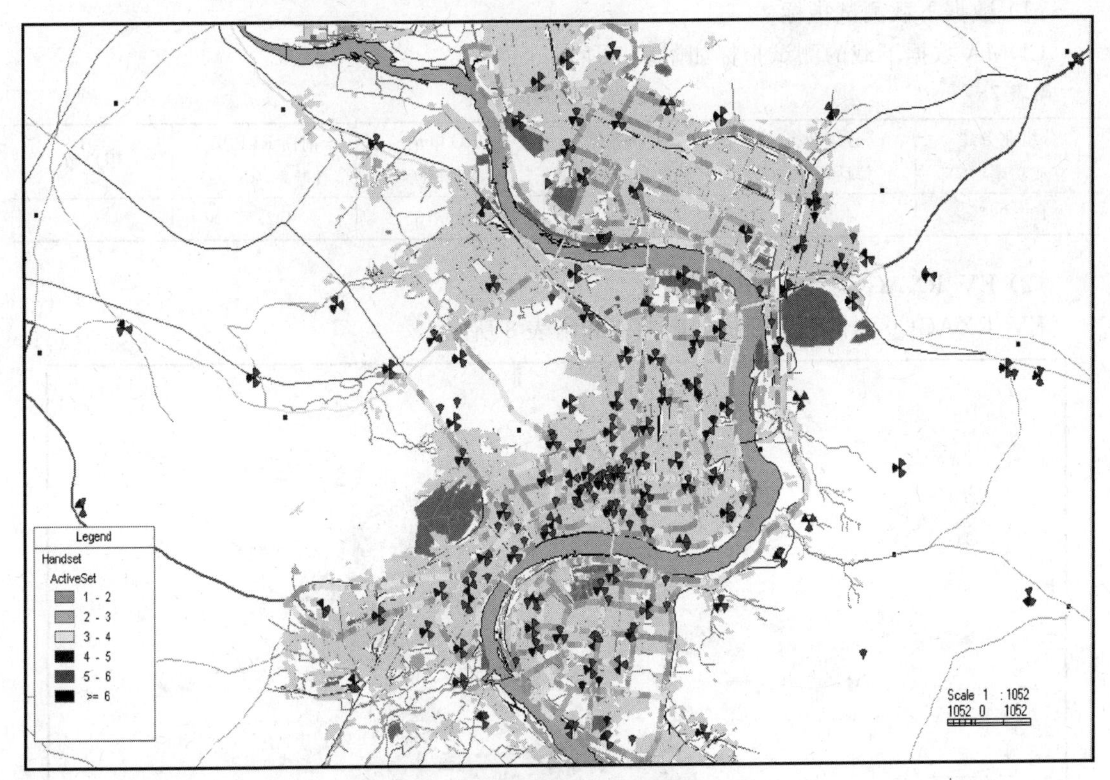

附图 5 ActiveSet 覆盖图

附表 6 **ActiveSet 测试统计表**

ActiveSet				
顺序(Order)	范围(Range)	采样点(Samples)	概率密度(PDF)	累积分布(CDF)
1	<2	31724	30.86%	30.86%
2	[2,3)	37805	36.78%	67.64%
3	[3,4)	33257	32.36%	100.00%
4	[4,5)	0	0.00%	100.00%
5	[5,6)	0	0.00%	100.00%
6	≥6	0	0.00%	100.00%
Total	102786		Average	2.01
Maximum	3		Minimum	1

小结

从上面的测试结果指标来看,手机接收电平 $R_x \geqslant -90$dB 的区域占 99.84%;手机发射功率 $T_x <$ 0dBm 的区域占 96.17%,通过结合 R_x 信号分布图与 T_x 信号分布图可以看出某市区话音覆盖良好,但是部分区域存在弱覆盖,需要加站解决。

测试中 FFER<3%的区域占 93.14%,并且 Total $E_c/I_o \geqslant -12$dB 的区域占 92.07%,从 FFER 和 E_c/I_o 指标可以看出某市区话音指标良好。

测试中 ActiveSet 均值为 2.01，说明某市区导频污染并不严重。

2. 某市市区数据下载/上传测试

(1) 数据下载测试指标

CDMA 数据下载的测试指标如附表 7 所示

附表 7　　数据下载测试统计

分组业务建立成功率(%)	分组业务掉话率(%)	分组业务建立时延(s)	DRC 申请速率(kbit/s)	前向 RLP 层吞吐率(kbit/s)	用户数
100.00%	4.58%	2.328	1140.75	492.57	5

(2) EV_RXAGC0 测试统计

EV_RXAGC0 测试统计数据如附图 6 和附表 8 所示。

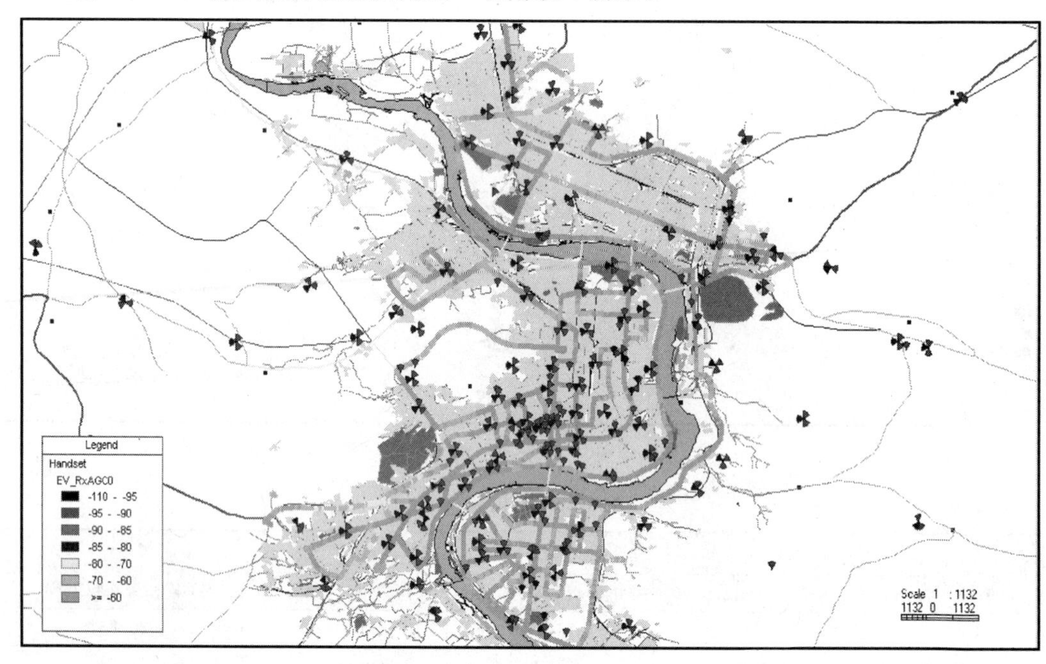

附图 6　EV_RXAGC0 覆盖图

附表 8　　EV_RXAGC0 测试统计

EV_RXAGC0				
顺序(Order)	范围(Range)	采样点(Samples)	概率密度(PDF)	累积分布(CDF)
1	<−95.00	0	0.00%	0.00%
2	[−95.00,90.00)	0	0.00%	0.00%
3	[−90.00−85.00)	0	0.00%	0.00%
4	[−85.00,−75.00)	130	0.04%	0.04%
5	[−75.00,−65.00)	27304	7.96%	8.00%
6	≥−65.00	315461	92.00%	100.00%
Total	342895		Average	−53.37
Maximum	−20.71		Minimum	−77.46

(3)Total SINR 测试统计

Total SINR 测试统计数据如附图 7 和附表 9 所示。

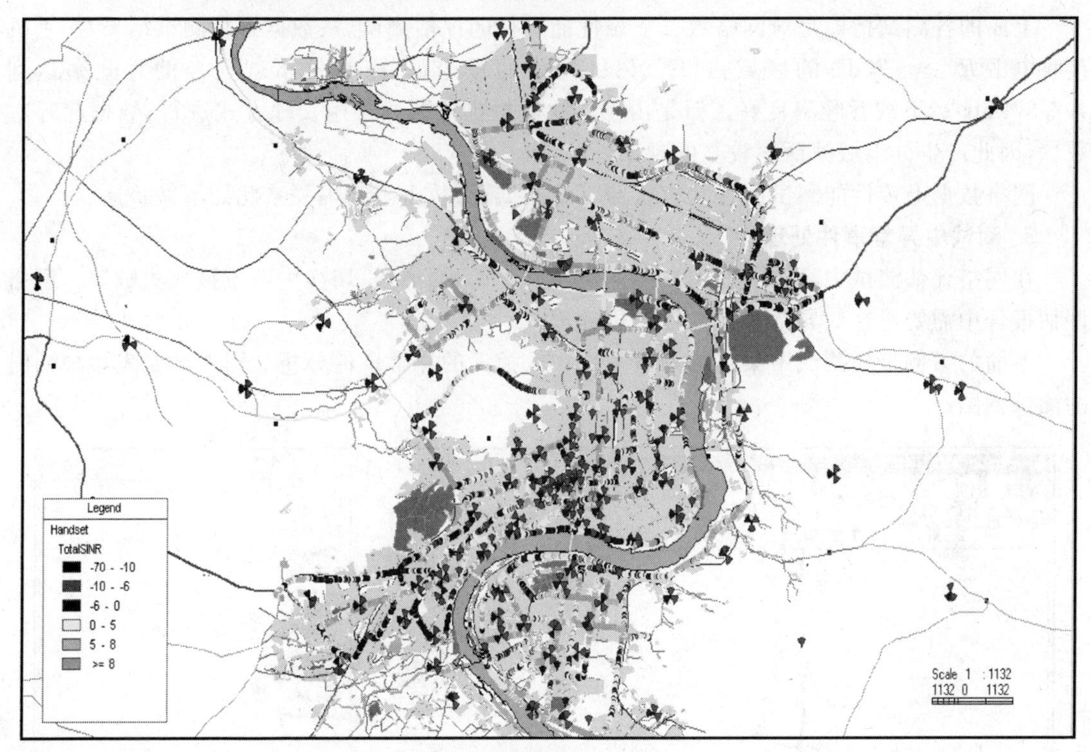

附图 7 Total SINR 覆盖图

附表 9 **Total SINR 测试统计**

TotalSINR				
顺序(Order)	范围(Range)	采样点(Samples)	概率密度(PDF)	累积分布(CDF)
1	<-10.00	1280	1.26%	1.26%
2	[-10.00,-6.00)	2371	2.34%	3.60%
3	[-6.00,0.00)	12748	12.56%	16.16%
4	[0.00,5.00)	39529	38.96%	55.12%
5	[5.00,8.00)	23130	22.80%	77.92%
6	≥8.00	22401	22.08%	100.00%
Total	101459		Average	4.1
Maximum	14.05		Minimum	-15.05

(4)EV_RxRLPThrputInstant 测试统计

EV_RxRLPThrputInstant 测试统计数据如附表 10 所示。

附表 10 **EV_RxRLPThrputInstant 测试统计**

顺序(Order)	范围(Range)	采样点(Samples)	概率密度(PDF)	累积分布(CDF)
1	<38400	1614	22.35%	22.35%
2	[38400,76800)	466	6.45%	28.80%
3	[76800,307200)	1918	26.56%	55.36%
4	[307200,614400)	1450	20.08%	75.44%
5	[614400,1228800)	1148	15.90%	91.33%
6	≥1228800	626	8.67%	100.00%
Total	7222		Average	431853.28
Maximum	2840234		Minimum	0

小结

上面的各测试指标是对网络数据下载性能进行的评估测试，从数据下载测试结果看，手机接收电平 $R_x \geqslant -75$dB 的区域占 99.96%，网络的覆盖很好；数据下载业务的吞吐率达到 492.57kbit/s，下载吞吐率良好。但是由于本次数据业务测试采用长呼方式进行，数据起呼次数少，因此产生分组域掉话率较高的现象。

网络数据上传性能测试的评估方法与下载测试近似，由于篇幅关系此处不做赘述。

3. 测试中异常事件处理

在网络评估测试中经常会发生一些网络异常事件，如掉话、切换失败或接入失败等。网络评估报告中需要对这些异常事件进行分析处理。

下面的案例是在测试中某路段附近发生一次掉话的异常事件分析。附图 8 是发生掉话时的测试截图。

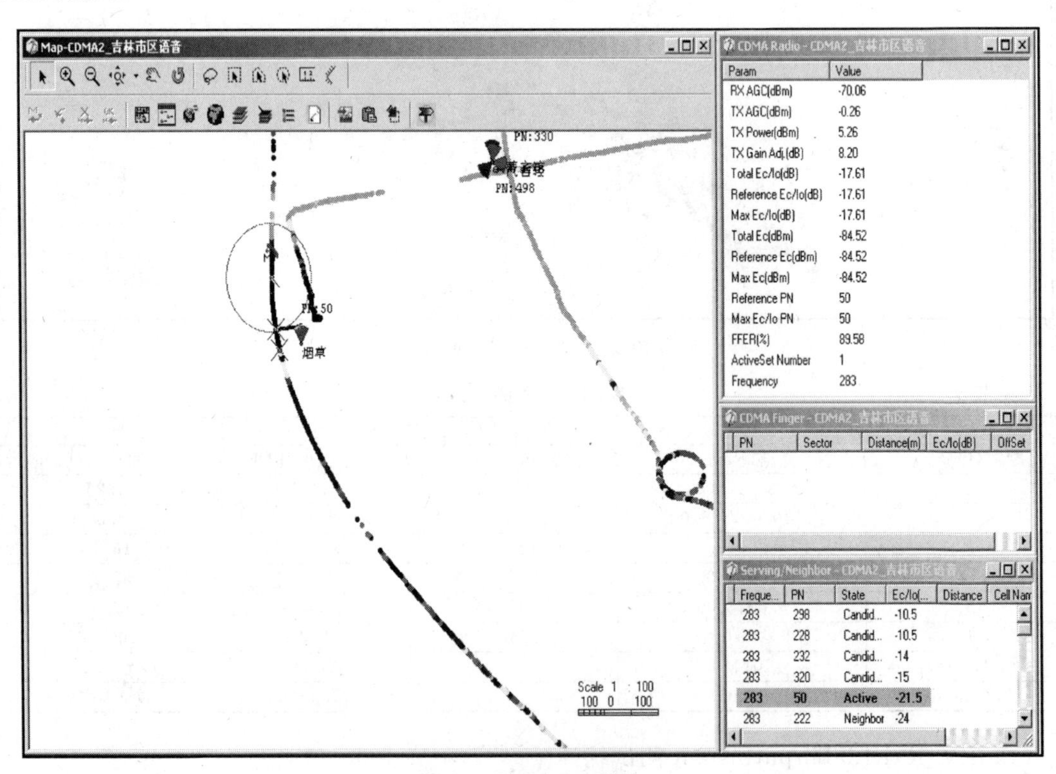

附图 8 测试中发生掉话

(1) 现象描述

车辆行驶到图示位置附近时，导频强度 E_c/I_o 急剧变差，反向功率不断加大，搜索导频。滨江花园 2 扇区(PN=298)进入候选集，无法占上主导频，导致掉话。

(2) 分析原因

滨江花园 2 扇区无法占上主导频。经查看信令，在切换到 $PN=50$ 上后，无邻区列表消息(Neighor List Message)而直接掉话，初步判断认为可能是邻区漏配，或邻区优先级过低，建议从网络后台数据查看邻区设置。另外，由于该处衰落明显，建议同时查看周围无线环境。

(3) 调整建议

查看邻区设置并进行整改。

由于在实际网络优化中发生的异常问题较多，此处对其他类型的异常事件不一一列举。实际撰写报告中要求将所有发现的问题一一列举分析，并给出处理建议。

总结

通过本次对某市市区的DT评估测试，掌握了CDMA网络的性能情况及存在的一些问题。某市市区话音覆盖良好、数据业务良好。对于部分区域出现的弱覆盖现象影响了话音通话及数据业务的使用，可以通过天馈调整部分解决该问题，后期可以通过增加基站来彻底解决。对于网络中由于数据配置问题导致的网络异常，可以通过优化、调整网络参数进行解决。

参考文献

[1] [美]Kyoung Il Kim. 刘晓宇，杜志敏译. CDMA 系统设计与优化[M]. 北京：人民邮电出版社，2000.

[2] [美] Vijay K. Garg. 于鹏，等译. 第三代移动通信系统原理与工程设计 IS-95 CDMA 和 CDMA2000. 北京：电子工业出版社，2001.

[3] 中兴通讯(CDMA 网络规划与优化)编写组. CDMA 网络规划与优化[M]. 北京：电子工业出版社，2005.

[4] 彭木根，王文博. 3G 无线资源管理与网络规划优化[M]. 北京：人民邮电出版社，2006.

[5] 刘建成. 移动通信技术与网络优化[M]. 北京：人民邮电出版社，2009.